Q690 高强度钢管构架设计研究

彭奕亮　等著

黄 河 水 利 出 版 社

·郑州·

内 容 提 要

随着我国输变电工程的飞速发展,220 kV、500 kV 变电站正在大量地建设。同时,1 000 kV 特高压变电站也已成功应用于实际工程项目中,全钢结构构架已逐步成为我国变电站构架结构的主流。随着电压等级及导线容量不断增大,变电站中各种结构所承受的荷载也相应增大,由此导致构件尺寸、基础尺寸、占地面积不断增大,变电站整体投资规模不断增大。因此,为达到节省用地、节省用钢量、降低工程造价的目的,在变电站最主要的结构体系——变电构架中探讨采用高强钢及其设计方法已显得十分必要。

本书对高强钢在变电构架中的应用这一问题进行了全面分析。全书共分 12 章,主要内容包括概述、Q690 高强钢管截面残余应力分布试验研究、Q690 高强钢管截面残余应力分布有限元分析、Q690 高强钢管轴心受压稳定系数研究、Q690 钢管轴压性能试验研究等。

图书在版编目(CIP)数据

Q690 高强度钢管构架设计研究/彭奕亮等著.—郑州:黄河水利出版社,2012.12

ISBN 978-7-5509-0392-0

Ⅰ.①Q… Ⅱ.①彭… Ⅲ.①钢管结构-结构设计-研究 Ⅳ.①TU392.304

中国版本图书馆 CIP 数据核字(2012)第 304159 号

组稿编辑:李洪良　电话:0371-66024331　E-mail:hongliang0013@163.com

出 版 社:黄河水利出版社

地址:河南省郑州市顺河路黄委会综合楼 14 层　邮政编码:450003

发行单位:黄河水利出版社

发行部电话:0371-66026940、66020550、66028024、66022620(传真)

E-mail:hhslcbs@126.com

承印单位:黄河水利委员会印刷厂

开本:787 mm×1 092 mm　1/16

印张:16

字数:370 千字　印数:1—1 000

版次:2012 年 12 月第 1 版　印次:2012 年 12 月第 1 次印刷

定价:48.00 元

前　言

随着我国输变电工程的飞速发展,220 kV、500 kV 变电站正在大量地建设。同时,1 000 kV 特高压变电站也已成功应用于实际工程项目中,全钢结构构架已逐步成为我国变电站构架结构的主流。随着电压等级及导线容量不断增大,变电站中各种结构所承受的荷载也相应增大,由此导致构件尺寸、基础尺寸、占地面积不断增大,变电站整体投资规模不断增大。因此,为达到节省用地、节省用钢量、降低工程造价的目的,在变电站最主要的结构体系——变电构架中探讨采用高强钢及其设计方法已显得十分必要。

全书共分 12 章。第 1 章对研究的目的和意义、国内外研究水平、Q690 钢构架应用需解决的问题进行了综述,对本书的主要研究内容作了介绍;第 2、3 章对 Q690 高强钢管截面残余应力分布进行了试验研究及有限元分析;第 4 章至第 8 章对 Q690 钢管轴压、压弯性能进行了试验研究及数值分析;第 9、10、11 章对 Q690 人字柱主管与横撑相贯节点转动刚度及承载力进行了试验研究及数值分析;第 12 章提出了相关结论及建议。

本书各章编写分工如下:第 1 章由彭奕亮高工编写,第 2、3 章由杨俊芬副教授、谌磊博士编写,第 4 章至第 8 章由彭奕亮高工和李洪波工程师编写,第 9、10、11 章由杨俊芬副教授、彭奕亮高工编写;第 12 章由李洪波工程师、韩选民工程师编写。谌磊博士对全书进行了文字校核和修改工作。彭奕亮、杨俊芬负责全书统稿。

感谢河南省电力勘测设计院土建室李金胜主任、李国田主任在本书编写过程中给予的各种支持和指导。本书参考并应用了一些公开发表的文献和资料,谨向这些作者表示深深的感谢。由于作者水平有限,书中难免有不妥之处,敬请读者批评指正。

作　者

2012 年 10 月

目 录

前 言
第 1 章 概 述 …… (1)
1.1 目的和意义 …… (1)
1.2 国内外研究水平综述 …… (1)
1.3 Q690 钢构架应用需解决的问题 …… (5)
1.4 主要研究内容 …… (8)
第 2 章 Q690 高强钢管截面残余应力分布试验研究 …… (10)
2.1 锯割法测试残余应力 …… (10)
2.2 盲孔法测试残余应力 …… (15)
2.3 试件设计 …… (22)
2.4 材性试验 …… (23)
2.5 锯割法测试结果 …… (27)
2.6 盲孔法测试结果 …… (27)
2.7 锯割法与盲孔法测试结果对比 …… (31)
2.8 盲孔法测试黑件钢管与镀锌件钢管结果对比 …… (32)
2.9 带端头钢管残余应力测试 …… (33)
2.10 残余应力分布建议图 …… (36)
2.11 本章小结 …… (37)
第 3 章 Q690 高强钢管截面残余应力分布有限元分析 …… (38)
3.1 焊接热过程有限元分析的理论基础 …… (38)
3.2 基于 ANSYS 软件的焊接热过程模拟计算 …… (44)
3.3 有限元模型的验证 …… (55)
3.4 钢管管径改变对残余应力的影响 …… (56)
3.5 钢管壁厚改变对残余应力的影响 …… (58)
3.6 残余应力分布简化图 …… (59)
3.7 本章小结 …… (59)
第 4 章 Q690 高强钢管轴心受压稳定系数研究 …… (61)
4.1 概 述 …… (61)
4.2 逆算单元长度法介绍 …… (62)
4.3 轴心受压钢管稳定系数计算结果 …… (66)
4.4 本章小结 …… (77)

第5章 Q690钢管轴压性能试验研究 ……………………………………… (78)
5.1 试验方案 ……………………………………………………………… (78)
5.2 试件轴压试验测试结果分析 ………………………………………… (80)
5.3 本章小结 ……………………………………………………………… (92)
第6章 Q690钢管轴压性能有限元分析 ………………………………… (93)
6.1 有限元分析模型 ……………………………………………………… (93)
6.2 轴压试验试件轴压性能模拟结果分析 ……………………………… (95)
6.3 Q690钢管轴压性能参数分析 ……………………………………… (111)
6.4 本章小结 ……………………………………………………………… (116)
第7章 Q690钢管压弯性能试验研究 …………………………………… (117)
7.1 试验方案 ……………………………………………………………… (117)
7.2 试件压弯试验测试结果分析 ………………………………………… (119)
7.3 本章小结 ……………………………………………………………… (137)
第8章 Q690钢管压弯性能有限元分析 ………………………………… (139)
8.1 有限元分析模型 ……………………………………………………… (139)
8.2 压弯试验试件压弯性能模拟结果分析 ……………………………… (140)
8.3 Q690钢管压弯性能参数分析 ……………………………………… (158)
8.4 本章小结 ……………………………………………………………… (163)
第9章 人字柱主管与横撑相贯节点转动刚度试验研究 ……………… (164)
9.1 试验设计 ……………………………………………………………… (164)
9.2 试验现象及试验结果 ………………………………………………… (170)
9.3 节点刚度分析 ………………………………………………………… (191)
9.4 本章小结 ……………………………………………………………… (200)
第10章 人字柱主管与横撑相贯节点转动刚度数值分析 …………… (201)
10.1 有限元分析模型的建立 …………………………………………… (201)
10.2 有限元分析模型的验证 …………………………………………… (205)
10.3 瓦形板加强型相贯节点转动刚度数值分析 ……………………… (213)
10.4 内隔环加强型相贯节点转动刚度数值分析 ……………………… (216)
10.5 内套筒加强型相贯节点转动刚度数值分析 ……………………… (220)
10.6 轴压比对相贯节点转动刚度影响的数值分析 …………………… (223)
10.7 本章小结 …………………………………………………………… (227)
第11章 人字柱主管与横撑相贯节点承载力数值分析 ……………… (229)
11.1 有限元模型的建立 ………………………………………………… (229)
11.2 相贯节点承载力的确定原则 ……………………………………… (230)
11.3 瓦形板加强型相贯节点承载力数值分析 ………………………… (230)
11.4 内隔环加强型相贯节点承载力数值分析 ………………………… (233)

11.5　内套筒加强型相贯节点承载力数值分析 …………………………（236）
11.6　轴压比对相贯节点承载力影响的数值分析 ………………………（238）
11.7　本章小结 ……………………………………………………………（242）
第12章　结论及建议 ………………………………………………………（243）
12.1　结　论 ………………………………………………………………（243）
12.2　建　议 ………………………………………………………………（246）
参考文献 ……………………………………………………………………（248）

第1章 概 述

1.1 目的和意义

随着我国输变电工程的飞速发展,220 kV、500 kV 变电站正在大量地建设。同时,1 000 kV 特高压变电站也已成功应用于实际工程项目中,全钢结构构架已逐步成为我国变电站构架结构的主流。随着电压等级及导线容量不断增大,变电站中各种结构所承受的荷载也相应增大,由此导致构件尺寸、基础尺寸、占地面积不断增大,变电站整体投资规模不断增大。因此,为达到节省用地、节省用钢量、降低工程造价的目的,在变电站最主要的结构体系——变电构架中探讨采用高强钢及其设计方法已显得十分必要。

自从钢结构得到应用以来,钢结构的发展始终是与钢材的特性和生产工艺的发展紧密相连的。正是钢材的不断改进提高了钢结构的承载力、经济性能和使用性能,促进了钢结构的发展和应用。新的钢材生产工艺,如微合金化技术和热机械处理技术(TMCP)等能使钢材具有更高的洁净度(即 S、P、N、H、O 等杂质元素含量和 C 元素含量低);以 Nb、V 及 Ti 元素为代表的微合金化代替传统的碳元素强化方式,在提高钢材屈服强度的同时,也能够改善其塑性和韧性,降低含碳量。以此新工艺开发的高强钢(强度标准值为 460 ~ 1 100 MPa),具有强度高、韧性好、加工和可焊性能好等特点,并已在国内外多个实际工程中得到应用,在结构安全、建筑使用功能和经济效益以及低碳节能等方面取得了良好的效果。Q690 钢已经大量应用于船舶、港口机械、起重机、煤矿机械、挖掘机等的制造,积累了成熟的焊接、加工和工程应用经验,取得了显著的效益。

但目前国内的变电构架中,使用的钢材最高强度等级为 Q420,与 Q690 尚有一定的差距。高强钢力学性能的变化必然导致其结构构件承载性能的改变,但目前国内外钢结构设计规范均没有专门针对高强钢钢结构的设计方法和计算理论。为确保高强钢钢结构安全可靠,充分发挥其优势,更进一步促进高强钢钢结构的工程应用,需要进行全面系统的试验研究和理论分析,为补充和完善钢结构设计规范奠定基础。为此,本书主要针对 Q690 钢材的牌号,对变电构架中使用 Q690 钢材的几个关键问题进行相应的探讨,争取在技术应用上有所突破,实现与国际先进设计水平接轨,补充并验证国家现行技术标准,并为新版钢结构规范的修订提供一定的依据,同时为今后大量采用高强钢变电构架提供科学的设计依据,以期取得可观的经济效益和社会效益。

1.2 国内外研究水平综述

1.2.1 低合金钢的国家标准及牌号

国家标准《低合金高强度结构钢》(GB/T 1591—2008)规定了低合金高强度结构钢的

牌号、化学成分、力学性能等技术要求，以及钢材的试验方法和检验规则。标准中含有 Q345、Q390、Q420、Q460、Q500、Q550、Q620、Q690 八个牌号，其中 Q500 ~ Q690 为新增牌号，各牌号钢材的区别在于化学成分和力学性能上的差异。

1.2.2 我国高强钢的生产能力

经过近 50 年的研制与开发，我国低合金钢和低合金高强度钢的生产能力得到了突飞猛进发展，并具备了一定的规模。根据 1980 ~ 2004 年的资料统计，我国的低合金钢由 302 万 t 增加到 1 068.5 万 t，平均年增长率为 6%。其中，低合金高强度钢净增 766.5 万 t，平均年增长率为 10.6%。近年来，Q550、Q620、Q690 等高强钢已经大量应用于船舶、港口机械、起重机、煤矿机械、挖掘机等的制造，积累了成熟的焊接、加工和工程应用经验，取得了显著的效益。这也为高强钢在我国钢管杆塔中的应用提供了借鉴。在冶金企业中，宝钢、武钢、鞍钢等企业有很强的品种开发能力和生产经验；首钢、邯钢、济钢等企业具有很强的微合金化高强度钢的发展潜力。钢管构件中 300 mm 以上直径的钢管主要使用钢板卷制，调研发现，目前高强钢板（Q690）在市面上都有现货，而且能够生产的厂家也比较多，其市场供应没有问题。我们对 Q690 板材的规格及能够生产供货的厂家进行了调研，情况如下。

（1）规格：Q690 板材长为 3 000 ~ 18 800 mm，宽为 1 500 ~ 4 020 mm，厚为 6 ~ 60 mm。

（2）主要供应厂家：唐钢、宝钢、武钢、首钢、邯钢等。

在钢管构架中采用高强度钢板是具有市场保证的。

1.2.3 我国高强钢焊接及加工工艺水平

河南省电力勘测设计院承担的河南省电力公司科研项目“Q690 钢管杆塔设计试验研究”及输电杆塔中的工程实际应用表明：

（1）Q690 钢板的可焊性较好，在机械行业中有大量的 Q690 钢板焊接经验，可以采用 Q690 钢板焊接进行连接，但应进行 Q690 钢的焊接工艺评定和焊工培训工作。

（2）设计时除受力较大的主材采用高强钢管外，其他构件如法兰、节点板、一般受力材等使用 Q345 钢或 Q235 钢，可以进一步降低焊接难度，保证焊接质量。这样高强钢与高强钢的焊接仅出现在高强钢管的直缝焊上，直缝焊管一般采用生产工艺简单、焊缝质量高的埋弧焊工艺生产。而且钢管的直缝方向与钢管的轴力方向垂直，实际受力较小，强度要求不高。高强钢与普通钢的异种钢焊接与常规普通钢焊接相比，难度增加有限。

（3）Q690 钢管的卷制：利用大型液压折弯机，采用 JCOE 工艺加工而成。其加工工艺为下料、折弯、合缝、纵缝焊接、校圆、矫直等。Q690 钢管的卷制与普通强度钢管的卷制相比，难度相当。

（4）Q690 钢管的焊接：Q690 钢管的纵缝焊接采取埋弧焊的方式进行。首先采用 WH－80－G（直径为 1.2 mm）焊丝，保护气体采用 Ar + CO_2 混合气进行打底焊接，然后采用 MCJH－70Q（直径为 2.5 mm）焊丝、MJ105 焊剂，埋弧焊一次成型。在埋弧焊焊接过程中，需要在钢管两侧设置引弧板，以保证钢管端部的焊缝质量。

（5）Q690 钢管的镀锌：通过对锌液温度、镀锌时间和冷却时间的控制可以做到锌层颜色一致,无明显色差。Q690 钢管镀锌的难易程度及工艺要求与 Q345 钢材的相当,一般塔厂均能掌握。

总之,一般杆塔加工企业不经设备改造就能焊接及加工 Q690 变电构架,Q690 变电构架已具备工程应用的条件。

1.2.4 高强钢结构的研究进展

随着高强钢在工程实践中越来越广泛的应用,国内外很多专家及学者越来越重视对高强钢钢结构的研究。高强钢结构的破坏主要是由结构屈服、局部失稳以及结构整体失稳引起的。这类问题已成为当前研究领域相当活跃的一个课题。

国外关于高强钢结构的研究已经取得了一定的进展,但总体上都局限在对材料性能和构件层面的受力性能的研究方面。在受压构件方面,多位学者主要针对高强度焊接箱形、工字形和十字形等截面钢柱进行了整体稳定、局部稳定等相关试验研究,结果表明,高强钢钢柱的稳定系数有明显提高。在受弯构件方面,有学者对高强钢工字形截面梁的板件局部稳定性进行了分析计算和研究。对于梁柱节点,有学者将高强钢应用于钢框架梁柱节点域和端板连接节点中的端板,并进行了初步研究。

国内对高强钢结构的相关研究相对较少,清华大学施刚等对 60 个 Q420 热轧等边角钢轴压钢柱的整体稳定性能进行了试验研究,结果表明,该类钢柱的整体稳定系数明显提高,部分试件宽厚比的超限并没有对其整体稳定承载力造成明显影响;此外,造成试验结果偏大的原因除钢材强度提高后对初始缺陷敏感性降低外,也与《钢结构设计规范》(GB 50017—2003)(以下简称《钢规》)对于单轴对称截面钢柱的换算长细比计算的合理性以及试验中两端球铰约束条件的有效性有关。

施刚等对 8 个端部带约束的 Q690、Q960 高强钢焊接工字形截面受压柱的整体稳定性能进行了试验研究。结果表明,当正则化长细比一定时,高强钢钢柱的整体稳定系数有明显提高,明显高于针对普通强度钢材钢柱设计采用的 b 类柱子曲线;现有设计方法对于高强钢太过保守;同时,Q960 与 Q690 钢柱的整体稳定系数相比并没有明显的区别,这表明当高强钢强度等级超过 690 MPa 时,其整体稳定系数提高幅度较小。

同济大学李国强等对 Q460 高强钢焊接箱形柱的稳定承载力进行了试验研究,并建议规范中 b 类截面可包含宽厚比小于 20 的高强钢焊接箱形截面。但是,限于试验数量较少,该结论需要更多的数值分析加以进一步验证。

我国《钢规》对普通强度钢材构件的宽厚比提出了限值,以保证构件在整体失稳前不发生局部屈曲,并且不考虑钢板的屈曲后强度利用。但是对于高强钢,此宽厚比限值的适用性以及考虑钢板屈曲后强度的设计方法都有待进一步研究。规范中规定也仅针对钢材屈服强度不大于 420 MPa 的钢材,对屈服强度大于 420 MPa 的钢材没有作任何规定。因此,为推广高强钢在工程中的广泛应用,还需进行大量的研究工作。

1.2.5 高强钢在输变电工程中的应用现状

1.2.5.1 国内外规范中高强钢的采用情况

为了说明国内外高强钢的应用情况,现将有代表性的标准及其钢种列举如下,见

表 1-1。

表 1-1　国内外高强钢标准

国名	标准标号	钢号	屈服点(N/mm²)	钢种或用途
美国	ASTM	A852	485	低合金钢
		A572	450	高强度钢
英国	BS4360	55C－E	450	低合金钢
日本	JIS G 3101	SS 540	400	一般结构钢
	JIS G 3106	SM 570	460	焊接结构钢
	JIS G 3444	STK 540	390	一般结构钢管
	JIS G 3114	SMA－570	460	焊接耐候钢
	JIS G 3445	STKM 17－C	480	钢管
	JIS G 3129	SH590	440	铁塔用高拉力钢材
	JSS Ⅱ 12—1999	JS690S	520	铁塔用高拉力型钢
苏联	TOCT 9281—73	10×CH	392	低合金钢
		12H2Mφ A10	686	高强度钢
中国	GBJ 17—88	15MnV、15MnVq	350	结构钢
	GB 50017—2003	Q420	420	低合金钢
	GB/T 1591—2008	Q690	690	低合金结构钢,仅钢板
	GB 16270—1996	Q690	690	高强度结构钢,仅钢板

就变电构架常用的结构钢而言,与美国的钢材相比,A36 屈服强度(250.0 MPa)比 Q235 的高 15 MPa;A529 的 Grade50(345 MPa)与 Q345 的持平;而与日本的钢材相比,SS400 屈服强度(245 MPa)比 Q235 的高 10 MPa,SS540 屈服强度(400 MPa)比 Q345 的高 55 MPa。也就是说,国外规范中材料等级通常较我国的要高,而且国外相应的规范还都规定了相当于或高于我国 Q420 级别的钢材,如美国的 A572(相当于我国的 Q420),日本的 SH590(屈服强度达 440 MPa)、JS690S(屈服强度达 520 MPa)。我国钢管构架所用钢材的强度等级普遍较国外发达国家同类规范中的钢材强度偏低,这种情况使得我国所设计的钢管构架往往大且重。

1.2.5.2　高强钢在输变电工程中的应用

近年来,随着高强钢在工程实际中越来越广泛的应用,国内电网工程中已陆续出现高强钢应用的实例。2002 年,华东电力设计院设计的 500 kV 黄浦江吴淞口大跨越工程钢管塔首次采用了 Q390 钢材,主要用在塔身下部四段主材,该跨越塔塔高为 177.5 m,管径为 1 000 mm,壁厚为 24 mm;2005 年,在 750 kV 官亭—兰州东输电线路中,采用了 Q420

高强角钢,并且通过了真型试验;上海维蒙特工业(中国)有限公司采用美国标准 ASTM A572 GR65 在上海宝钢生产了屈服强度为 450 MPa 的钢材,2007 年已用于长沙东、福建大园 500 kV 变电站的 500 kV、220 kV 构架;2007 ~ 2008 年,河南省电力勘测设计院在平顶山—洛南、华豫电厂—信阳、禹州电厂—许昌 500 kV 输电线路的设计中采用了 Q460 高强角钢,并且通过了真型试验。2009 年河南省电力勘测设计院设计的济源 500 kV 变电站 500 kV 构架中首次采用了 Q420 钢材,主要用于人字柱,圆钢管规格为 $\phi450 \times 6$ 及 $\phi450 \times 8$。如图 1-1 所示为高强钢在输变电工程中的实际应用情况。

图 1-1　济源 500 kV 变电站 Q420 高强钢构架

随着高强钢在电网工程中的推广应用,许多大型钢构架加工企业开始加工高强钢并获得了相关经验,河南鼎力杆塔股份有限公司、常熟市铁塔厂、青岛武晓铁塔有限公司、南京江标集团有限责任公司等企业都有加工业绩。

1.3　Q690 钢构架应用需解决的问题

变电构架通常采用自立格构式钢管结构或人字柱结构。自立格构式钢管结构由钢管或角钢结构形成空间桁架结构体系,梁与柱组成门形钢架,构架柱外形类似于线路输电塔,构架梁一般为矩形断面格构式钢梁,构架梁、柱的弦杆通常采用热轧无缝钢管,腹杆采用角钢或圆钢管,这类构架的典型结构立面图见图 1-2;人字柱结构由“A”型钢管柱和三角形桁架梁组成,梁、柱采用铰接,构架纵向设置端撑形成抗侧力体系,构架柱通常采用直焊缝钢管,在构架柱中部一般设置 1 ~ 2 道横撑,以减小构架横向变形及柱平面内弯矩,桁架梁的弦杆采用热轧无缝钢管,这类构架的典型结构立面图(正立面、侧立面图)见图 1-3。如图 1-4 和图 1-5 所示为此两种结构形式的应用实例。

Q690 高强钢在输变电结构中的应用,尽管已有很多专家及学者对其进行了研究,但目前还没有可参照的规范进行指导设计,这造成了我国输变电结构设计方面通常使用 Q235、Q345 低等级钢材。为了更好地推广 Q690 高强钢在变电构架中的应用,为 Q690 高强钢变电构架的设计提供理论依据,需重点解决以下几方面的问题:

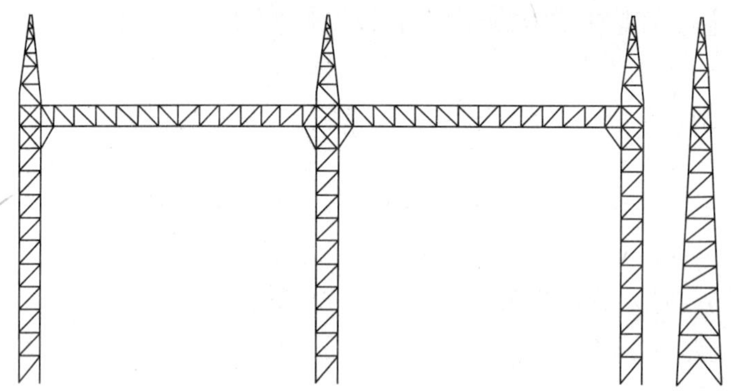

图 1-2　自立格构式结构正立面、侧立面图

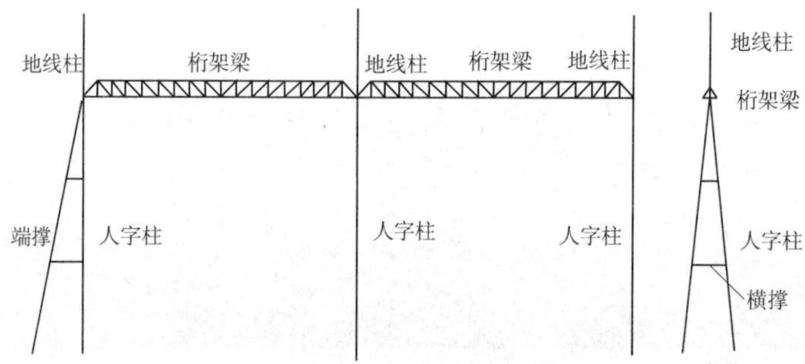

图 1-3　人字柱结构正立面、侧立面图

图 1-4　荆门 1 000 kV 变电站自立格构式构架

(1)Q690 高强钢轴心受压稳定系数取值问题。我国现行《钢规》中根据不同的截面形式将稳定系数划分为 a、b、c、d 四类,《架空送电线路杆塔结构设计技术规定》(DL/T 5154—2002)(以下简称《塔规》)中,受压钢管杆件的稳定系数直接采用了《钢规》中的 b

图1-5　郑州东500 kV变电站6间隔人字柱变电构架

类截面柱子曲线，但这一规定是基于Q235或Q345的理论及试验结果而定的，且试验对象多为槽钢或工字钢，对钢管的试验研究较少。因此，应参照《钢规》的方法，计算Q690高强钢管的柱子曲线，并通过试验及数值分析进行验证。

(2)Q690高强钢残余应力分布及其对受压柱稳定系数影响的问题。受压构件的稳定承载力与构件的整体稳定系数φ有关，构件的整体稳定系数与构件的材料、力学性能、几何缺陷等有关，其中残余应力的影响是应引起重视的一个因素。目前有很多资料研究了高强钢工字形及箱形截面残余应力分布及其对受压柱稳定承载力的影响，但尚未有资料对Q690高强钢管的残余应力分布及其影响进行系统的研究，因此应通过试验及数值方法研究掌握Q690钢管截面残余应力分布及其对受压柱稳定系数的影响。

(3)Q690高强钢构件偏心受压问题。大多数变电构架杆件为偏心受压构件，而已有的针对高强钢的研究主要集中于轴向受压构件，因此需对Q690高强钢管作为偏心受压构件时的稳定承载能力进行研究，为工程设计提供合理的理论依据。

(4)人字柱主管与横撑相贯节点的转动刚度及承载力问题。人字柱主管与横撑的相贯节点是钢管构架结构中常用的一种节点形式。虽然国内外对管—管节点的理论研究及试验研究相对较多，然而Q690高强钢目前还未普遍在实际工程中应用，对于Q690高强钢人字柱与横撑相贯节点的受力性能和破坏机制尚不清楚，因此对Q690高强钢的此种形式节点进行试验研究，并在试验基础上进行系统的数值分析很有必要。人字柱主管与横撑相贯节点处的转动刚度对整个变电构架的抗侧刚度有着十分重要的影响，通常在相贯节点处会采取不同的加强方式以增加其转动刚度并提高其承载能力，因此需进行试验研究及数值模拟研究Q690高强钢人字柱与横撑相贯节点在不同加强方式下的转动刚度及承载力性能。

1.4 主要研究内容

1.4.1 Q690 高强钢管截面残余应力分布试验研究及有限元分析

通过锯割法和盲孔法对 $\phi250\times8$、$\phi300\times8$、$\phi350\times8$ 三种截面形式的 Q690 高强钢管的纵向残余应力分布进行试验研究,拟得到黑件、镀锌件和带端头钢管的纵向残余应力分布图;在试验基础上,采用 ANSYS 有限元程序对 12 种截面规格的 Q690 高强钢管的残余应力分布进行数值模拟研究,考察钢管管径改变及壁厚改变对截面纵向残余应力分布的影响,根据数值模拟数据拟合得到钢管的纵向残余应力分布图。

1.4.2 Q690 高强钢管轴心受压稳定系数研究

现行《钢规》中给出的柱子曲线是根据较低强度钢材的试验结果得出的,与高强度钢材的柱子曲线可能会存在一定的差异。为了使 Q690 高强钢管的受压稳定计算符合实际,采用李开禧教授于 1981 年提出的"逆算单元长度法"(我国《钢规》所采用的计算方法),利用 MATLAB 语言编制程序来计算不同长细比的 Q690 高强钢管轴心受压时的临界承载力,得出 Q690 高强钢管轴心受压稳定系数与长细比的对应曲线。

1.4.3 Q690 高强钢管轴心受压承载力试验研究及数值分析

对 $\phi250\times8$、$\phi300\times8$、$\phi350\times8$ 三种截面形式,长细比为 30、45、60 的 Q690 高强钢管 6 组 18 根试件进行轴压承载力性能试验研究,分析其不同长细比的钢管的稳定承载力及其失稳模态,并与中国和美国相关设计规范中的公式计算值进行比较,为 Q690 高强钢在变电构架中的应用提供设计参考。

对 $\phi250\times8$、$\phi300\times8$、$\phi350\times8$ 三种截面形式,不同长细比的 Q690 高强钢管轴压承载力性能进行数值分析,将数值分析结果与试验结果及相关设计公式计算值进行比较。分析其不同长细比的钢管的稳定承载力及其失稳模态,确定钢管发生整体失稳与局部失稳的临界长细比,研究残余应力、整体几何缺陷、局部几何缺陷及径厚比对其稳定性的影响。

1.4.4 Q690 高强钢管压弯承载力性能试验研究及数值分析

对 $\phi250\times8$、$\phi300\times8$、$\phi350\times8$ 三种截面形式,设计长细比为 30、45、60 的 Q690 高强钢管 9 组 27 根试件进行压弯性能试验研究,分析其不同长细比的钢管偏心受压时的稳定承载力及其失稳模态,并与中国和美国相关设计规范中的公式计算值进行比较,为 Q690 高强钢在变电构架中的应用提供设计参考。

对 $\phi250\times8$、$\phi300\times8$、$\phi350\times8$ 三种截面形式,不同长细比的 Q690 高强钢管偏心受压承载力性能进行数值分析,将数值分析结果与试验结果及相关设计公式计算值进行比较,研究残余应力、整体几何缺陷、局部几何缺陷、长细比及径厚比对稳定性的影响。

1.4.5 人字柱主管与横撑相贯节点转动刚度试验研究及数值分析

对人字柱主管与横撑型号均为 $\phi300\times8$ 的8个相贯节点进行试验研究,考察各相贯节点的转动刚度以及不同的节点加强方式对节点转动刚度的影响;在试验基础上,采用ANSYS有限元程序进行人字柱主管与横撑相贯节点转动刚度的数值分析,研究瓦形板、内隔环及内套筒三种加强方式对节点转动刚度的影响。并进一步开展瓦形板加强型相贯节点的瓦形板厚度、长度和弧度的参数分析;开展内隔环加强型相贯节点的内隔环厚度、宽度和间距的参数分析;开展内套筒加强型相贯节点的内套筒厚度和长度的参数分析。

1.4.6 人字柱主管与横撑相贯节点承载力数值分析

采用ANSYS有限元程序进行人字柱主管与横撑相贯节点承载力的数值分析,研究瓦形板加强型相贯节点的瓦形板厚度、长度和弧度等参数对各自节点承载力的影响;研究内隔环加强型相贯节点的内隔环厚度、宽度和间距等参数对各自节点承载力的影响;研究内套筒加强型相贯节点的内套筒厚度和长度等参数对各自节点承载力的影响。

第 2 章 Q690 高强钢管截面残余应力分布试验研究

轴心受压钢管的稳定承载力与构件的整体稳定系数 φ 有关,构件的整体稳定系数和构件的材料、力学性能、几何缺陷有关,并受构件两端约束情况的影响。其中,构件端部约束情况可通过计算长度系数来考虑,几何缺陷(初弯曲和初偏心)按照钢结构施工验收规范取值,这两个影响因素对于高强钢和普通钢并无差异,但力学缺陷—残余应力的影响却差别较大。本章研究内容拟对钢管截面的纵向残余应力分布进行实测分析,采用锯割法和盲孔法来测试钢管截面的残余应力,得到截面上残余应力的分布及数值大小,为钢管柱整体稳定系数 φ 的确定奠定基础。

输变电工程中的钢结构构件均应进行防腐处理,通常采用的防腐处理方式为热浸镀锌。为考察热浸镀锌对焊接钢管截面的纵向残余应力的影响,需分别测试未镀锌钢管和镀锌钢管两种情况下的纵向残余应力分布。

此外,为考察钢管端部焊接底板和加劲肋以后对钢管截面的纵向残余应力的影响,还需要对 3 种管径的端部残余应力进行测试。

2.1 锯割法测试残余应力

很多情况下可假设残余应力主要是单轴作用的,在要测量的残余应力的方向把构件切成大量的窄条,并由释放的应变求得应力,即 $\sigma_x = -E\varepsilon_x$。

可用锯条把试件锯成 15 ~ 18 mm 的板条,释放应变由可拆卸的应变计或粘贴的电阻应变计测量。

2.1.1 试件准备

2.1.1.1 试件选取

残余应力试件取于构件中,所截出的试件要有一定的长度,见图 2-1,以保证在测试范围的残余应力分布不破坏、不释放,即保持了残余应力的初始状态。根据以往研究和国内外有关文献,试件长度的计算公式如下:

$$L = a + 2c \tag{2-1}$$

式中:L 为试件长;a 为标距长加上两边所留打孔的距离,试验中取为 250 + 25 + 25 = 300 (mm);c 为边距,$c = 2b$;b 为试件宽,对于圆管截面取管的直径。

c 取长些可保持残余应力更好些,但给下面的一些工作带来不便,所以不宜过长。试验中所选取的试件如图 2-2 所示。

2.1.1.2 划线

划线即保证钢条的加工线,保证铣条的正确位置。在试件中部取 300 mm(250 + 50)

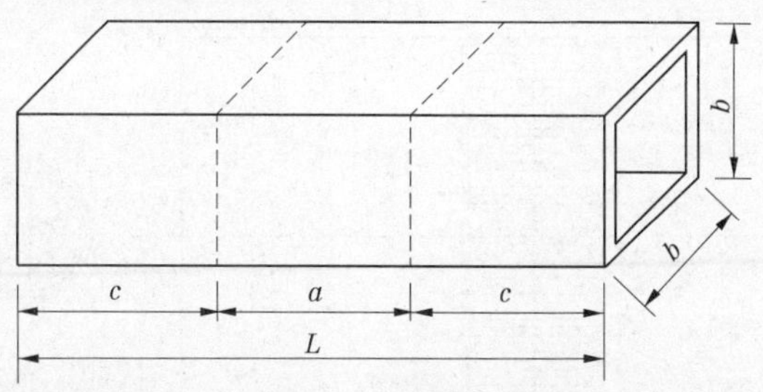

图 2-1　试件尺寸

图 2-2　锯割法试件选取

长。其中，250 mm 为手持应变仪标距长，50 mm 为标距外每边（25 mm）之和。画间距时应考虑残余应力的变化和加工条件的可能，在焊缝附近应力变化较大，取密些；远离焊缝区段应力变化较小，取疏些，见图 2-3。

每个试件有多根铣条，为避免混乱要进行编号。而且为了查找方便，在试件每一面画上标识线。如图 2-4 所示。

划线之后，在标距位置冲孔，以保证测孔的正确位置。

2.1.1.3　钻孔

钻孔直径为 1 mm，钻孔深为 3 ~ 5 mm。钻孔后再扩孔，以保证测针与孔稳定接触，避免测试误差，具体操作见图 2-5。同时，钻出一块与试件材质相同的温度补偿板，温度补偿板的作用是将由于环境温度变化而对试件产生的变形考虑在内，并且温度补偿板应始终和试件处于同一环境温度中。

2.1.1.4　锯出测试段

测试长度为 300 mm，位于跨中，将整个试件放在锯床上进行切割。在切割的同时，应

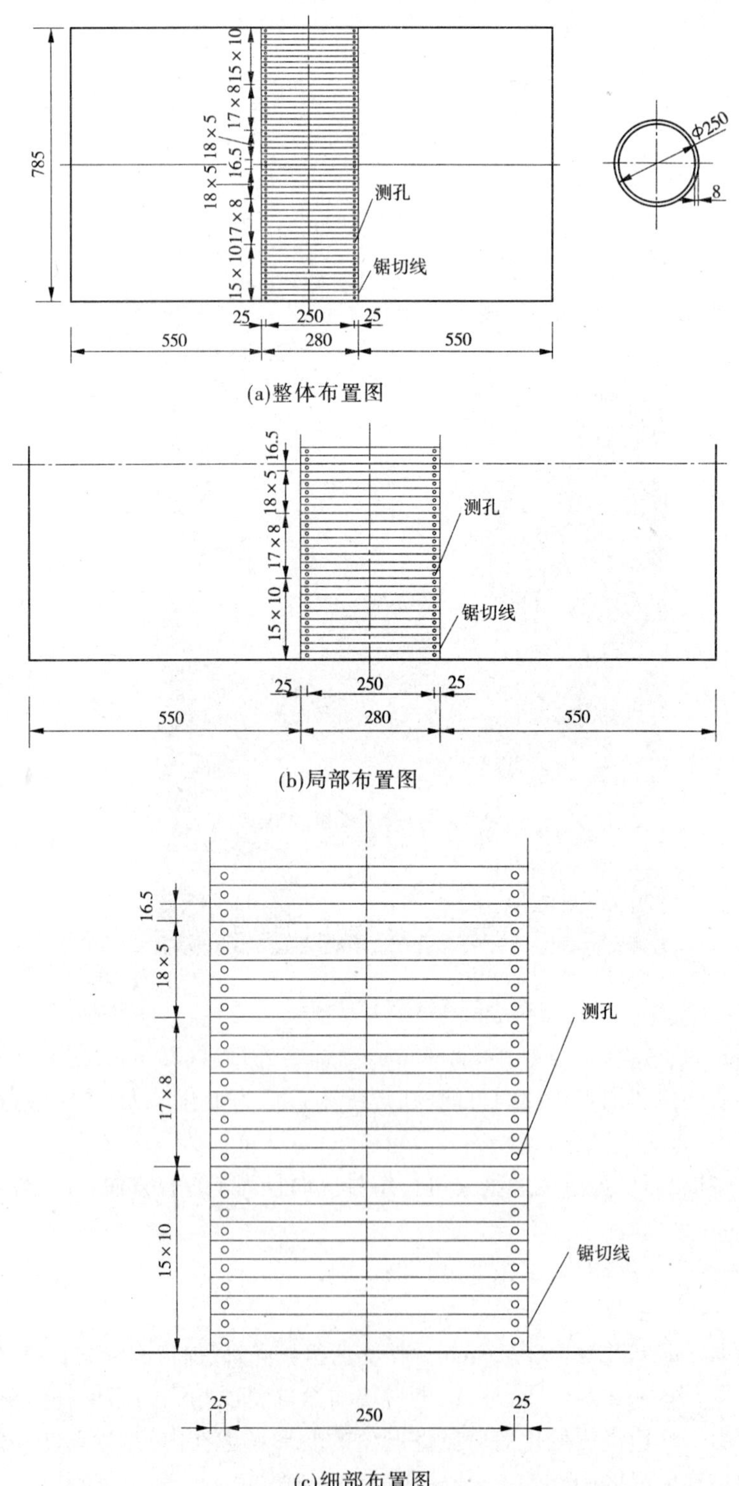

图 2-3　ϕ250×8 试件测孔与铣条布置以及铣条编号布置图　(单位:mm)

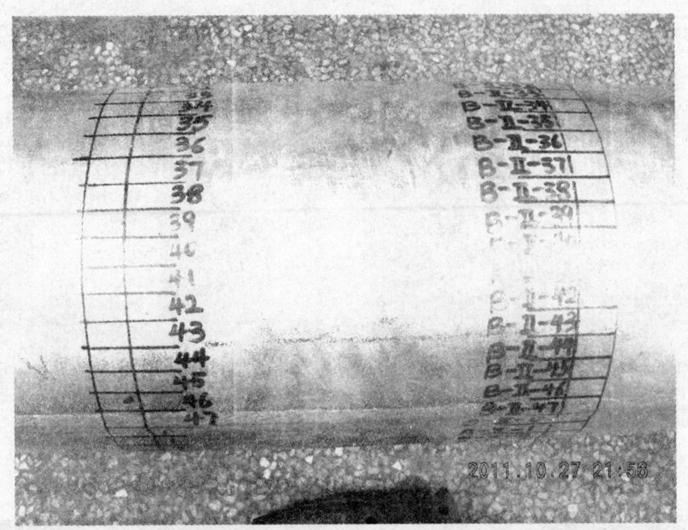

图2-4　测试短划线结果

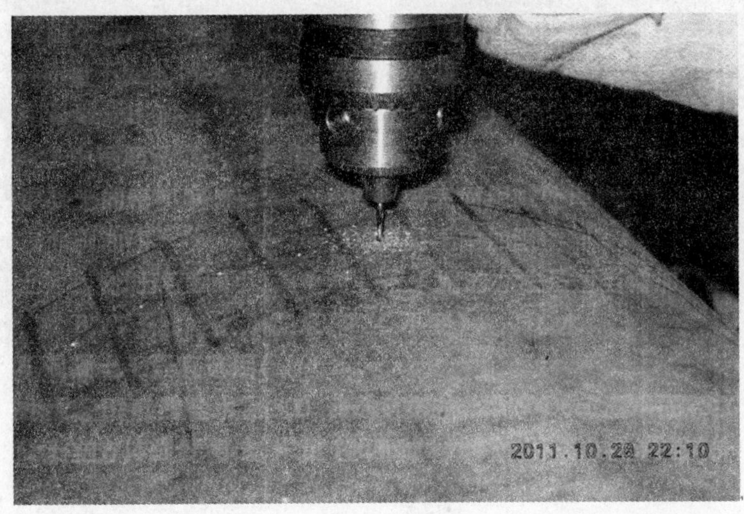

图2-5　钻孔

防止锯齿与试件摩擦时产生的热量过大对试件的残余应力分布产生影响,应在锯割时对试件及锯齿进行冷却,如图2-6所示。

2.1.2　初测

初测即测出试件未铣条前孔间的长度,即残余应力未释放时的长度。所用仪器为手持式应变仪,精度为0.01 mm。

测试前应清孔。测试时,试件放平,手持应变仪也应放平,且施加一定的压力,使测针抵紧孔壁。一对测孔测三次,取平均值,若发现三次读值相差较大,应重新测试,同时应测出温度补偿板的读值。如图2-7所示(右图为测出温度补偿板的读值)。

如果测试产生较大误差或错误,以后无法弥补,所以测试时应特别小心。

图 2-6　锯出测试段

图 2-7　初测

2.1.3　终测

初测之后，采用线切割的方法进行铣条，该方法在切割过程中产生的热量很小，可以保证测量结果的准确性，见图 2-8。然后对铣条的长度进行测量，测量方法同初测。但还要对铣条的弯曲度进行测量。铣条后，铣条一般都要产生弯曲，它的存在影响孔间距的大小，进而影响残余应力。测试见图 2-9。弯曲度计算公式如下：

$$\text{弯曲度} = \delta/L \tag{2-2}$$

式中：$L = 250\ \text{mm}$，$\delta = h_c - \dfrac{|h_{e1} + h_{e2}|}{2}$。

2.1.4　残余应力计算

根据钢条的前、后两次测试长度，温度补偿测量和弯曲度测量，可得残余应力结果如下：

图 2-8　线切割

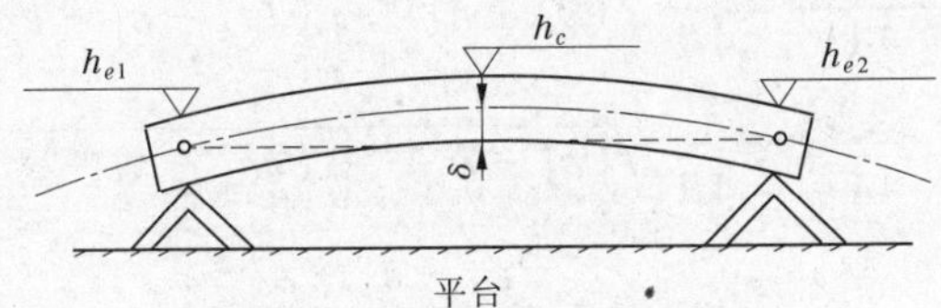

图 2-9　铣条的弯曲度测量

$$f = f_1 + f_2 + f_3 \tag{2-3}$$

式中：$f_1 = E\dfrac{\Delta L}{L} = (n_1 - n_2)E \times 10^{-5}$，kg/cm^2，$n_1 = \dfrac{1}{n}\sum\limits_{i=1}^{n} n_i$，$n_2 = \dfrac{1}{n}\sum\limits_{j=1}^{n} n_j$，$n_i$、$n_j$ 为钢条应变仪前、后读值；n 为测量次数，取 3；$f_2 = E\dfrac{\Delta L_t}{L} = (n_{t1} - n_{t2})E \times 10^{-5}$，kg/cm^2；$n_{t1} = \dfrac{1}{n_t}\sum\limits_{i=1}^{n_t} n_{ti}$，$n_{t2} = \dfrac{1}{n_t}\sum\limits_{j=1}^{n_t} n_{tj}$，$n_{ti}$、$n_{tj}$ 为补偿板应变仪前、后读值；n_t 为测量次数，取 3；$f_3 = E\dfrac{(\delta/L)^2}{1+6(\delta/L)^4}$，kg/cm^2。

2.2　盲孔法测试残余应力

2.2.1　测试原理

盲孔法的具体测试原理如下：在具有残余应力场 σ 的构件上钻浅盲孔，使孔周围金属的残余应力释放，原来的应力场失去了平衡，为了使其达到新的平衡，而产生相应的位移和应变，由电阻应变片感应得到其释放的应变。

假设本试验所用的材料为各向同性材料，构件某局部残余应力处于均匀的平面状态，

分别为 σ_1、σ_2，见图 2-10。根据弹性力学平面应力理论得到主应力和方向角的计算公式为：

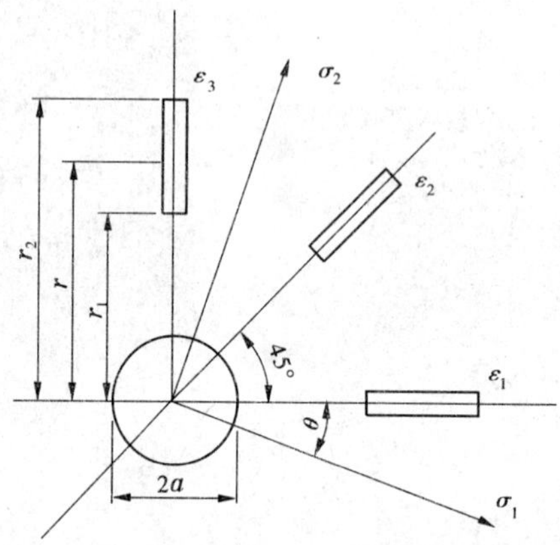

图 2-10　盲孔法测试残余应力应变片示意图

$$\sigma_1 = \frac{\varepsilon_1 + \varepsilon_3}{4A} - \frac{1}{4B}\sqrt{(\varepsilon_1 - \varepsilon_3)^2 + (2\varepsilon_2 - \varepsilon_1 - \varepsilon_3)^2} \tag{2-4}$$

$$\sigma_2 = \frac{\varepsilon_1 + \varepsilon_3}{4A} + \frac{1}{4B}\sqrt{(\varepsilon_1 - \varepsilon_3)^2 + (2\varepsilon_2 - \varepsilon_1 - \varepsilon_3)^2} \tag{2-5}$$

$$\tan 2\theta = \frac{2\varepsilon_2 - \varepsilon_1 - \varepsilon_3}{\varepsilon_3 - \varepsilon_1} \tag{2-6}$$

式中：ε_1、ε_2、ε_3 分别为相应各应变计钻孔后测得的释放应变，με；A、B 为应变释放系数，与孔径、孔深、应变花的几何尺寸及被测材料的弹性模量 E 等有关，可通过拉伸试验标定或理论计算公式给出；θ 为最大主应力(代数值)与应变花中 1# 应变片参考轴的夹角，顺时针方向为正；σ_1、σ_2 为主应力，MPa。

根据材料力学原理，可得到水平截面上纵向残余应力的计算公式为：

$$\sigma_c = \frac{\sigma_1 + \sigma_2}{2} + \frac{\sigma_1 - \sigma_2}{2}\cos(2\theta) \tag{2-7}$$

采用盲孔法测试残余应力时，由于刀具对孔边的切削挤压会使所钻孔洞周围的钢材产生附加应变 ε_m。附加应变 ε_m 除与材料的性能、试验者操作熟练程度以及钻头的锋利程度有关外，还与所钻小孔边缘到电阻应变片栅丝端部的距离有关。所测应变 ε_i' 与附加应变 ε_m 之差即为钻孔后所释放的真实应变，即 $\varepsilon_i = \varepsilon_i' - \varepsilon_m$，其中 $i = 1,2,3$。根据本项测试特点并参照船舶行业标准《残余应力测试方法：钻孔应变释放法》(CB 3395—1992)，电阻应变片引起的附加应变 $\varepsilon_m = -35$ με。

2.2.2　试验测试的技术条件

2.2.2.1　焊接参数

焊接工艺参数见表 2-1。

表 2-1　焊接工艺参数

母材钢号	Q690C	规格	8	供货状态	热机械轧制	生产厂	唐山钢铁公司

焊接材料	生产厂	牌号	型号	规格	烘干温度	备注
焊丝	—	—	—	—	—	—
焊丝	武汉铁锚	WH70 - G	ER70 - G	ϕ1.2	—	—
气体	洛阳洛硅	—	混合气体	Ar80% + $CO_2$20%	—	—
埋弧焊丝	武汉铁锚	MCJH70Q	—	ϕ2.5		
焊剂	武汉铁锚	YS - SJ105G	F5A4 - MCJHNH - 1			

焊接方法	GMAW + SAW	焊接位置	平(F)
焊接设备型号	奥太 NBC - 500	电源及极性	直流反接
接头坡口尺寸示意图	标记:GC - BV - B1 60°~70° 8 mm 0~2 mm	焊接顺序示意图	3 2 1 8 mm

<table>
<tr><td rowspan="5">焊接工艺参数</td><td rowspan="2">道次</td><td rowspan="2">焊接方法</td><td colspan="2">焊条或焊丝</td><td rowspan="2">焊剂或气体</td><td rowspan="2">气流量(L/min)</td><td rowspan="2">电流(A)</td><td rowspan="2">电压(V)</td><td rowspan="2">焊接速度(mm/min)</td><td rowspan="2">线能量(kJ/cm)</td></tr>
<tr><td>牌号</td><td>直径(mm)</td></tr>
<tr><td>1</td><td>GMAW</td><td>WH - 70 - G</td><td>1.2</td><td>Ar + CO_2</td><td>15 ~ 20</td><td>100 ~ 130</td><td>18 ~ 22</td><td>180 ~ 300</td><td></td></tr>
<tr><td>2</td><td>GMAW</td><td>WH - 70 - G</td><td>1.2</td><td>Ar + CO_2</td><td>15 ~ 20</td><td>210 ~ 220</td><td>22 ~ 26</td><td>180 ~ 250</td><td></td></tr>
<tr><td>3</td><td>SAW</td><td>MCJH70Q</td><td>2.5</td><td>SJ105G</td><td></td><td>350 ~ 400</td><td>33 ~ 38</td><td>350 ~ 500</td><td></td></tr>
<tr><td rowspan="3">技术措施</td><td colspan="2">焊前清理</td><td colspan="3">清除表面锈迹、油污</td><td colspan="2">层间清理</td><td colspan="3">用砂轮机清理</td></tr>
<tr><td colspan="2">背面清根</td><td colspan="8">单面焊双面成型</td></tr>
<tr><td colspan="2">其他</td><td colspan="8">焊前预热 150 ~ 200 ℃,焊后缓冷</td></tr>
</table>

2.2.2.2　HK21B 型残余应力检测仪

HK21B 型残余应力检测仪主要采用盲孔法对各种材料和结构的残余应力进行分析和研究,可作为在静力强度研究中测量结构及材料任意点变形的应力分析仪器。如果配用相应的传感器,也可以测量力、压力、扭矩、位移和温度等物理量。它以计算机为中央微处理机,采用高精度测量放大器、数据采集和处理器,测量中无需调零,可直接测出残余应力值的大小和方向,实现了残余应力测量的自动化。检测仪见图 2-11。

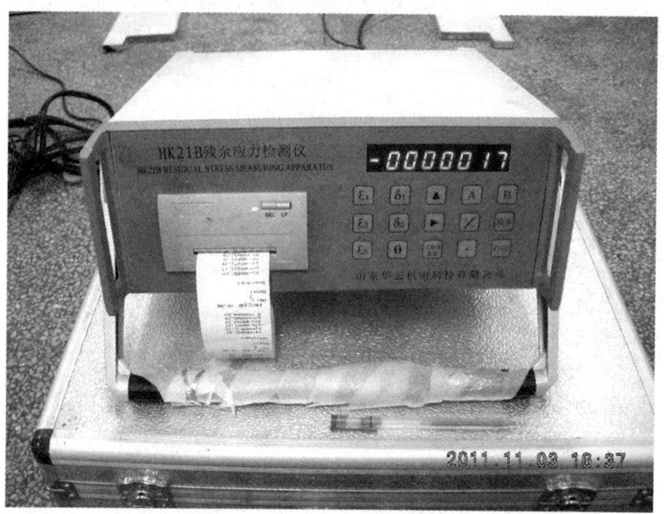

图 2-11　残余应力检测仪

残余应力检测仪的基本工作原理见图 2-12。

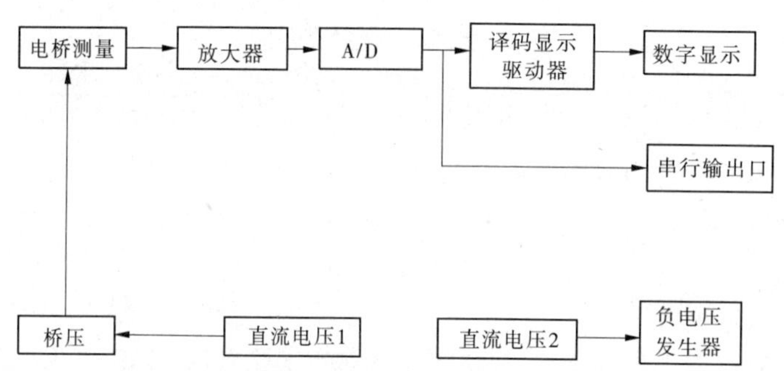

图 2-12　残余应力检测仪的基本工作原理

HK21B 型残余应力检测仪的具体参数如下。

(1)应变测量范围:0 ~ ±32 767 με。

(2)应力测量范围:0 ~ ±6 000 MPa。

(3)分辨率:1 με。

(4)适用应变片阻值:(120 ±0.5)Ω。

(5)测量过程中数码管直接显示因应力释放引起的三个方向的应变值 ε_1、ε_2、ε_3 和计算后的残余应力值 σ_1、σ_2 及主应力方向的角度 θ,显示方式为按键切换方式。

(6)本仪器配有一台 TP40 智能打印机。可现场打印出三个方向的应力应变值 ε_1、ε_2、ε_3 和计算后的残余应力值 σ_1、σ_2 及主应力方向的角度 θ。

(7)供桥电压:直流 2.0 V,交流纹波小于 0.1 mV。

(8)基本误差限:≤ ±(测量值的 0.1% +2)。

(9)稳定性。检测仪在预热 30 min 后,在恒温条件下:(a)零点漂移为≤ ±5 με(30 min 内);(b)读数值变化为≤ ±(测量值的 0.1% +3)/h;(c)温度对零点漂移的变化为

≤±1 με/℃。

(10)电阻平衡范围:≥0.5%(应变片灵敏系数为 2.08(可调),使用 $R = 120\ \Omega$ 应变片)。

(11)可以根据被测工件的材料设置相应的释放参数。其有效设置位数为一位符号位、四位数字位。

(12)测量点数:单点测。

(13)本仪器配有一个 RS485 接口(传输距离≤2 000 m),配备相应的软件可以将该仪器采集的数据在 PC 机内进行分析处理。

(14)电源:交流,50 Hz,220 V±10%。

(15)工作环境:温度为 -20~40 ℃;湿度为 42%~92%。

(16)钻孔直径:ϕ1.5 mm。

2.2.3 应变释放系数标定试验

2.2.3.1 标定试验原理

通孔应变释放系数可由 Kirsch 理论解得到:

$$\left.\begin{aligned} A &= -\frac{1+\mu}{2E}\cdot\frac{d^2}{4r_1 r_2} \\ B &= -\frac{d^2}{2Er_1 r_2}\left[1-\frac{1+\mu}{4}\cdot\frac{d^2(r_1^2+r_1 r_2+r_2^2)}{4r_1^2 r_2^2}\right] \end{aligned}\right\} \tag{2-8}$$

式中:E、μ 分别为被测材料的弹性模量、泊松比;d、r_1、r_2 分别为钻孔直径和盲孔中心到应变计近孔端、远孔端的距离。

盲孔法测试时的应变释放系数 A、B 与应变花的几何尺寸,材料的 E、μ 及钻孔直径 d 和孔深 h 等因素有关。

盲孔法应变释放系数则需由标定试验确定,无论在任何情况下进行应力测定时,孔径、孔深、应变计的尺寸、电阻值及其与盲孔的相对位置等参数都必须与标定试验所用的参数一致,否则应变释放系数 A、B 需重新标定。

假设人为地在构件中施加单向应力场($\sigma_1=\sigma,\sigma_2=0$),应变计 1、3 分别平行于 σ_1、σ_2 方向,即 $\theta=0$,则有:

$$\left.\begin{aligned} \sigma_1 &= \frac{\varepsilon_1+\varepsilon_3}{4A}+\frac{\varepsilon_1-\varepsilon_3}{4B} \\ \sigma_2 &= \frac{\varepsilon_1+\varepsilon_3}{4A}-\frac{\varepsilon_1-\varepsilon_3}{4B} \end{aligned}\right\} \tag{2-9}$$

进一步可得:

$$\left.\begin{aligned} A &= (\varepsilon_1+\varepsilon_3)/(2\sigma) \\ B &= (\varepsilon_1-\varepsilon_3)/(2\sigma) \end{aligned}\right\} \tag{2-10}$$

由应变计 1、3 测得释放应变 ε_1、ε_3,即可求出应变释放系数 A、B。

根据小孔法的基本原理和计算公式,标定试验最好在平面应力场中进行,由于加载条件的限制，一般都采用单向均匀加载的方法进行标定。实践证明该方法简便易行，标定结果可靠。

2.2.3.2　标定试验试件

标定试验中试样为 Q690C 级钢材，厚度为 8 mm，根据盲孔与边界最小距离的要求，取试件工作部分宽为 60 mm，标定试件尺寸及应变片布置见图 2-13，应变片采用与原试件相同的型号，在试件正反两面对应位置粘贴相同的应变片，以校正加载偏心和试件的扭转。

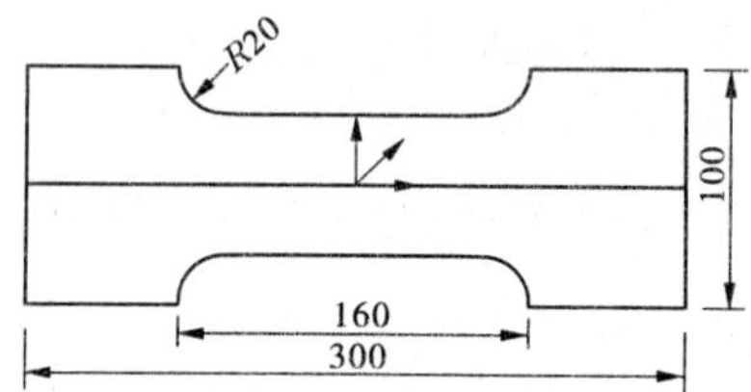

图 2-13　标定试件尺寸及应变片布置　（单位：mm）

标定试件在普通 200 kN 液压万能材料试验机上进行加载，并采用静态应变仪记录应变。为了避免孔边产生塑性变形，保证试件在弹性范围内反复加载，所施加的最大载荷引起的实际应力不大于$\frac{1}{3}\sigma_y$。试验时，对此反复施加载荷，记录各状态下的应变片读数，所测数据经平均及误差分析后，计算可得应变释放系数 A、B。

该部分需要 Q690C 级钢材的力学性能指标，做 6 个标定试件（3 个黑件和 3 个镀锌件），将计算所得的应变释放系数 A、B 取平均值作为试验所用 A、B 值。

2.2.3.3　标定试验要求

对试件的标定过程有以下要求：

（1）试件材料与测残余应力的结构材料相同（标定 A、B 时）。

（2）试件截面上拉伸应力均匀分布，且在单向拉伸条件下，施加应力 σ 应小于$\frac{1}{3}\sigma_y$，这样可使孔边不产生屈服。

（3）钻孔孔径 d 与试件的尺寸相比必须很小，钻孔中心距试件边界应大于等于 8 倍的孔径，试件厚度应大于等于 4 倍的孔径，在同一试件上进行多个钻孔测定 A、B 时，相邻两孔中心距离应为$(5\sim8)d$。

（4）应尽量消除钻孔时产生的机械切削压力。

2.2.3.4　标定试验步骤

为消除试件内的初始应力和刀具钻孔时的切削应变，标定时采用下列步骤：

（1）在试件上按标准要求粘贴残余应力的应变花，连接应变测量仪器，将试件安装在电子万能试验机上并进行调整，施加初载，各应变片调零，加载至预定载荷，读取各应变片的读数，重复加卸载若干次，取平均值，得到各应变片钻孔前的读数 ε_1^0、ε_2^0、ε_3^0。

（2）从试验机上卸下试件，钻孔。在本次试验中钻孔操作按照改进盲孔法操作步骤进行，需进行扩孔操作，标定各个孔径的 A、B 值。

(3)将钻孔后试件重新装到试验机上，施加初载，各应变片调零，加同样载荷，读取各应变片读数 ε'_1、ε'_2、ε'_3。重复加卸载若干次，取平均值。

(4)将钻孔后各应变片的读数和钻孔前相应各应变片的读数相减，得到由施加应力 σ 引起的释放应变值，即

$$\varepsilon_1 = \varepsilon'_1 - \varepsilon_1^0, \varepsilon_2 = \varepsilon'_2 - \varepsilon_2^0, \varepsilon_3 = \varepsilon'_3 - \varepsilon_3^0 \tag{2-11}$$

由钻孔法测量残余应力的基本原理中应力计算公式，在考虑单向应力状况下所推导的应变释放系数公式(2-10)，代入试验中测得的应变值即可得出应变释放系数 A、B。盲孔法测试时的应变释放系数 A、B 与应变花的几何尺寸、材料的弹性模量、泊松比、钻孔直径等有关。

2.2.4　焊接残余应力测试步骤

焊接残余应力的测试步骤包括焊件测点布置和粘贴应变片及钻孔技术两个部分。

2.2.4.1　焊件测点布置

根据试件的形状和特点，选择测试部位以及测点数目。测点均布置在试件的跨中截面上。以 $\phi250\times8$ 试件为例，给出测点布置图，如图2-14所示。

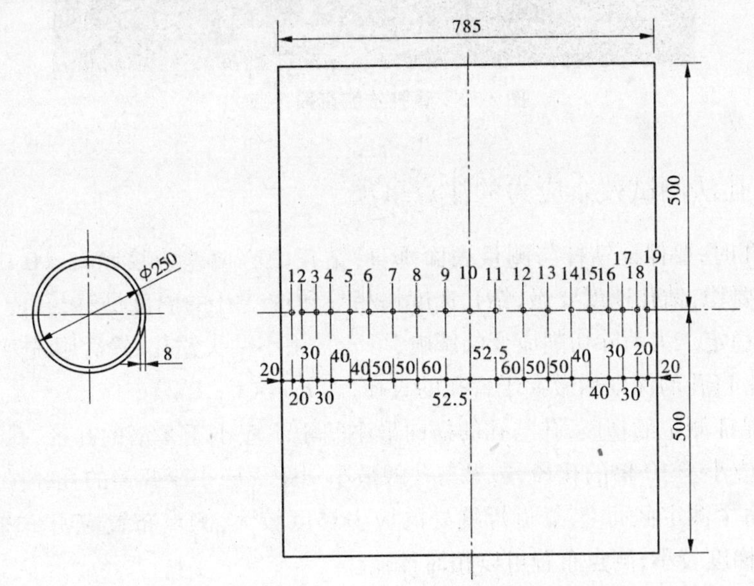

图2-14　$\phi250\times8$ 测点布置　(单位：mm)

2.2.4.2　粘贴应变片及钻孔技术

盲孔法测试技术主要由三部分构成：贴片、钻孔和测试计算。

(1)应变片的粘贴。

(2)引线焊接。

(3)静态电阻应变仪重新调零。

(4)钻孔。先进行钻头的对中,然后进行钻孔;钻孔后的应变如图 2-15 所示。

此时,每个应变计的应变读数变化应当不大,再次将静态电阻应变仪调零。将配置 ϕ1.5 mm 钻头的钻杆擦干净,连接好手电钻,保持合适的压力,钻至孔深 1.8 mm,拔出钻杆。

(5)测试。钻孔这一重要工序结束后,稍等 3 ~ 5 min,待钻孔区域温度下降后,静态电阻应变仪指示稳定时,便可直接测出应变值 ε_1、ε_2、ε_3 以及残余应力的数值。

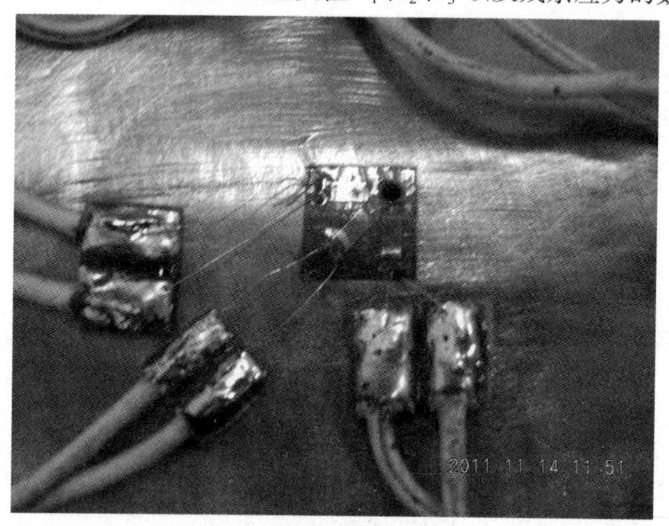

图 2-15　盲孔法测量残余应力

2.2.5　盲孔法测试残余应力的注意事项

(1)钻孔时,要保证钻杆与测量表面垂直,钻孔中心偏差应控制在 ±0.002 5 mm 以内。钻孔时要稳,钻孔速度要慢,钻孔速度快易导致应变片的温度漂移,孔周切削应变增大使测量不稳定。为消除切削应变的影响,可先采用小钻头钻孔,然后用铣刀洗孔。

(2)通常盲孔的深度稍微大于盲孔的直径,即 $h_0 = (1 \sim 1.2)d$。

(3)为保证测定的精度,孔与孔的横向最小间距不应小于 5 倍的孔径,孔与孔的纵向最小间距不应小于 10 倍的孔径,边界与孔的最小间距不应小于 8 倍的孔径。

(4)在每个测定截面上,靠近焊缝处的应力梯度较大,测点布置应密一些;而远离焊缝处的应力梯度较小,测点布置可以相对稀疏些。

(5)钻孔直径 d 与应变花测量圆直径 D 应满足 $2.5 < \dfrac{D}{d} < 3.4$。

(6)在粘贴应变花时,ε_1 与 x 的方向一致,ε_3 与 z 的方向一致。

2.3　试件设计

本试验所需要的试件如表 2-2 所示。

表 2-2　Q690 高强钢管残余应力测试试件

试件编号		截面规格	径厚比 D_0/t	长度 (mm)	测试方法
黑件	镀锌件				
HCY1-1 HCY1-2 HCY1-3 HCY1-4	BCY1-1 BCY1-2 BCY1-3 BCY1-4	$\phi 250\times 8$	31.25	1 000	盲孔法
HCY2-1 HCY2-2 HCY2-3 HCY2-4	BCY2-1 BCY2-2 BCY2-3 BCY2-4	$\phi 300\times 8$	37.50	1 000	
HCY3-1 HCY3-2 HCY3-3 HCY3-4	BCY3-1 BCY3-2 BCY3-3 BCY3-4	$\phi 350\times 8$	43.75	1 000	
H-1 H-2 H-3	B-1 B-2 B-3	$\phi 250\times 8$	31.25	1 380	锯割法

2.4　材性试验

试验中主要测定钢材的弹性模量 E、屈服应力 σ_y、屈服应变 ε_y、初始硬化应变 ε_{st}、硬化阶段的强化模量 E_{st}、抗拉强度 σ_u、极限应变 ε_u、断裂应变 ε_c、伸长率以及颈缩率等，为试验和有限元的数据分析提供了相关参数。

2.4.1　材性试验试件取样位置

材性试件取样根据《钢及钢产品力学性能试验取样位置及试样制备》(GB/T 2975—1998)的有关规定取样。试件取样位置如图 2-16 所示。

2.4.2　材性试验试件尺寸

材性试件取样根据《金属材料室温拉伸试验方法》(GB/T 228—2002)的有关规定制作，试样切取形状及加工精度要求见图 2-17。

各试件的名义尺寸如表 2-3 所示(括号内为实测值)。

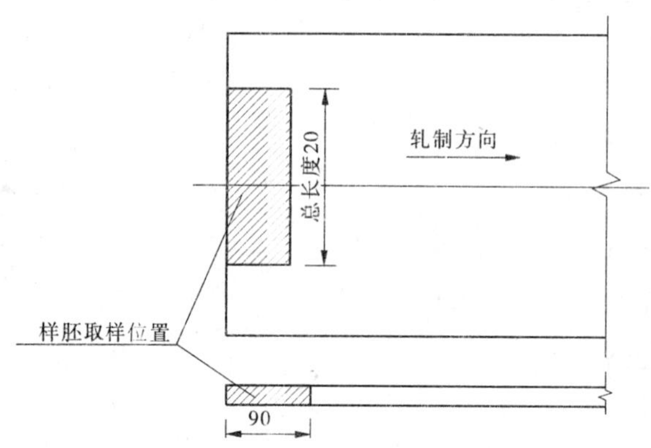

图 2-16　试件取样位置　（单位:mm）

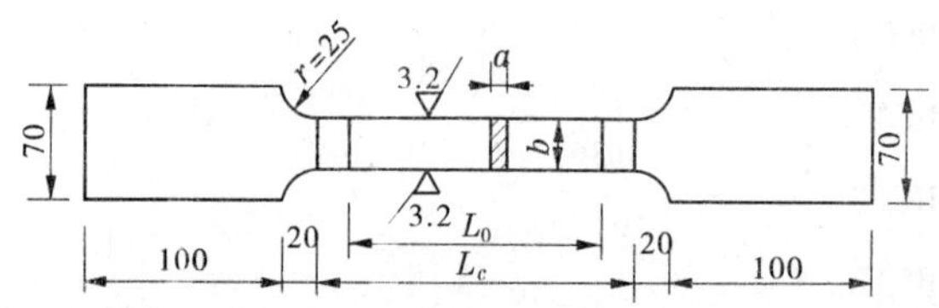

图 2-17　单向拉伸板状试件　（单位:mm）

表 2-3　各试件的名义尺寸

试件编号	试件数量	a (mm)	b (mm)	L_0 (mm)	L_c (mm)	总长度 (mm)	钢材牌号
SP6 - 1	6	6(5.89)	30(30.50)	76	96	336	Q690C
SP6 - 2		6(5.90)	30(30.46)	76	96	336	
SP6 - 3		6(5.83)	30(30.33)	76	96	336	
SP6 - 4		6(5.97)	30(30.47)	76	96	336	
SP6 - 5		6(5.89)	30(30.03)	76	96	336	
SP6 - 6		6(5.91)	30(30.59)	76	96	336	
SP8 - 1	6	8(8.11)	30(29.58)	88	112	352	
SP8 - 2		8(7.95)	30(29.37)	88	112	352	
SP8 - 3		8(7.95)	30(30.31)	88	112	352	
SP8 - 4		8(8.06)	30(29.45)	88	112	352	
SP8 - 5		8(7.97)	30(29.45)	88	112	352	
SP8 - 6		8(7.93)	30(29.33)	88	112	352	

注:SP6 - 1 表示 6 mm 厚 1 号试件,SP8 - 1 表示 8 mm 厚 1 号试件,依此类推。

单向拉伸试件均为板状试件,如图 2-17 所示。样坯按照《钢及钢产品力学性能试验取样位置及试样制备》(GB/T 2975—1998)的要求从母材切取样坯。根据《金属材料室温拉伸试验方法》(GB/T 228—2002)的规定将样坯加工成试件。钢材牌号为Q690,厚度分别为6 mm、8 mm,每种厚度取6个试件,共12个试件。拉伸试验在拉伸试验机上进行(见图2-18),试件的变形由引伸计测定。

图2-18　拉伸试验机

2.4.3　材性试验的试验步骤

(1)试件准备与尺寸测量。用划线机对试件进行平均标距,将其平均分成10格,在标距范围的中间及两端处,用游标卡尺在每处沿厚度和宽度两个互相垂直的方向上各测量一次,取其平均值为该处直径。用所测得的三个平均值中的最小值来计算试件的横截面面积A_0。标距等分如图2-19所示。

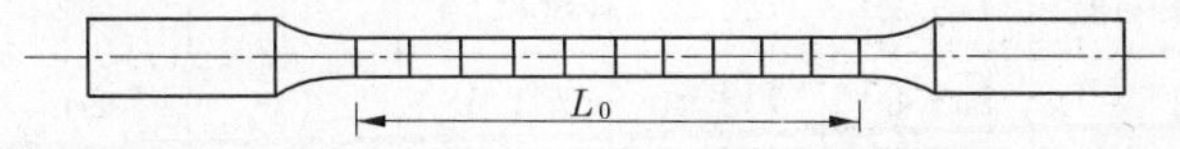

图2-19　用划线机将标距10等分

(2)调整测力指针指零。

(3)装夹试件。

(4)进行拉伸试验。材性试验后的试件如图2-20所示。

2.4.4　材性试验结果

试验用Q690高强钢的材性试验数据见表2-4。

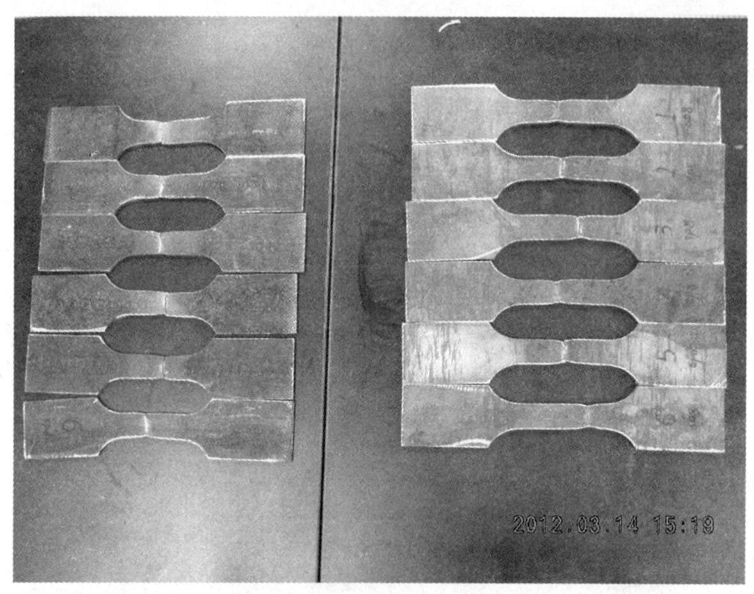

图 2-20　材性试验后的试件

表 2-4　试验用 Q690 高强钢的材性试验数据

试件编号			横截面积 (mm²)	屈服强度 (N/mm²)	抗拉强度 (N/mm²)	伸长率 (%)	颈缩率 (%)	弹性模量 (N/mm²)	强屈比 σ_u/σ_y
Q690	6 mm	SP6 - 1	179.65	790.45	873.95	12	36	2.01E+05	1.11
		SP6 - 2	179.71	789.59	871.94	11	30		1.10
		SP6 - 3	176.82	773.09	870.36	10	24		1.13
		SP6 - 4	181.90	786.12	879.58	11	32		1.12
		SP6 - 5	176.88	814.69	857.09	11	33		1.05
		SP6 - 6	180.79	766.10	858.47	11	27		1.12
		平均值	179.29	786.67	868.56	11	30		1.11
	8 mm	SP8 - 1	239.89	738.66	791.18	17	36		1.07
		SP8 - 2	233.49	719.51	776.47	17	40		1.08
		SP8 - 3	240.96	715.04	783.93	16	40		1.10
		SP8 - 4	237.37	741.89	794.13	16	38		1.07
		SP8 - 5	234.72	726.83	782.65	18	40		1.08
		SP8 - 6	232.59	726.18	781.21	14	35		1.08
		平均值	236.50	728.02	784.93	16	38		1.08

从材性试验数据可以看出，材性试件的力学性能均满足规范要求。

2.5 锯割法测试结果

本次试验对截面规格为 $\phi250\times8$ 的黑件钢管和镀锌件钢管做了锯割法测试，黑件和镀锌件均为三个规格相同的钢管，采用锯割法测试的目的是和盲孔法的测试结果进行比较，得出两种方法的优缺点。

2.5.1 黑件钢管测试结果

如图 2-21 所示，由试验结果可以看出，$\phi250\times8$ 黑件钢管在焊缝附近的残余应力值为正值，即残余拉应力，随着测点距离的增加，残余应力值急剧下降，达到最小值后又开始缓慢上升。由最终的数据可以得到最大残余拉应力值为 679.62 N/mm^2，达到 Q690 钢屈服强度的 98.50%；最大残余压应力值为 70.35 N/mm^2，为钢材屈服强度的 10.20%。

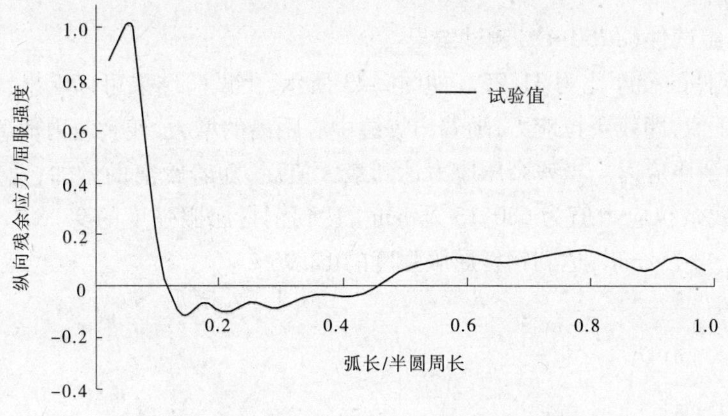

图 2-21　$\phi250\times8$ 黑件钢管试验结果

2.5.2 镀锌件钢管测试结果

如图 2-22 所示，由试验结果可以看出，$\phi250\times8$ 镀锌件钢管在焊缝附近的残余应力值为正值，即残余拉应力，随着测点距离的增加，残余应力值急剧下降，达到最小值后又开始缓慢上升。由最终的数据可以得到最大残余拉应力值为 500.12 N/mm^2，达到 Q690 钢屈服强度的 72.48%；最大残余压应力值为 42.91 N/mm^2，为钢材屈服强度的 6.22%。

2.6 盲孔法测试结果

盲孔法测残余应力是本次试验使用的主要方法，分别对黑件钢管和镀锌件钢管做了测试。为了使试验结果更准确，本次试验采用了多次测量求平均值的方法，对黑件钢管和镀锌件钢管都分了 3 组，每组 4 根钢管。

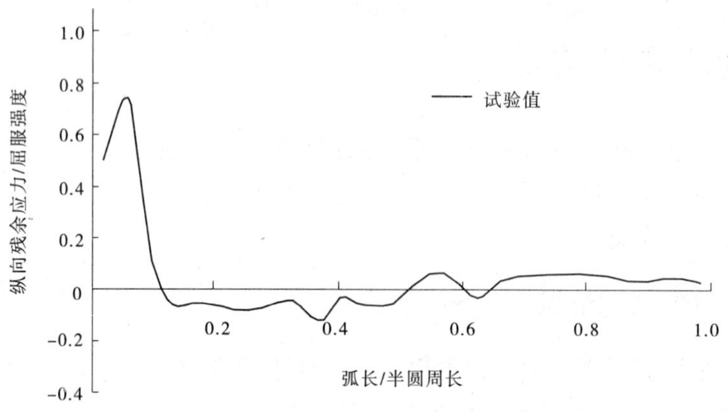

图 2-22 $\phi250\times8$ 镀锌件钢管试验结果

2.6.1 黑件钢管测试结果

2.6.1.1 第 1 组试件($\phi250\times8$)测试结果

HCY1 组试件的径厚比为 31.25。如图 2-23 所示，由试验结果可以看出，焊缝附近的残余应力值为正值，即残余拉应力，随着离焊缝中心距离的增大，残余应力值急剧下降，转变为负值，即残余压应力。当残余压应力达到最大值后，随着距离的增加，残余应力值开始增大。最大残余拉应力值为 680.13 N/mm^2，达到钢材屈服强度的 98.57%；最大残余压应力值为 89.43 N/mm^2，达到钢材屈服强度的 12.96%。

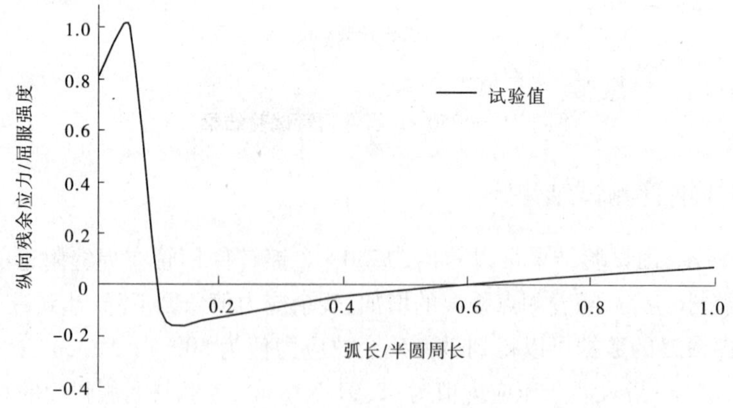

图 2-23 HCY1 试验结果

2.6.1.2 第 2 组试件($\phi300\times8$)测试结果

HCY2 组试件的径厚比为 37.50。如图 2-24 所示，由试验结果可以看出，焊缝附近的残余应力值为正值，即残余拉应力，随着离焊缝中心距离的增大，残余应力值急剧下降，与 HCY1 组试件结果不同的是，残余拉应力并未转变为残余压应力。当残余拉应力达到最小值后，随着距离的增加，残余拉应力值又开始逐渐增大。最大残余拉应力值为 677.46

N/mm²,达到钢材屈服强度的 98.18%;最大残余压应力值为 99.38 N/mm²,达到钢材屈服强度的 14.40%。

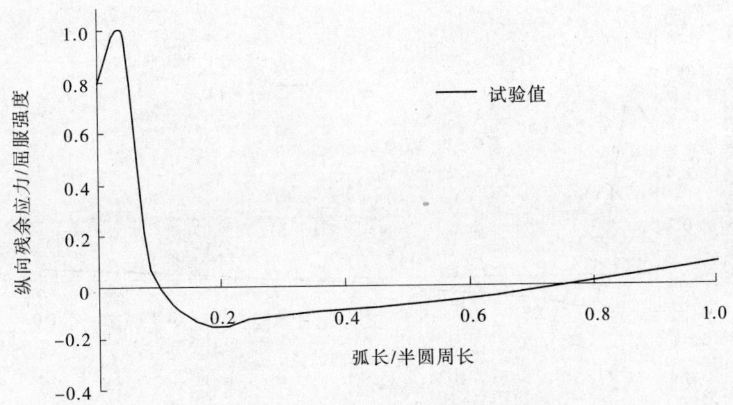

图 2-24　HCY2 试验结果

2.6.1.3　第 3 组试件(ϕ350×8)测试结果

HCY3 组试件的径厚比为 43.75。如图 2-25 所示,由试验结果可以看出,焊缝附近的残余应力值为正值,即残余拉应力,随着离焊缝中心距离的增大,残余应力值急剧下降,转变为负值,即残余压应力。当残余压应力达到最大值后,随着距离的增加,残余应力值开始增大。最大残余拉应力值为 689.56 N/mm²,达到钢材屈服强度的 99.94%;最大残余压应力值为 102.11 N/mm²,达到钢材屈服强度的 14.80%。

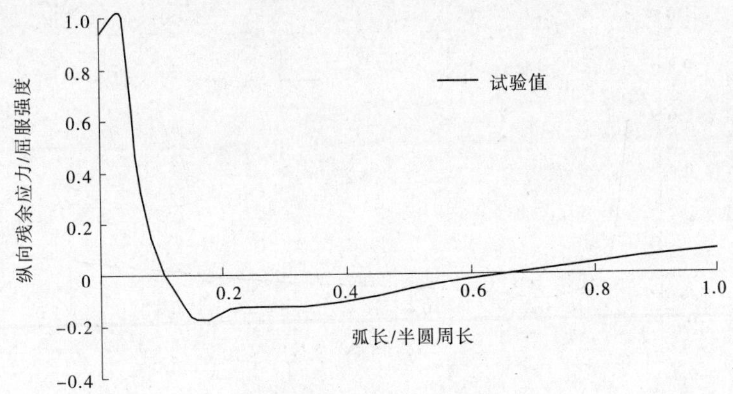

图 2-25　HCY3 试验结果

2.6.2　镀锌件钢管测试结果

2.6.2.1　第 1 组试件(ϕ250×8)测试结果

BCY1 组试件的径厚比为 31.25。如图 2-26 所示,由试验结果可以看出,焊缝附近的残余应力值为正值,即残余拉应力,随着离焊缝中心距离的增大,残余应力值急剧下降,随后残余应力值随着测点坐标的增大而逐渐增大。最大残余拉应力值为 455.69 N/mm²,达到钢材屈服强度的 66. 04%；最大残余压应力值为 59. 92 N/mm²，达到钢材屈服强度的 8. 68%。

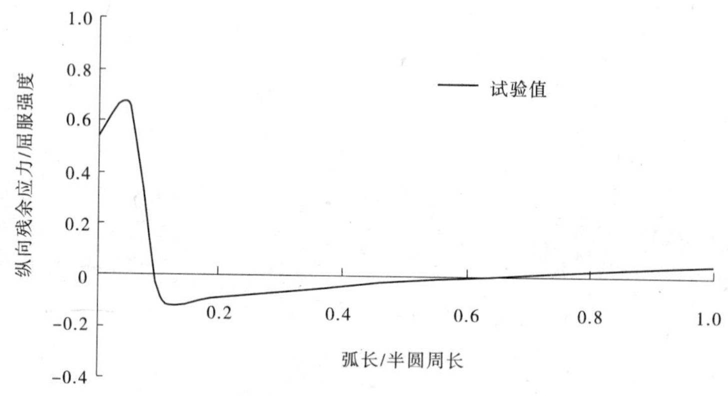

图 2-26　BCY1 试验结果

2. 6. 2. 2　第 2 组试件（ϕ300 ×8）测试结果

BCY2 组试件的径厚比为 37. 50。如图 2-27 所示，由试验结果可以看出，焊缝附近的残余应力值为正值，即残余拉应力，随着离焊缝中心距离的增大，残余应力值急剧下降，转变为负值，即残余压应力。当残余压应力达到最大值后，随着距离的增加，残余应力值开始增大。最大残余拉应力值为 474. 22 N/mm²，达到钢材屈服强度的 68. 73%；最大残余压应力值为 69. 57 N/mm²，达到钢材屈服强度的 10. 08%。

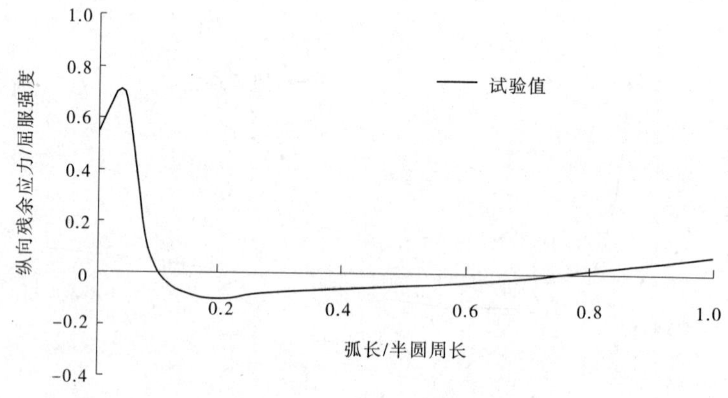

图 2-27　BCY2 试验结果

2. 6. 2. 3　第 3 组试件（ϕ350 ×8）测试结果

BCY3 组试件的径厚比为 43. 75。如图 2-28 所示，由试验结果可以看出，焊缝附近的残余应力值为正值，即残余拉应力，随着离焊缝中心距离的增大，残余应力值急剧下降，达到最大残余压应力后残余应力值随着测点坐标的增大而逐渐增大。最大残余拉应力值为 413. 74 N/mm²，达到钢材屈服强度的 60. 00%；最大残余压应力值为 63. 27 N/mm²，达到钢材屈服强度的 8. 88%。

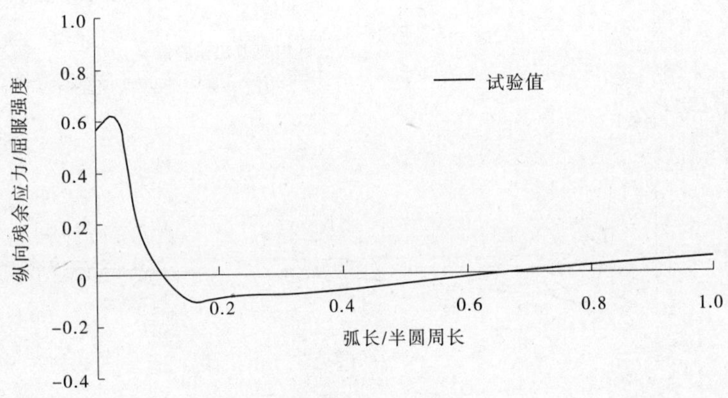

图 2-28　BCY3 试验结果

2.7　锯割法与盲孔法测试结果对比

对锯割法和盲孔法测得的 $\phi250\times8$ 黑件钢管和镀锌件钢管截面残余应力进行比较，如图 2-29、图 2-30 所示。

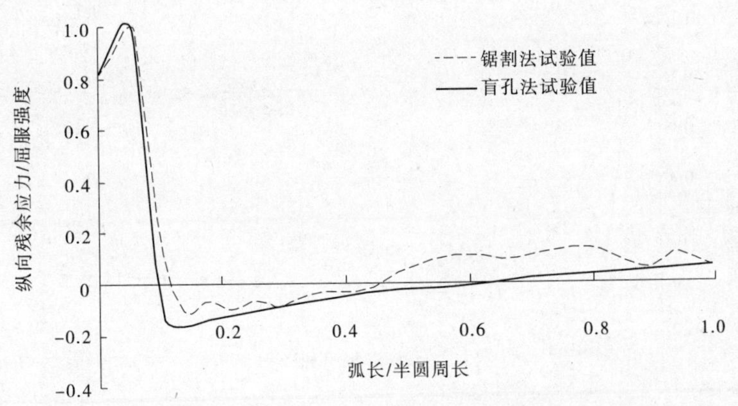

图 2-29　锯割法与盲孔法测试黑件结果对比

从图 2-29、图 2-30 可以看出，两种方法所得到的残余应力值均在焊缝附近达到最大残余拉应力，且随着距离的增大，残余应力值急剧下降，达到最小值后又开始缓慢增大，两种方法所得到的残余应力分布曲线从整体来看，趋势相同。但不同的是，锯割法所得到的结果在局部出现明显波动，盲孔法所得到的结果未出现此种现象。原因可能是锯割法在试验过程中所受到的影响因素较多，认为操作误差导致最终锯割法数据的波动性较大。从图 2-29、图 2-30 还可以看出，经过镀锌的钢管的纵向残余应力峰值要小于黑件钢管的纵向残余应力峰值。

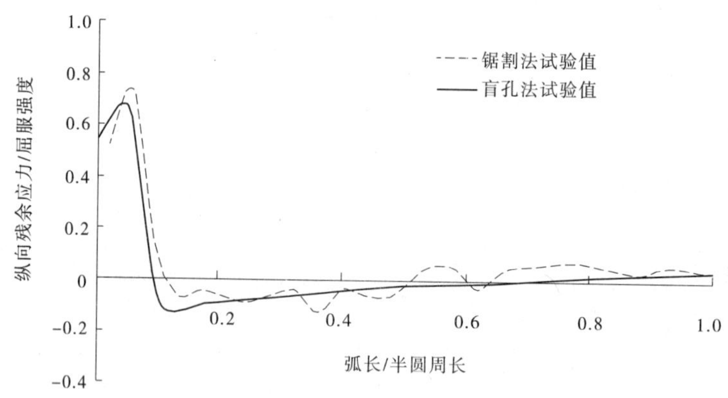

图 2-30　锯割法与盲孔法测试镀锌件结果对比

2.8　盲孔法测试黑件钢管与镀锌件钢管结果对比

分别将截面规格为 $\phi250\times8$、$\phi300\times8$、$\phi350\times8$ 的黑件钢管和镀锌件钢管的测量结果进行对比，如图 2-31 ~ 图 2-33 所示。

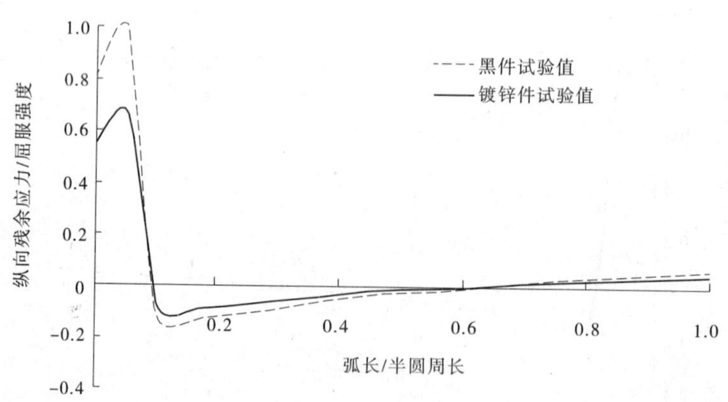

图 2-31　盲孔法测试 $\phi250\times8$ 黑件钢管和镀锌件钢管结果对比

从图 2-31 ~ 图 2-33 中可以看出，三种截面规格镀锌件钢管的纵向残余应力峰值较同规格的黑件钢管的纵向残余应力峰值均有所下降。截面规格为 $\phi250\times8$ 的黑件钢管经镀锌后残余压应力峰值下降了 32.98%；截面规格为 $\phi300\times8$ 的黑件钢管经镀锌后残余压应力峰值下降了 30.00%；截面规格为 $\phi350\times8$ 的黑件钢管经镀锌后残余压应力峰值下降了 38.79%。其原因是给钢管镀锌就相当于对钢管进行了热处理，使得原有的残余应力重新分布。

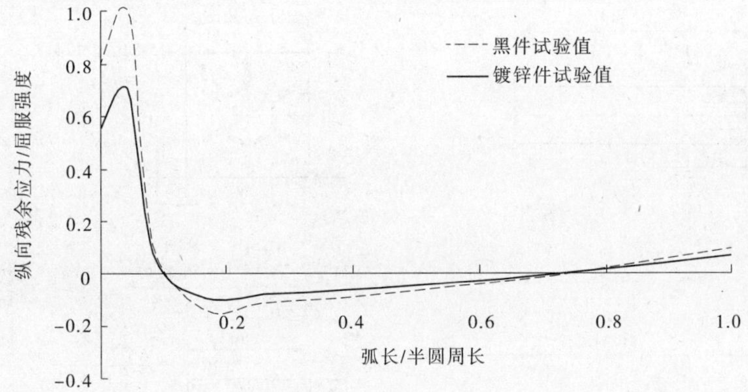

图 2-32　盲孔法测试 $\phi300\times8$ 黑件钢管和镀锌件钢管结果对比

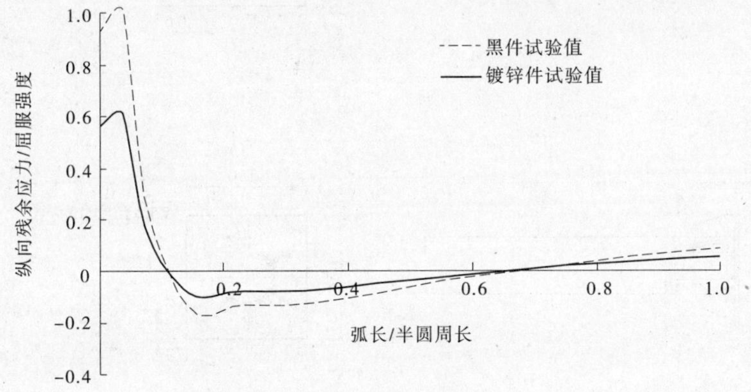

图 2-33　盲孔法测试 $\phi350\times8$ 黑件钢管和镀锌件钢管结果对比

2.9　带端头钢管残余应力测试

2.9.1　试件设计

三种管径端部残余应力测试的试件设计如图 2-34 所示，测试焊接底板和加劲肋对试件残余应力影响试件（黑体钢管）如表 2-5 所示。

2.9.2　测点布置

为考察钢管端部焊接底板和加劲肋以后对钢管截面纵向残余应力的影响，本次试验同样对三种截面规格的黑件钢管做了残余应力测试，采用的方法仍为盲孔法。每根钢管按照距离端部由近到远布置了四圈测点。如图 2-35 所示，A ~ D 表示所布置的测圈编号。

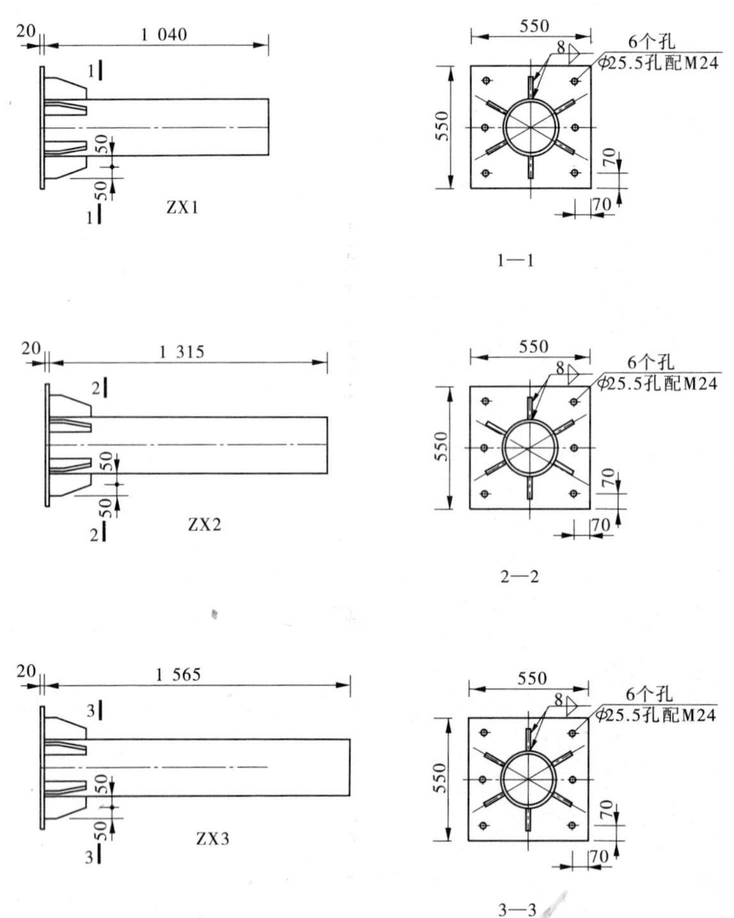

图 2-34　ZX1 ~ ZX3 试件设计　（单位：mm）

表 2-5　测试焊接底板和加劲肋对试件残余应力影响试件（黑件钢管）

编号	截面规格	径厚比 D_0/t	长度（mm）	测试方法	试件数量
ZX1	ϕ250 × 8	31.25	1 040	盲孔法	2
ZX2	ϕ300 × 8	37.50	1 315		2
ZX3	ϕ350 × 8	43.75	1 565		2
合计					6

2.9.3　测试结果

试件 ZX1 ~ ZX3 的残余应力测试结果如图 2-36 ~ 图 2-38 所示。

从以上图中所示的 ZX1、ZX2、ZX3 测试结果来看，虽然测圈 A ~ D 的位置距离端部的距离逐渐增大，但四个测圈的残余应力试验值所描绘的残余应力分布图基本一样，同时与

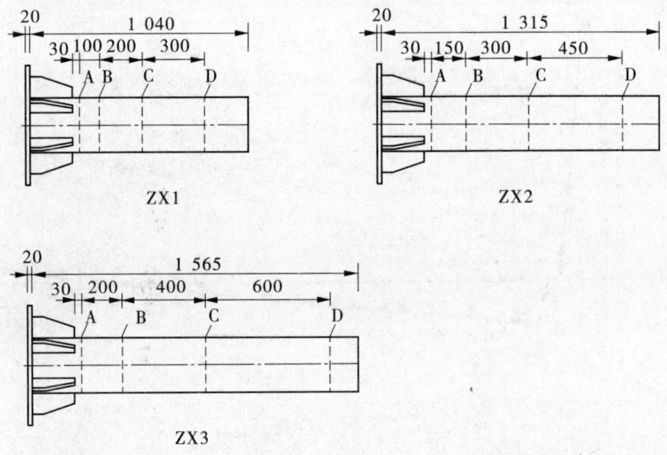

图 2-35　ZX1 ~ ZX3 测圈布置　（单位:mm）

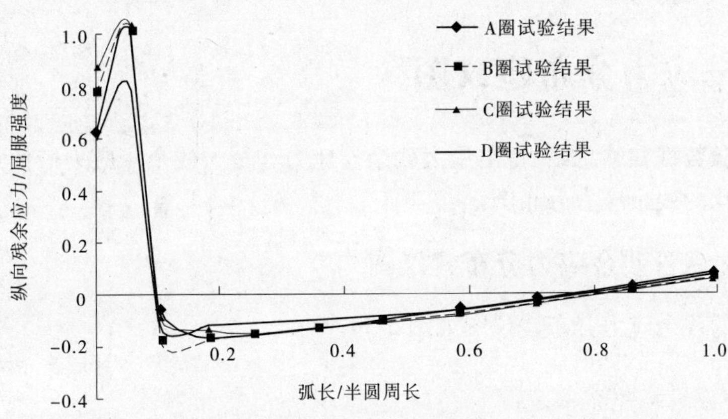

图 2-36　ZX1 试验结果

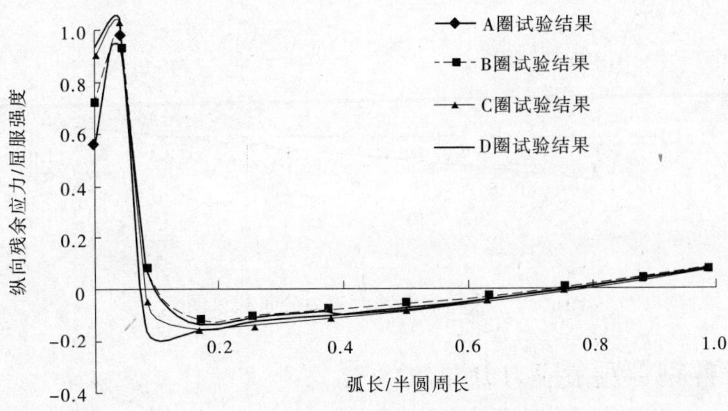

图 2-37　ZX2 试验结果

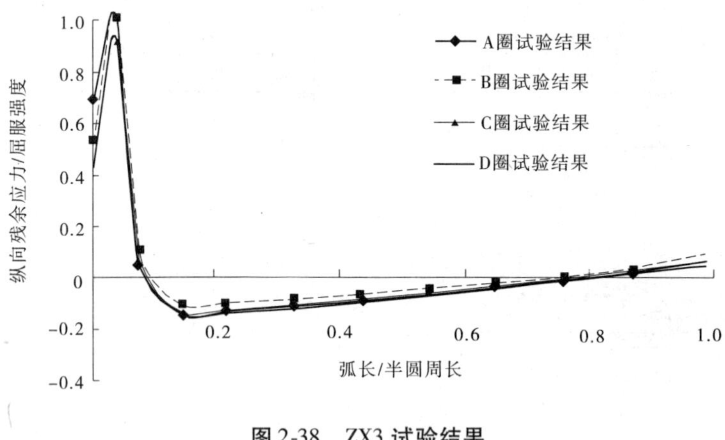

图 2-38　ZX3 试验结果

未加端头的钢管残余应力测试结果相比较，也没有多大差异，这说明钢管带端头对钢管本身的纵向残余应力影响不大。

2.10　残余应力分布建议图

将以上试验数据归纳总结，得出最大残余拉应力和最大残余压应力极值点以及零点，从而可得到简化的残余应力分布图。

2.10.1　黑件钢管残余应力分布建议图

黑件钢管的残余应力分布建议图如图 2-39 所示。

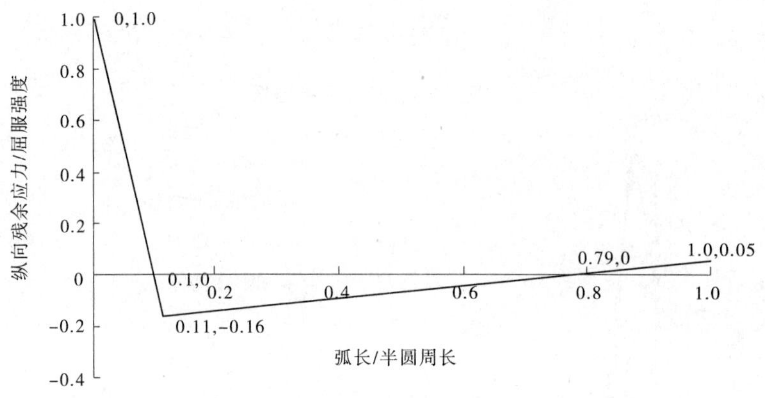

图 2-39　黑件钢管残余应力分布建议图

2.10.2　镀锌件钢管残余应力分布建议图

镀锌件钢管的残余应力分布建议图如图 2-40 所示。

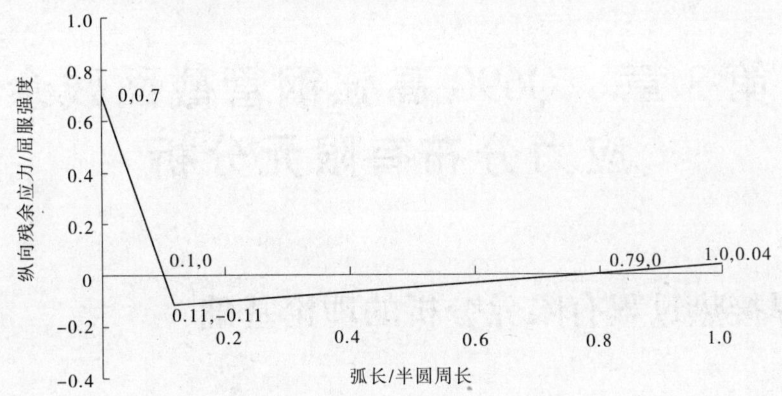

图 2-40　镀锌件钢管残余应力分布建议图

2.11　本章小结

本章通过对 $\phi250\times8$、$\phi300\times8$、$\phi350\times8$ 三种截面形式的 Q690 高强钢管的纵向残余应力分布进行试验研究，得出了黑件钢管、镀锌件钢管和带端头钢管的纵向残余应力分布图，对所得试验数据进行分析可以得出以下结论：

(1) 残余拉应力集中在焊缝及邻近区域，应力梯度大，峰值拉应力已达到钢材的屈服强度；残余压应力峰值较小，最大仅为钢材屈服强度的 14.80%，与普通钢材相比这要小得多。

(2) 通过对黑件钢管和镀锌件钢管的残余应力试验值比较可以看出，镀锌件钢管的残余应力峰值明显小于黑件钢管的残余应力峰值，这与钢管在镀锌过程中的加工方式有关，镀锌的过程就相当于对钢管进行了一次热处理，有助于消除残余应力，消除率从 30.00% 到 38.79% 不等，虽说消除率不是很大，但这是钢结构防腐蚀本身需要的措施，因而不需要另外附加成本，所以相对来说就很可观了。

(3) 通过对比黑件钢管和带端头钢管的试验数据可以看出，钢管端部焊接底板和加劲肋以后对钢管截面纵向残余应力的影响很小，在实际工程应用中可以不考虑端头对纵向残余应力的影响。

(4) 与已有资料显示的普通钢管的纵向残余应力分布情况相比，高强钢管截面的纵向残余压应力与其屈服强度之比要明显小于普通钢材的，本次试验所得到的最大值为 0.16，而普通钢材的值为 0.27 ~ 0.35。

(5) 本次试验对截面规格为 $\phi250\times8$ 钢管采用了盲孔法和锯割法两种方法测定其残余应力，通过两种方法所得的数据来看，锯割法所得数据曲线波动较大，而盲孔法所得数据曲线则相对规律，究其原因，可能与采用锯割法试验时对测试精度把握不到位有关。

第 3 章　Q690 高强钢管截面残余应力分布有限元分析

3.1　焊接热过程有限元分析的理论基础

3.1.1　焊接热过程有限元分析的特点

采用空间和时间有限元(包括有限差分法)模拟焊接时材料及构件的热力(弹性—黏塑性)行为,分析焊接残余应力和焊接变形,并如弹性构件分析中那样划分较小的单元,即使在超级计算机时代,这也是难以解决的任务。焊接过程的有限元分析具有以下特点:

(1)模型是三维的,至少在焊接区域应是如此,以考虑内部和表面的不同冷却条件。

(2)由于快速加热和冷却,模拟的过程是高度瞬态的,具有与位置和时间相关的极不相同的温度梯度场。

(3)由于材料的热—力行为,模拟的过程是高度非线性的,并与温度密切相关。

(4)局部的瞬态行为,取决于局部加热的历史和力学的应力应变历史。

(5)焊接时材料熔化,有时熔化的材料还添加在构件上,凝固后会改变构件的连接状况。

(6)应模拟材料的状态及显微组织变化。

(7)临界情况下可能发生的缺陷和裂纹,使连续介质的概念受到怀疑。

通常这一极为复杂问题的数值解需要功能强大的计算机,合适的求解算法及自适应(三维)网格和(时间步长)程序。虽然今天有功能强大的计算机可以利用,但计算方法和软件的发展仍跟不上硬件进步的速度,而且即使有可以采用的计算手段,目前在收敛检验和误差估计方面也将遇到难以超越的困难。

在工业生产和加工过程中阻碍焊接残余应力有限元分析应用的另一个问题是,该分析需要众多的材料特征值及其与温度的关系,而目前只有零星的数据。很多材料特征值不仅因材料而异,而且与显微组织的状态有关,还要考虑材料特征值的局部各向异性或不均匀性。然而在模拟复杂的实际问题时,上述要点只和采用带有最大可能细节的有限元模型有关。如果在模型中只涉及问题的核心,就不需要考虑上述所有要点,这时只在有限元模型中研究主要的影响参数,有限元方法就可以给出切合实际的结果。这一点非常重要,是因为残余应力测量和分析方法不同,能给出的说明是非常有限的。比如在热应力计算过程中就可以忽略高温相变问题。如果采用无损检测技术,只能得到构件表面的应力状态,即使采用破坏性的测量方法,也不可能有足够的精度确定构件内部完整的三维应力状态。这就涉及有限元模型的简化问题。

焊接是一个涉及电弧物理、传热、冶金和力学的复杂过程。焊接现象包括焊接时的电磁、传热过程、金属的熔化和凝固、冷却时的相变、焊接应力与变形等。它们之间的相互关系如图 3-1 所示。

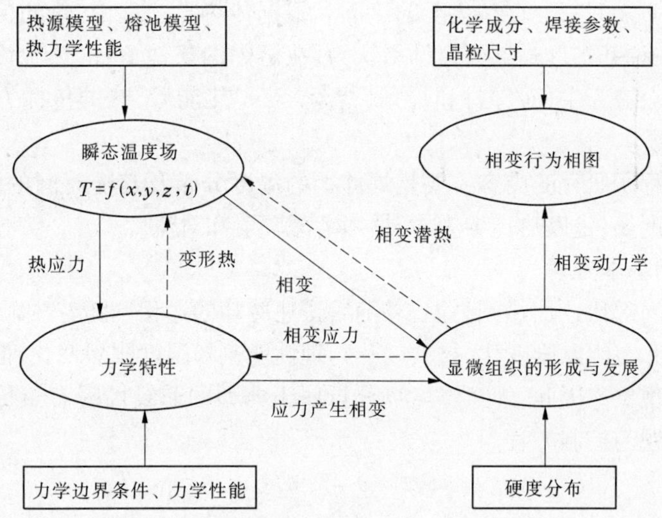

图 3-1　焊接温度场、焊接应力与变形及显微组织状态场的相互影响

图 3-1 中特别强调相变行为的影响，并显示出有限元分析中基本的输入和输出参数。而在焊接热力学模拟时，通常着重考虑温度场、应力、变形及显微组织之间的相互影响，而忽略其他因素。因此，图 3-1 可简化成图 3-2，图中箭头表示相互的影响；实线箭头表示强烈的影响；虚线箭头表示较弱的影响。

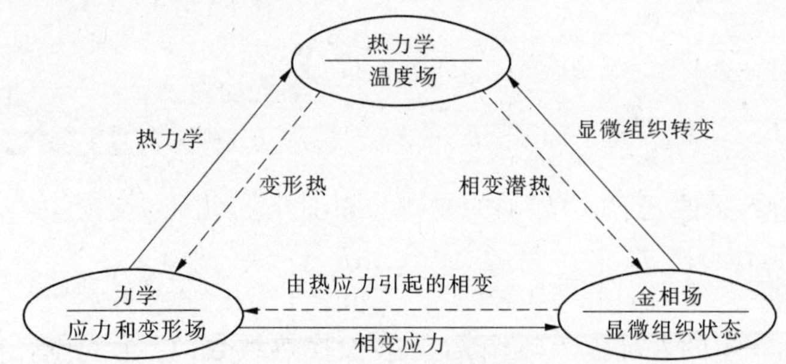

图 3-2　焊接温度场、焊接应力与变形及显微组织状态场的分解和相互影响

从图 3-2 可以看出，影响焊接应力应变的因素有焊接温度场和金属显微组织，而焊接应力应变场对温度场和显微组织的影响却很小，所以在分析时，一般仅考虑单向耦合问题，即焊接温度场和金属显微组织对焊接应力应变场的影响，而不考虑应力场对它们的影响。因此，在焊接热过程的数值分析中，只考虑焊接温度场对应力应变场的影响即可。另外，金属相变对焊接温度场有影响，但影响不是太大，考虑相变潜热对其温度场的影响较容易，所以在分析中应考虑它对温度场的影响。

3.1.2　焊接热过程有限元分析的理论

焊接时,由于焊件是局部受热,焊件中存在很大的温度差。因此,不管是焊件内部,还是焊件与周围介质之间都会存在热能的流动。根据传热学的理论,热的传递不外乎是传导、对流和辐射三种基本形式。研究结果认为,在熔焊的条件下,由热源传给焊件的热量主要是以辐射和对流为主,而母材和焊条(焊丝)获得热能后,热的传播方式则是以热传导为主。

焊接传热过程所研究的内容主要是焊件上的温度分布及其随时间的温度变化问题,因此研究焊接温度场,是以热传导为主,适当考虑辐射和对流。

3.1.2.1　有限元基本方程

焊接是一个局部快速加热到高温,并随后快速冷却的过程。随着热源的移动,整个焊件的温度随时间和空间急剧变化,材料的热物理性能也随温度剧烈变化,同时还存在熔化和相变时的潜热现象。因此,焊接温度场分析属于典型的非线性瞬态热传导问题。非线性瞬态热传导问题的控制方程为

$$c\rho \frac{\partial T}{\partial t} = \frac{\partial}{\partial x}(\lambda_x \frac{\partial T}{\partial x}) + \frac{\partial}{\partial y}(\lambda_y \frac{\partial T}{\partial y}) + \frac{\partial}{\partial z}(\lambda_z \frac{\partial T}{\partial z}) + \dot{Q} \tag{3-1}$$

式中:c 为材料比热容;ρ 为材料密度;λ_x、λ_y、λ_z 分别为材料沿 x、y、z 方向的导热系数;T 为温度场分布函数;$\dot{Q}$ 为内热源;t 为传热时间。这些参数中 λ、ρ、c 都随温度变化。

焊接温度场的计算通常用到以下几类边界条件:

(1)第一类边界条件,已知边界上的温度值。

$$\lambda_x \frac{\partial T}{\partial x}n_x + \lambda_y \frac{\partial T}{\partial y}n_y + \lambda_z \frac{\partial T}{\partial z}n_z = T_s(x,y,z,t) \tag{3-2}$$

(2)第二类边界条件,已知边界上的热流密度分布。

$$\lambda_x \frac{\partial T}{\partial x}n_x + \lambda_y \frac{\partial T}{\partial y}n_y + \lambda_z \frac{\partial T}{\partial z}n_z = q_s(x,y,z,t) \tag{3-3}$$

(3)第三类边界条件,已知边界上的物体与周围介质间的热交换。

$$\lambda_x \frac{\partial T}{\partial x}n_x + \lambda_y \frac{\partial T}{\partial y}n_y + \lambda_z \frac{\partial T}{\partial z}n_z = \beta(T_\alpha - T_s) \tag{3-4}$$

式中:q_s 为单位面积上的外部输入热源;β 为表面换热系数;T_α 为周围介质温度;T_s 为已知边界上的温度;n_x、n_y、n_z 为边界外法线的方向余弦值。

3.1.2.2　非线性瞬态热传导的有限元分析

由于焊接温度场的分析是典型的非线性瞬态热传导问题,因此在用有限元计算温度场的时候,一般假设在一个单元内节点的温度呈线性分布,根据变分公式推导节点温度的一阶常系数微分方程组。再在时间域上用有限差分法将它化成节点温度线性代数方程组的递推公式,然后将每个单元矩阵叠加起来,形成节点温度线性方程组,进而求得节点的温度。用有限元分析热传导的步骤如下:

(1)把一个热传导微分问题转化为变分问题(泛函变分或者微分变分)。

(2)对物体进行有限元分割,把变分问题近似地表达为线性方程组。

(3)求解线性方程组,将所得的解作为热传导问题的近似解。

3.1.2.3　空间域的离散

假定空间域 $V \in R^3$ 被 M 个具有 n_e 个节点的单元所离散,V 内共有 N 个节点,在每个单元内各节点的温度用单元节点温度来表示,即

$$T = [N]\{T\}^e \tag{3-5}$$

其中:$B=[L][N]$,$[L]$为微分算子矩阵。

在构造函数 $T=[N]\{T\}^e$ 时,上式已满足边界 S_1 上的边界条件,故式(3-5)中不出现与 S_1 有关的项。整理后,有限单元法的总体合成得

$$\left(\sum_e [K]^e + \sum_e [H]^e\right)\{T\} + \left(\sum_e [C]^e\right)\{\dot{T}\} = \left(\sum_e [R_Q]^e + \sum_e [R_q]^e + \sum_e [R_h]^e\right) \tag{3-6}$$

式(3-6)中各项表达式分别为:$[K]^e$ 为单元对热传导矩阵的贡献,$[K]^e=\int_{V^e}[B]^T[k][B]\mathrm{d}V$;$[H]^e$ 为单元热交换边界对热传导矩阵的修正,$[H]^e=\int_{S_3^e}h[N]^T[N]\mathrm{d}S$;$[C]^e$ 为单元对热容矩阵的贡献,$[C]^e=\int_{V^e}\rho c[N]^T[N]\mathrm{d}V$;$[R_q]^e$ 为单元给定热流边界产生的温度载荷,$[R_q]^e=\int_{S_2^e}q[N]^T\mathrm{d}S$;$[R_h]^e$ 为单元给定对流换热边界产生的温度载荷,$[R_h]^e=\int_{S_3^e}hT[N]^T\mathrm{d}S$。

这样包括空间域和时间域的偏微分方程问题就在空间域被离散为有 N 个节点的常微分初值解问题。

上式中各项表达式可综合表达为

$$[C]\{\dot{T}\} + [K]\{T\} = \{Q\} \tag{3-7}$$

式中:$[K]$为传导矩阵,包括热导系数、热对流、对流系数及辐射率和形状系数;$[C]$为比热矩阵,考虑系统内能的增加和减少;$\{T\}$为节点温度列向量;$\{\dot{T}\}$为温度对时间的导数;$\{Q\}$为节点热流率向量,包括热生成。

如果材料热物理性能随温度变化,如 $K(t)$、$C(t)$等,则为非线性热分析,称为材料非线性。

非线性热分析的热平衡矩为

$$[C(T)]\{T\} + [K(T)]\{T\} = [Q(T)] \tag{3-8}$$

3.1.2.4　时间域的离散

式(3-7)为离散方程,包含对时间的一阶微分方程,对时间的离散较为简单,假定时间域用等时间间距 Δt 离散,并且 t_n 时刻时间域 V 内各点温度值已知,边界条件也给定,这样就有

$$\frac{\{T_{n-1}\} - \{T_n\}}{\Delta t} = \frac{\partial}{\partial t}\{T_n\} + \theta\left(\frac{\partial}{\partial t}\{T_{n-1}\} - \frac{\partial}{\partial t}\{T_n\}\right) \tag{3-9}$$

式中:θ 是加权系数,且 $0 \leqslant \theta \leqslant 1$,将离散方程$[C]\{\dot{T}\}+[K]\{T\}=\{R\}$代入上式得

$$\left[\frac{[C]}{\Delta t} + \theta[K]\right]\{T_{n-1}\} = \left[\frac{[C]}{\Delta t} - (1-\theta)[K]\right]\{T_n\} + [\theta\{R_{n-1}\} + (1-\theta)\{R_n\}] \tag{3-10}$$

一旦给定初值$\{T_0\}$，就可以用上述递推公式求出时间域内任意时刻t_n时空间域V内的温度分布。当$\theta=0$时，为向后差分格式；当$\theta=0.5$时，为中心差分格式；当$\theta=1/3$时，为伽辽金格式；当$\theta=1$时，为向前差分格式。

另外，中心差分格式应用在式(3-1)的计算中，对$\frac{\partial^2 T}{\partial x^2}$、$\frac{\partial^2 T}{\partial y^2}$、$\frac{\partial^2 T}{\partial z^2}$等二阶导数扩散项的离散形式是极其成功的，因为它们都具有各向同性的特点。但应用在$\frac{\partial T}{\partial x}$、$\frac{\partial T}{\partial y}$等对流项或$\frac{\partial T}{\partial t}$等时间推进项中是极其不成功的（实际上是不能用的）。因为中心差分格式的各向同性特色与对流或时间推进过程具有的明显单通道特色（即单向性）是格格不入的，所以在进行瞬态温度场分析过程中，不能用中心差分格式。

3.1.3　焊接位移场和应力场的基本理论

由于高度集中的瞬时热输入，在焊接过程中及焊后将产生相当大的焊接应力和变形。焊接应力和变形计算是以焊接温度场的分析为基础的，同时考虑焊接区组织转变对应力应变场的影响。目前，研究焊接应力和应变的理论主要有热弹塑性分析、固有应变法、黏弹塑性分析、考虑相变和热应力耦合效应等。其中的热弹塑性分析是在焊接热循环过程中通过一步步跟踪热应变行为来计算热应力和应变的。采用这种方法可以详尽地掌握焊接应力和变形的产生及变化趋势。随着大型有限元软件的开发，这种方法被越来越多的焊接工作者采用。

焊接应力场存在着材料非线性、几何非线性等非线性问题。考虑到焊接热应力过程的复杂性，为了计算的准确性，将焊接热应力场看做材料非线性瞬态问题。选用弹塑性力学模型，用增量理论进行计算。在热弹塑性分析的基础上，做如下假定：

（1）材料的屈服准则服从米塞斯（VonMises）屈服准则。

（2）塑性区内的行为服从塑性流动准则和强化准则。

（3）弹性应变、塑性应变与温度应变是不可分的。

（4）与温度有关的力学性能、应力应变在微小的时间增量内呈线性变化。

3.1.3.1　屈服准则

屈服准则规定了材料开始塑性变形的应力状态，它计算出一个单值的等效应力，并与屈服强度比较以确定材料何时屈服。

在金属材料的有限元分析中，通常采用米塞斯（VonMises）屈服准则，它是从能量的角度导出金属塑性变形的准则条件，所以也叫做变形能条件。它的物理意义是：金属如果过渡到塑性状态，物体单位体积内的变形能必须积聚到一定的临界值，这一临界值与应力状态无关，只与材料有关。因此，可以根据单向拉伸试验确定这个临界点，当形状改变能达到该临界点时，材料开始屈服。

在三维主应力空间中，VonMises 屈服准则可以表示为

$$\frac{\sqrt{2}}{2}\sqrt{(\sigma_1-\sigma_2)^2+(\sigma_2-\sigma_3)^2+(\sigma_3-\sigma_1)^2}\leqslant\sigma_s \tag{3-11}$$

式中：σ_1、σ_2、σ_3为三个正交方向的主应力；σ_s是单向拉伸时的屈服极限。

定义 $\sqrt{(\sigma_1-\sigma_2)^2+(\sigma_2-\sigma_3)^2+(\sigma_3-\sigma_1)^2}$ 为等效应力。当等效应力超过屈服极限 σ_s 时,材料会发生屈服。

假设在进入屈服后载荷按微小增量方式逐步进行加载,则应变分量可以分解为两部分:$\{d\varepsilon\}_e$、$\{d\varepsilon\}_p$,两者的关系为

$$\{d\varepsilon\} = \{d\varepsilon\}_e + \{d\varepsilon\}_p \tag{3-12}$$

式中:$\{d\varepsilon\}_e$ 为弹性应变增量;$\{d\varepsilon\}_p$ 为热应变增量。

与等效应力对应,定义等效应变为

$$\bar{\varepsilon} = \frac{\sqrt{2}}{2(1+\mu)}\sqrt{(\varepsilon_x-\varepsilon_y)^2+(\varepsilon_y-\varepsilon_z)^2+(\varepsilon_z-\varepsilon_x)^2+\frac{3}{2}(\gamma_{xy}^2+\gamma_{yz}^2+\gamma_{zx}^2)^2} \tag{3-13}$$

同样,对应于塑性应变增量的等效应变增量,记作 $d\bar{\varepsilon}_p$(此时应取 $\mu=0.5$)。

在复杂应力情况下的应变强化规律为:进入屈服后卸载然后加载,其新的屈服应力仅与卸载前的等效应变总量有关。卸载前的等效塑性应变总量为 $\int d\bar{\varepsilon}_p$,因此新的屈服只有当等效应力满足 $\bar{\sigma}=H(\int d\bar{\varepsilon}_p)$ 时才发生。

3.1.3.2 流动准则

流动准则描述了发生屈服时,塑性应变的方向,即单个塑性应变分量(ε_x^{pl}、ε_y^{pl}、ε_z^{pl})随着屈服发展的过程。

VonMises 流动准则假设塑性应变增量可以由塑性势导出,即

$$d\{\varepsilon\}_p = d\lambda\frac{\partial\bar{\sigma}}{\partial\{\sigma\}} \tag{3-14}$$

式中:$d\lambda$ 为塑性乘子;$\frac{\partial\bar{\sigma}}{\partial\{\sigma\}}$ 为数量函数 $\bar{\sigma}$ 对向量 $\{\sigma\}$ 的偏导数;$d\{\varepsilon\}_p$ 为塑性应变增量。

这个法则在几何上可解释为塑性应变增量向量的方向与屈服面的法向一致,因此又称为法向流动法则。

3.1.3.3 强化准则

强化准则描述了初始屈服准则随着塑性应变的增加的发展过程。有以下两种计算模型或此两种计算模型的组合。

1)等向强化模型

等向强化模型是指屈服面以材料中所做塑性功的大小为基础在尺寸上扩张。对 VonMises 屈服准则来说,屈服面在所有方向均匀扩张。

2)随动强化模型

随动强化模型假定屈服的大小保持不变而仅在屈服的方向上移动,当某个方向的屈服应力升高时,其反方向的屈服应力应该降低。

3.1.3.4 热弹塑性基本理论

1)应力应变关系

材料处于弹性或塑性状态的应力应变关系为

$$\{d\sigma\} = [D]\{d\varepsilon\} - \{C\}dT \tag{3-15}$$

式中:$[D]$ 为弹性或弹塑性矩阵;$\{C\}$ 为与温度有关的向量。

在弹性区，设材料屈服条件为

$$[D]=[D]_e,\{C\}=\{C\}_e=[D]_e\left(\{a\}+\frac{\partial[D]_e^{-1}}{\partial T}\{\sigma\}\right)$$

式中：a 为线膨胀系数；T 为温度。

在塑性区，设材料屈服条件为

$$f(\sigma)=f_0(\varepsilon_p,T)$$

式中：f 为屈服函数；f_0 为与温度和塑性应变有关的屈服应力的函数。

根据塑性流动法则，塑性应变增量$\{d\varepsilon_p\}$可表示为

$$\{d\varepsilon_p\}=\lambda\left\{\frac{\partial f}{\partial\sigma}\right\}$$

塑性区的卸载由 λ 值来判定，$\lambda<0$ 时为卸载过程。

2）平衡方程

对于结构的某一单元，有如下平衡方程

$$\{dF\}^e+\{dR\}^e=[K]^e\{d\delta\}^e \tag{3-16}$$

式中：$\{dF\}^e$ 为单元节点力的增量；$\{dR\}^e$ 为温度引起的单元初应变等效节点增量；$\{d\delta\}^e$ 为节点位移增量；$[K]^e$ 为单元刚度矩阵。

在这里面，$[K]^e=\int[B]^T[D][B]dV$，$\{dR\}^e=\int[B]^T\{C\}dTdV$，其中$[B]$为联系单元中应变与节点位移向量的矩阵。

根据单元处于弹性或塑性区，分别用$[D]_e$、$\{C\}_e$代替上式中的$[D]$、$\{C\}$，形成单元刚度矩阵和等效节点载荷，然后集成总刚度矩阵$[K]$和总载荷向量$\{dF\}$，求得整个构件的平衡方程组

$$[K]\{d\delta\}=\{dF\} \tag{3-17}$$

式中：$[K]=\sum[K]^e$；$\{dF\}=\sum(\{dF\}^e+\{dR\}^e)$。

考虑到焊接过程一般无外力作用，环绕每个节点的单元相应节点力是自相平衡的力系，即可取$\sum\{dF\}^e=0$，所以$\{dF\}=\sum\{dR\}^e$。

3）求解方程

热弹塑性有限元分析的求解过程是首先把构件划分成有限个单元，然后逐步加上温度增量（由焊接时的温度场预先算出）。每次温度增量加载后，由式（3-17）可求得各节点的位移增量$\{d\delta\}$。每个单元内的应变增量$\{d\varepsilon\}^e$和单元位移增量$\{d\delta\}^e$的关系为

$$\{d\varepsilon\}^e=[B]\{d\delta\}^e \tag{3-18}$$

再根据式（3-15）的应力应变关系，可求得各单元的应力增量$\{d\sigma\}$。这样可以了解整个焊接过程动态应力应变的变化过程以及最终的残余应力和变形的状态。

3.2 基于ANSYS软件的焊接热过程模拟计算

3.2.1 基于ANSYS的热分析概述

ANSYS作为有限元分析领域的大型通用程序，以其多物理场耦合分析的先进技术和

理念,在工业领域和研究方向都有广泛而深入的应用。ANSYS具有结构、流体、热、电磁及其相互耦合分析的功能。本书所进行的焊接温度场、焊接应力场和温差拉伸法的模拟计算就是运用其热—结构的耦合分析功能进行计算的。

热分析是ANSYS软件的一个重要的分析模块,主要用于计算一个系统或部件的温度分布及其他热物理参数。ANSYS进行热分析主要有两种类型:稳态分析和瞬态分析。这两种分析类似于静力分析和瞬态动力分析。稳态热分析研究稳定的、不随时间变化的热载荷作用下的温度场,温度场中的各种参数,如温度、热流密度、温度梯度等都是不随时间变化的稳定数值。瞬态热分析研究随时间变化的温度场,温度场中的各种参数,如温度、热流密度、温度梯度等都是随时间变化的数值。由于实际的温度场都是随时间变化的,所以瞬态分析在实际工程设计中应用更加广泛。焊接温度场分析以及引起的应力场分析都属于高度的非线性瞬态分析过程。

利用ANSYS来模拟计算焊接温度场和应力场时,可以通过两种途径来实现:直接耦合分析法和间接耦合分析法。直接耦合分析法的耦合单元包含所有必需的自由度,仅仅通过一次求解就能得到耦合场分析结果。这种方法实际上是通过计算包含所有必需项的单元矩阵或单元载荷向量来实现的。间接耦合分析法又称序贯耦合法,是通过把第一次场分析的结果作为第二次场分析的载荷来实现两种场的耦合。例如,热—结构耦合分析就是将热分析得到的节点温度作为载荷施加在后序的应力分析中来实现耦合的。由前面理论基础部分章节可知,影响焊接应力应变的因素有焊接温度场和金属显微组织,而焊接应力应变场对它们的影响却很小,所以在分析时,一般仅考虑单向耦合问题,即只考虑焊接温度场和金属显微组织对焊接应力应变场的影响,而不考虑应力应变场对它们的影响。高温时因为屈服极限较低,此时相变应力也很低,所以忽略相变应力不会给焊接应力带来较大的影响。因此,可以只考虑焊接温度场对应力应变场的影响,从而得出焊接残余应力的分布,运用间接耦合分析法即可得出比较理想的模拟结果。

一个典型的ANSYS分析过程可分为以下三个步骤:

(1)创建有限元模型。包括定义单元类型、输入材料热物理属性、创建几何实体模型、设置网格单元尺寸、生成有限元模型。

(2)施加载荷进行求解。该步骤用来完成对已经生成的有限元模型进行力学分析和有限元求解。包括定义分析类型、分析选项获得瞬态热分析的初始条件、设定载荷步选项和求解计算。

(3)后处理。当完成计算以后,可以通过后处理器查看结果。ANSYS程序的后处理包含两个部分:通用后处理POST1和时间历程后处理模块POST26。POST1可以对模型某一时刻的结果数据列表或图形显示,POST26则可以列表或图形显示模型中某一点随时间的变化结果。

3.2.2 焊接温度场的模拟计算

3.2.2.1 前处理

1)几何模型的建立

在焊接过程中,焊接熔池、被焊工件之间甚至被焊工件与焊嘴之间均发生着强烈的物理、化学反应,其间包括焊接熔池中的流体动力学和热过程、热源与金属间的相互作用(如焊接电弧物理、电弧作用与熔池表面的热能和压力分布、熔池表面的变形、液态金属的蒸发,还有氢、氮、氧在熔池及周围环境之间的分配等)、焊缝金属凝固和焊接接头的相变过程、焊接应力应变发展过程以及非均质焊接接头的力学行为(包括氢的扩散、裂纹的产生倾向等)。而其中每一种现象互相关联但又各自成为一体,在焊接热过程的数值模拟中,着重分析焊接结构的温度场和应力应变场的瞬态变化情况。因此,在数值模拟中,应该弱化甚至不处理那些对温度场、应力应变场影响微弱的因素。例如,针对焊接熔池中的流体动力学和热过程,可以仅考虑熔池内部液态金属对流传热对熔池形状的影响结果,而对其中液态金属具体如何流动以及表面张力梯度如何变化等问题不作细致分析。

考虑到计算时间长,材料物理参数的严重非线性导致求解过程收敛困难,可以对分析模型进行适当简化(如减小模型尺寸),并作如下假设:

(1)工件的初始温度为室温(25 ℃)。

(2)忽略熔池内部的化学反应和搅拌、对流等现象。

(3)焊接以恒定温度 T 进行,电弧的能量密度服从高斯分布。

(4)不考虑工件与实验台之间的热传导,假设工件的所有边界仅与空气发生对流交换。

(5)忽略焊条与母材材料的不一致性,选择对称统一的随温度变化的热物理性参数。

2)材料物理性能参数

金属材料的物理性能参数如比热容、导热系数、弹性模量、屈服应力等一般都随温度的变化而变化。当温度变化范围不大时,可采用材料物理性能参数的平均值进行计算。但在焊接过程中,焊件局部加热到很高的温度,整个焊件温度变化会十分剧烈,如果不考虑材料的物理性能参数随温度的变化,那么计算结果一定会有很大偏差。所以,焊接温度场和应力场的模拟计算中一定要给定材料的各项物理性能参数随温度的变化值。

但是,许多材料的物理性能参数在高温特别是接近熔化状态时还是空白,某些材料仅有室温数据,而高温性能参数对焊接过程的模拟结果和计算过程均有较大影响,这会给模拟计算带来很大的困难。当然,通过试验和线性插值的方法可获得高温时的一些数据,但有时处理不当,就会导致计算不收敛或结果不准确。例如,焊接时熔池金属处于熔化状态,其屈服极限和弹性模量是没有实际物理意义的,但由于焊接热过程的模拟计算是基于弹塑性理论的,这些参数必须为非零值,若参数取得过小会导致计算收敛困难,并且即使收敛也会使计算时间大幅度增加,若参数取得偏大,又会影响结果的准确性。

在 ANSYS 中,可以输入材料在典型温度值的热物理性能参数,建立相关参数的工程数据库,而对于那些未知温度处的参数可以通过插值法和外推法来确定。

焊接热过程的数值模拟中,进行焊接温度场分析必须确定的热物理性能参数有导热系数、对流系数、密度、比热、熔点以及工件的初始温度;针对应力应变场模拟必须确定的热物理性能参数还有泊松比、弹性模量、热膨胀系数和屈服极限等。

3)相变潜热的处理

在焊接过程中,被焊金属不断进行着熔化—冷却,因而在此过程中总存在着固、液之间的相变,由此产生的相变潜热对温度场的分析以及由于温度变化而引起的应力应变场的分析都会产生一定的影响。一般情况下,针对相变潜热有两种处理方法:一种方法是假设相变是在一定的温度区间发生,而由此产生的熔化潜热的影响假定在此空间均匀分布;另一种方法是在焊接过程中,若某节点的温度超过熔点,则令此节点温度值为熔点值,然后进行下一个时间步的计算,当潜热影响结束后,则再令节点温度继续上升。凝固时潜热的释放以同样方法处理。

在 ANSYS 中对于相变潜热有专门的处理方法:

一种情况是已知被焊材料在相变前后随温度变化的密度和比热,可以根据这些值用有限元法计算材料不同温度下的热焓,而热焓是指单位质量或单位体积的物质所含的全部热能,它是关于温度的连续函数,其数学定义为

$$\Delta H(T) = \int_0^T \rho c(t)\,\mathrm{d}t \tag{3-19}$$

式中,H 为热焓,ρ、c、T 分别为密度、比热和绝对温度,当某一节点的温度跨过熔点或相变点时,会有一定的焓变,通过这个焓变值就可以把潜热考虑进去。

另一种情况是已知材料的相变潜热,则当材料的温度跨过相变点时,把相变潜热换算成材料的热焓直接输入到 ANSYS 中。在计算过程中,可以任意选择其中一种方式来考虑相变潜热的影响。

4)单元类型的确定

有限元的第一步就是将一个连续体简化为由有限个单元组成的离散化模型,也就是有限元模型,它由一些简单形状的单元组成,单元之间通过节点连接,并承受一定载荷,而节点是空间中的坐标位置,具有一定自由度并存在相互物理作用,有限元分析就是求解节点处的自由度值。在焊接热过程数值模拟中,温度场分析时单元的自由度是温度,而在计算应力应变场时其自由度为位移。

在有限元模型中,每个单元的特性是通过一些线性方程式即形函数来描述的。作为一个整体,单元形成了整体结构的数学模型。单元形函数是一种数学函数,规定了从节点自由度值到单元内所有点处自由度值的计算方法,提供了一种描述单元内部结果的"形状",它的真实工作特性和好坏程度直接影响求解精度。

在 ANSYS 单元库中有 100 多种不同的单元类型,每一个单元类型都有唯一的编号和一个标识单元类别的前缀,如 BEAM4、PLANE77、SOLID96 等。单元类型决定了单元的自由度以及单元是在二维空间还是三维空间。在实际选用单元类型时,需要考虑以下两方面的内容:首先需要确定自由度是否相容,根据自由度的不同可供选择的单元有线、面或三维实体的单元种类;其次还需要决定采用线形、四面体或 P 单元。线性单元和非线性单元之间明显的差别是线性单元只存在"中间节点",而高阶单元不存在"中间节点"。线性单元内的自由度按线性变化,二次单元内的自由度是二阶变化的,P 单元的自由度从 2 阶到 8 阶变化,而且具有求解收敛自动控制功能,自动确定在各位置上分析应当采用的阶数。在焊接过程数值模拟中,采用 SOLID70 单元来建立模型。

5)网格划分

在 ANSYS 中划分网格的方式有两种,分别为自由网格划分和映射网格划分。自由网格对于单元形状没有限制,用这种方式划分的网格排列不规则,可以应用于具有不规则几

何形状的模型或者是需要网格过渡的区域；而映射网格对包含的单元形状有限制，通常映射面网格只包含四边形或三角形单元，映射体网格只包含六面体单元。用映射网格划分方式得到的网格具有规则的几何形状，而且它对载荷的施加和收敛的控制相当有利。因此，在实际应用中一般优先选用映射网格划分，当不能用映射网格划分时考虑选用自由网格作为补充。

在有限元分析中，网格划分的合适与否与计算结果的精度和计算效率息息相关。网格划分得越细，计算精度越高，所花费的计算时间越长；反之，计算精度变低，所花费的时间越短。而且，网格的划分细到一定的程度，计算精度变化会较小甚至不发生变化。

焊接过程是一个加热非常不均匀的过程，在焊缝处温度梯度变化很大，划分网格时一般不采取均匀的网格，而是在焊缝及其附近的部分用加密的网格；在远离焊缝的区域，能量传递缓慢，温度分布梯度变化相对较小，这时可以采用相对稀疏的单元网格。总之，在保持精度的同时减少网格的数量。要获得一个良好的瞬态焊接温度场，焊缝处的单元网格最好在2 mm以下，一般在焊缝区域单元网格尺寸为1 mm，而靠近焊缝区域由于温度变化梯度大，可以在焊缝两边划分出2段热影响区，单元尺寸可以在3～5 mm，母材的网格尺寸可以适当加大。模型网格划分如图3-3所示。

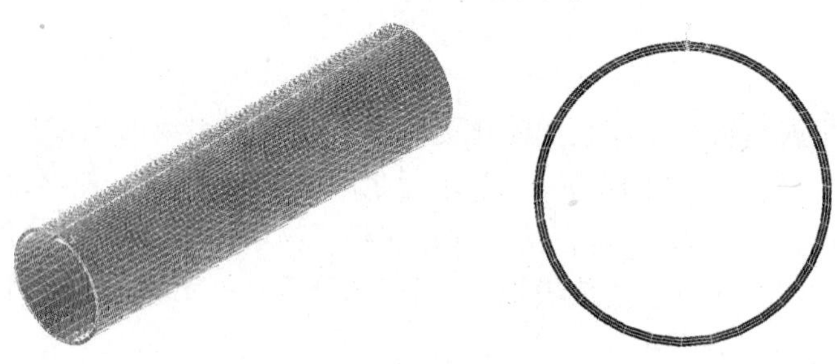

图3-3　模型网格划分

3.2.2.2　荷载施加

1）焊接热源的选择

焊接热源模型是实现焊接过程能够数值模拟的基本条件。焊接热源具有局部集中、瞬时和快速移动的特点，易形成在时间和空间域内梯度很大的不均匀温度场，这种不均匀温度场会导致焊接过程中及焊后出现较大的焊接应力和变形。因此，焊接过程数值模拟中热源模型的研究非常重要，对焊接温度场和应力变形的模拟计算精度，特别是在靠近热源的地方影响很大。焊接过程是个复杂的传质传热过程，随着热源的移动，整个焊件的温度随时间和空间急剧变化，材料热物理性能也随温度剧烈变化，同时还存在熔化和相变的潜热现象，这给焊接过程数值模拟带来了非常大的困难。由于焊接过程数值模拟主要研究与评价的是焊后残余应力和变形的分布情况，并且为了避免高度非线性及计算量等因素的影响目前多采用简化的热源模型。

分段移动高斯热源模型、高斯串热源模型、分段移动双椭球模型、生死单元技术等，都是近年发展应用起来的。这些简化热源的应用使在没有高性能的计算机的情况下对复杂构件进行焊接数值模拟变成了可能。对于手工电弧焊、钨极氢弧焊等焊接方法，采用高斯分布的函数就可以得到比较满意的结果；对于电弧冲力效应较大的焊接方法，如熔化极氢弧焊或激光焊接，常需要采用双椭球形热源分布函数；对于表面堆焊问题，忽略熔敷金属的填充作用时，将热源以热流密度的形式施加载荷，可以得到较满意的计算结果；但对于开坡口的焊缝或填角焊缝等，应该将热源作为焊缝单元内部处理，以生热率的形式施加载荷。同时，考虑金属的填充作用，运用生死单元技术，逐步将填充焊缝金属转化为生单元参与计算。本书在计算焊接温度场时，采用了高斯热源和生热率进行计算，并对计算结果进行了比较。下面分别对高斯热源和生热率（生死单元）作简单介绍。

（1）高斯函数分布的热源模型。

焊接时，电弧热源把热能传给焊件是通过一定的作用面积进行的，这个面积称为加热斑点。加热斑点上热量分布不均匀，中心多边缘少。高斯热源模型是将加热斑点上热流密度的分布近似地用高斯数学模型来描述，如图 3-4 所示。

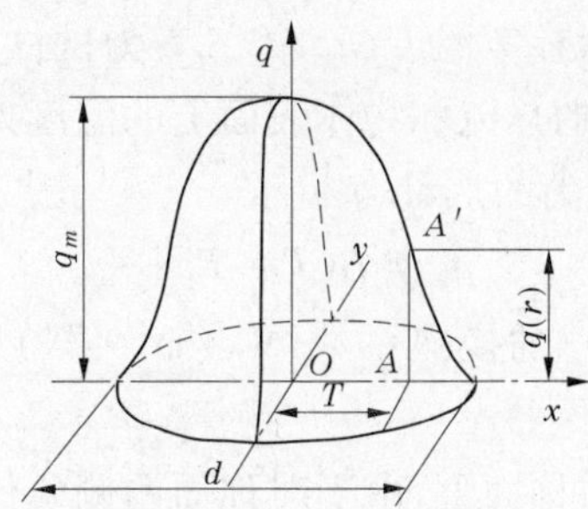

图 3-4　高斯热源模型

距加热中心任一点 A 的热流密度可表示为以下函数形式

$$q(r) = q_m \exp\left(-\frac{3r^2}{R^2}\right), q_m = \frac{3}{\pi R^2}Q, Q = \eta UI \tag{3-20}$$

式中：q_m 为加热斑点中心最大热流密度；R 为电弧有效加热半径；r 为 A 点离电弧加热斑点中心的距离；Q 为热源在瞬时给焊件的热能；η 是焊接热效率；U 为电弧电压；I 为焊接电流。

（2）基于生死单元技术的热源模型。

生热率既可用做材料属性赋予材料，又可用做体载荷施加到单元上，用以模拟化学反应生热或电流生热，其单位是单元体积的热流率。

高斯热源模型将焊接热流直接施加到整个焊件有限元模型上，不能模拟焊接金属熔化和填充，在模拟实际焊接过程时有所欠缺，而生死单元可以克服这个缺点。生死单元技术就是采用生死单元模拟焊缝填充方法来模拟焊接热输入过程，将全部焊接热 Q 均匀分布在焊缝上，假设所用焊缝单元在计算前是不激活的。在开始计算前，将焊缝中所有单元"杀死"。在计算过程中，按顺序将被"杀死"的单元"激活"，模拟焊缝金属的填充。同时，给激活的单元施加生热率（$HGEN$），热载荷的作用时间等于实际焊接时间。

$$HGEN = Q/(A_{\text{weld}} v \text{d}t) \tag{3-21}$$

式中：$HGEN$ 为每个载荷步施加的生热率，W/m^3；A_{weld} 为焊缝的横截面积，m^2；v 为焊接速度，m/s；$\text{d}t$ 为每个载荷步的时间步长。

2)边界条件和初始条件的选择

在计算的几何模型中,周边的边界条件可以这样考虑:焊缝中心线(对称线)处于中间对称面为绝热边界条件,其他三个周边不考虑与环境介质的热交换,近似作为绝热边界条件处理,至于工件上下表面与周围环境的热交换,按对流和辐射来处理。

对流边界条件:在对流边界面上,表面对流条件表示为

$$q_c = a_c(T - T_{oc}) \tag{3-22}$$

式中:q_c 为对流损失的热量,J;a_c 为对流系数,W/(m^2 · ℃);T_{oc}为参考温度(25 ℃);T 为试件表面温度,℃。

辐射边界条件:在辐射边界面上,表面辐射散热表示为

$$q_r = \varepsilon\sigma(T^4 - T_{or}^4) \tag{3-23}$$

式中:q_r 为辐射损失的热量;ε 为材料的热辐射率;σ 为斯蒂芬—波尔兹曼常数,W/(m^2 · ℃)(取平均值);T_{or}为参考温度(25 ℃);T 为试件表面温度。可以用类似计算对流换热的关系式把辐射换热的热流和物体表面上的温度差联系起来,选择合适的总换热系数β,这样因边界换热而损失的热量为

$$q_s = \beta(T - T_0) \tag{3-24}$$

式中:q_s 为损失的总热量;β 为总的换热系数,W/(m^2 · ℃);T 为试件温度;T_0 为环境温度。

绝热边界条件:在模型的对称面上,由于对称面两侧条件完全相同,所以在此面两侧无热量的热传递过程。

3)载荷步选项

焊接温度场的分析是典型的非线性瞬态热传导问题,如果分析选项设置不当,通常会导致计算难收敛。为了保证计算的稳定性和收敛性,可以作以下设置:采用 Full Newton - Raphson(完全牛顿 - 拉普森)方法,每进行一次平衡迭代,就修正一次刚度矩阵,同时激活自适应下降功能,打开自动时间步长,打开时间步长预测和载荷的增加方式(渐变或阶越)等。

时间步长的设置通常会对计算精度产生很大的影响,步长越小,计算越精确。但是过小的时间步长需要很大的计算机容量和很长的计算时间。在焊接过程中,一般时间步长控制在 0.2 s 左右,在冷却过程中,可逐步增大时间步长。同时,在非线性分析中,每一个载荷步需要多个子步,在热分析中,根据线性传热导热传递,可以按如下公式估计初始步长

$$ITS = \delta/(4a) \tag{3-25}$$

式中:a 为导热系数,$a = k/(\rho c)$;δ 为沿热流密度方向热梯度最大的单元长度。

对于求解器的选择,ANSYS 提供了 5 种求解器,选用哪种求解器可依据求解的自由度数量、所花费的时间和要求的内存而定。对于焊接,一般采用程序自动选择求解器的方法就可得到比较好的计算结果。

完成上述选项的设置后,即可进行焊接温度场的求解。

4) 高斯焊接热源热效率 η 的选择

关于如何选取高斯焊接热源热效率 η 的问题，可以通过试验求得。η 值与焊接方法、焊接参数、焊接材料类型以及电流种类和极性都有一定的关系。由于测定方法和条件的差别，资料报道中的 η 值不太相同，大致在 0.65 ~ 0.85。因此，在实际应用中需要根据具体情况加以分析。本模型中 η 值取 0.7。

3.2.2.3　后处理

后处理就是查询计算结果并对计算结果进行处理，用以判断网格是否精确、分析结果是否正确。ANSYS 软件的后处理包括通用后处理 POST1 和时间历程后处理 POST26 两大模块。

在通用后处理中，可查看整个模型在某一个载荷步或子步的计算值，如某一时间点焊件上各点的温度值。而时间历程后处理则查看某点的值随时间变化的状况，如整个焊接热过程中，某点的温度随时间如何变化。若要查看焊件在整个焊接过程中温度的动态变化，可用 ANSYS 中的动画显示技术，在后处理中可通过列表和绘图的形式显示查询结果。ANSYS 中的误差估计是基于能量分布的，它主要考虑了单元网格的尺寸精度。一般计算结果中能量误差值应低于 10%，否则的话需要将网格进行细化。

选择四个典型时间点来观察焊件的温度场云图，同时也反映了焊接热源的移动过程，见图 3-5。四个时间点分别为 1.0 s、62.5 s、187.5 s、250 s。

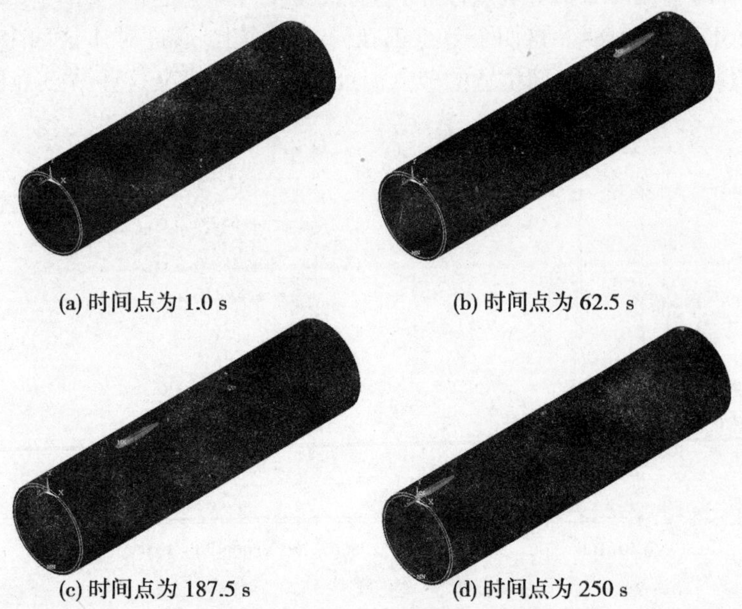

(a) 时间点为 1.0 s　(b) 时间点为 62.5 s

(c) 时间点为 187.5 s　(d) 时间点为 250 s

图 3-5　四个时间点的温度场分布

同时，利用时间历程后处理 POST26 可以得到不同节点温度的变化情况，首先选取沿焊缝方向焊缝区的三个节点，定义其为纵向节点，节点位置分别为距离原点 1 m、0.75 m、0.5 m，对应的节点号分别为 251、1195、1132，见图 3-6。

由图 3-6 可以看出，在同一纵向直线上的节点，焊接过程随着热源沿焊件的移动到该

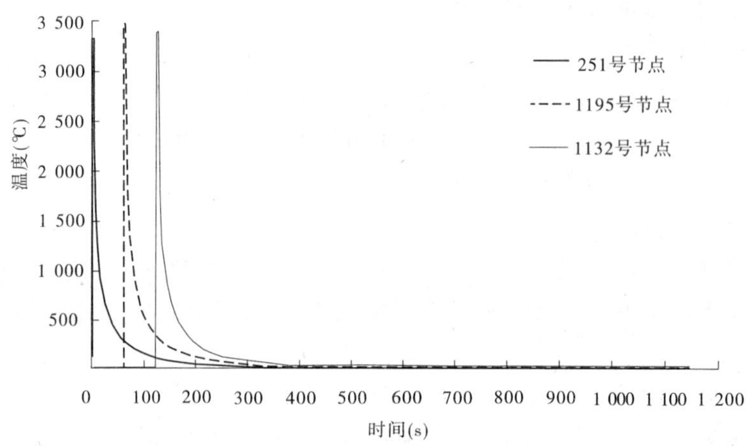

图 3-6　纵向节点温度随时间变化曲线

节点时,该节点温度迅速升高,达到最大值后又开始降低,最终趋于定值,即冷却过程完成,到达焊件的平均温度。三条曲线的形状基本相同,这也说明了这三个节点均达到了准稳态温度场。另外,节点温度在焊接时迅速升温,然后迅速下降,经历了迅速升温和迅速降温的过程,这与焊接实际情况基本一致。

然后,选择跨中截面的四个节点,这四个节点号按照离焊缝中心的距离由近到远分别为 883、47682、47433、47184。这四个节点都在同一截面上,通过对比这四个节点的温度变化,可以得到同一截面上不同位置的节点温度变化情况,定义这些节点为横向节点,见图 3-7。

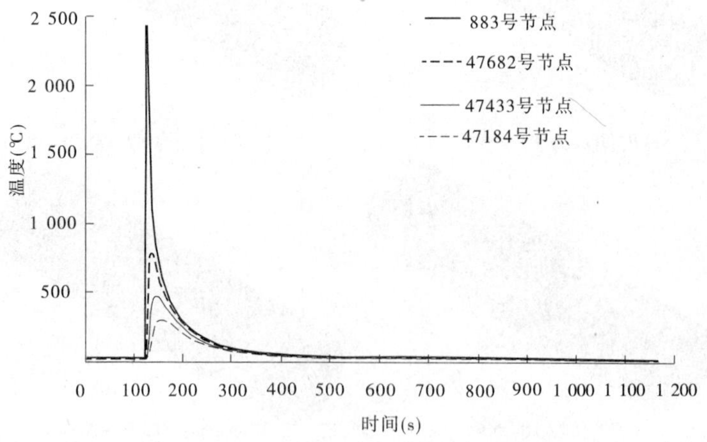

图 3-7　横向节点温度随时间变化曲线

由图 3-7 可以看出在同一截面上的横向节点温度变化情况,在焊接过程中,从焊缝区到原理焊缝区横向节点温度都经历了从上升到下降的过程,不同的是靠近焊缝区的节点温度变化更大,远离焊缝区的节点温度变化较小,这也与实际焊接过程基本一致。

3.2.3 焊接应力场的模拟计算

3.2.3.1 前处理

在进行完焊接温度场的求解后,接下来利用所求得的温度场结果完成焊接应力场的求解。间接法求解热—结构耦合问题时,首先重新进入前处理PREP7,读取温度场模型,把热单元转化为结构单元,同时设置结构分析中的材料属性。由于焊接热应力的计算属于热弹塑性问题,在定义材料属性时,除了定义泊松比、随温度变化的弹性模量和线性膨胀系数外,考虑到焊接变形为大应变问题,所以还应指定塑性分析选项为双线性等向强化(BISO),并定义随温度变化的屈服应力和切变模量值。

3.2.3.2 载荷施加和求解

1)边界条件的处理

边界条件的定义主要是对焊接构件自由度进行约束,加载边界条件既要防止在有限元计算过程中产生位移,又不能严重阻碍焊接过程中应力自由释放和自由变形。同时,约束的形式因结构的不同而有所区别。

2)载荷选项

焊接属于大应变问题,因此在设定分析选项时,须将NLGEOM设置为ON。此外,采用Full Newton - Raphson(完全牛顿 - 拉普森)方法进行平衡迭代并激活自适应下降功能、打开自动时间步长和时间步长预测以加快计算收敛。时间步长应与温度场求解时的设置一样。载荷施加时,读入热分析的节点温度,并指定相应的时间点或载荷步即可。另外,设置的参考温度值应与热分析中设置的初始温度值一样。

3)焊缝熔敷及凝固的模拟

焊接过程中,熔池区的金属处于熔化状态,即进入零应力性能状态,其所有的应力应变将消失。对此,采用生死单元的方法,在每一步热应力计算时,将对应的温度场的计算结果进行选择,超过熔点的单元令其"死掉",而低于熔点的单元将其"激活"。

利用ANSYS实现对焊缝熔敷及凝固的模拟通常有两种方法:改变单元属性法和生死单元法。通常,平板堆焊等没有填充金属的焊接方法采用前者,而开坡口有填充金属的焊接方法采用后者。下面分别介绍这两种方法。

(1)改变单元属性法。

开始计算前,先定义焊缝金属的材料属性,使它的屈服极限和弹性模量都很低,且不随温度变化。在程序计算中,判断焊缝单元是否有超过力学熔点,如果有,则改变单元属性,使它的屈服极限和弹性模量随温度变化,即使它们在高温时低,在低温时高。在该过程中,因为结构单元没有温度场结果,要到温度场计算中读取结果,所以首先选取焊缝单元,并转化结构单元为热单元,在温度场后处理器中读取节点温度值,判断焊缝单元中是否有超过力学熔点的单元。如果有,选中这些焊缝单元,再转换为结果单元,并改变这些单元的材料属性,该过程可以通过循环语句实现自动控制。如果想要结果更精确,可以判断单元温度是否超过熔点,但是由于焊缝区域温度梯度很大,在单元网格划分得不是很细的情况下,单元不一定超过熔点。为了计算更容易收敛,还可以定义比力学熔点更低的温度判断。值得注意的是,进行分析时,结构分析过程采用的文件名要和温度场计算的文件名相同,这样才能在结构单元转化为热单元时成功地读取单元节点温度。

(2)生死单元技术的运用。

在焊接热过程的数值模拟中,随着焊缝的产生,焊接材料就不断填充在焊缝中,因此焊缝所在的某些单元在焊接开始的时候并不存在,而是随着焊接过程的进行不断产生的,要真实再现这一过程就必须用到 ANSYS 中的生死单元技术。单元的生或死是指如果在模型中加入或删除材料,模型中相应的单元就“存在”或“消亡”,单元生死选项就用于在这种情况下杀死或重新激活选择的单元。在具体问题中,单元的生死状态可以根据 ANSYS 的计算数值决定,如温度、应力、应变等。

在 ANSYS 程序中,激活“单元死”的效果,并不是将“杀死”的单元从模型中删除,而是将其刚度(传导或其他分析特性)矩阵乘以一个很小的因子[*ESTIF*],因子缺省值为 1.0×10^{-6},也可以赋为其他数值。死单元的单元载荷将为 0,从而不对载荷向量生效(但仍然在单元载荷的列表中出现);同样,死单元的质量、阻尼、比热和其他类似效果也设为 0 值,死单元的质量和能量将不包括在模型求解结果中。单元的应变在“杀死”的同时也将设为 0。

与上面的过程相似,如果单元“出生”,并不是将其加到模型中,而是重新激活它们。用户必须在 PREP7 中生成所有单元,包括后面要被激活的单元。在求解器中不能生成新的单元,要“加入”一个单元,先“杀死”它,然后在合适的载荷步中重新激活它。当一个单元被重新激活时,其刚度、质量、单元载荷等将恢复其原始的数值。重新激活的单元没有应变记录,除非是打开了大变形选项[NLGEOM,ON],一些单元类型将恢复它们以前的几何特性(大变形效果有时用来得到合理的结果),单元如果承受热量体载荷,在被激活后第一个求解过程中同样可以有热应变(等于 $a\times(T-TREF)$)。

为了精确计算,这一部分有限元单元的热物理参数与其他部分应有所不同。但是,考虑到在实际焊接过程中,一般焊条种类的选择与被焊工件有关,且一般为相似相容物质,为了简化算法,同时也不影响计算精度,可以将焊缝的热物理参数与其他部分取为一致。若 ANSYS 程序中涉及生死单元技术,则要求在 PREP7 中生成所有单元,包括那些只有在以后载荷步中才激活的单元,因为在 PREP7 外不能生成新的单元。

显而易见,焊缝所处的单元需要用到生死单元技术。在建模时,这一部分单元与其他单元同时考虑,在温度场计算开始的时候先将这部分单元“杀死”,随着焊接的进行,再逐步将这部分单元“激活”。但在使用该功能时,应该注意其过程中的细节部分,一般情况下,程序“杀死”和“激活”单元是一个一个进行的。在“杀死”和“激活”单元时,如果要把所选中的单元全部“杀死”和“激活”,则应该选用 Full Newton - Raphson(完全牛顿 - 拉普森)算法计算瞬态问题,并且注意当用节点温度来选取单元时,如果应该选的单元没有选上,这时程序会忽略该选取单元的命令,而执行下一条命令,这样会“杀死”或“激活”其他不该“杀死”或“激活”的单元。

3.2.3.3 后处理

与温度场模拟计算中所述的后处理一样,其中在 POST1 中具有一个最有用的功能就是能够映射任何数据到模型的任一条路径上，这样可以得到观察结果沿某些特定路径的变化情况，这对分析应力场中某一方向的应力变化很有用。由于本次研究截面的纵向残余应力，进而与试验结果对比，因此将应力结果映射在跨中截面上。

3.3　有限元模型的验证

取规格为 $\phi250 \times 8$ 的 Q690 钢管，将其有限元计算模型与试验测试的纵向残余应力结果进行对比。

3.3.1　对比模型

试验试件和有限元模型如图 3-8 所示，两者截面规格、焊缝尺寸和长度均相同，这样可以将试验结果和有限元结果相互比较，最终得出较为合理的结论。

图 3-8　$\phi250 \times 8$ 试验试件与有限元模型对比

3.3.2　结果对比

由图 3-9 可以看出，试验测得的残余应力值与有限元模拟结果基本一致，在焊缝附近均达到了最大残余拉应力，其中，试验所测得的最大残余拉应力为 680.13 N/mm^2，达到屈服强度的 98.57%；有限元模拟的最大残余拉应力为 700.56 N/mm^2，达到屈服强度的 101.53%。试验所测得的最大残余压应力为 89.43 N/mm^2，达到屈服强度的 12.96%；有限元模拟的最大残余压应力为 85.43 N/mm^2，达到屈服强度的 12.38%。不同的是，试验所测得的最大残余拉应力出现在焊缝与母材相接的地方，而有限元模拟结果所得的最大残余拉应力出现在焊缝中心处，原因是在进行有限元分析的时候将焊缝处的材料属性和母材处的材料属性设置的一样，而实际焊接中焊缝和母材的材料属性是有差异的。

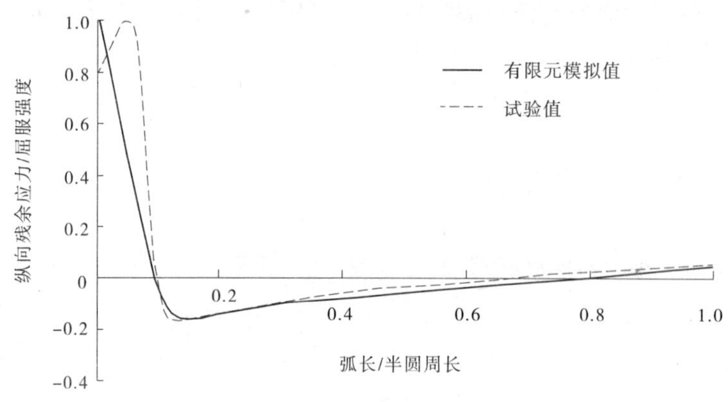

图 3-9　试验结果与有限元结果对比

3.4　钢管管径改变对残余应力的影响

3.4.1　分析模型设计

将管径作为变量,改变管径值,设计了三组模型,模型具体设计如表 3-1 所示。

表 3-1　模型设计列表

分组	模型规格			
第 1 组	$\phi250 \times 6$	$\phi300 \times 6$	$\phi350 \times 6$	$\phi400 \times 6$
第 2 组	$\phi250 \times 8$	$\phi300 \times 8$	$\phi350 \times 8$	$\phi400 \times 8$
第 3 组	$\phi250 \times 10$	$\phi300 \times 10$	$\phi350 \times 10$	$\phi400 \times 10$

3.4.2　计算结果对比分析

分别对壁厚为 6 mm、8 mm、10 mm 所对应管径的有限元模拟结果进行对比,以考察钢管管径的变化对纵向残余应力的影响。结果分别见图 3-10 ~ 图 3-12。

由图 3-10 ~ 图 3-12 可以看出,首先在壁厚一定的情况下,随着管径的增加,虽然截面纵向残余应力的分布趋势大体相同,但还是有少许差异。主要表现在焊缝附近残余拉应力区域的面积分布不同,可以看出圆管半径越大,焊缝附近的残余拉应力区域面积越大。这是因为在同样的焊接条件下,焊接所产生的热量是一定的,远离热影响区的部分先冷却,对于管径较大的圆管,其远离热影响区的面积要大于管径较小的圆管,因此当热影响区冷却的时候,其受到已冷却区域的约束要强于管径较小的圆管,焊缝附近金属收缩受到已冷却部分的约束而产生拉应力,所以半径较大的圆管焊缝附近的残余拉应力区域大。

其次,可以发现随着管径的增大,残余压应力峰值减小。这是由于管径大的圆管对热影响区的约束能力强于管径小的圆管,管径小的圆管在冷却时热影响区更易收缩。

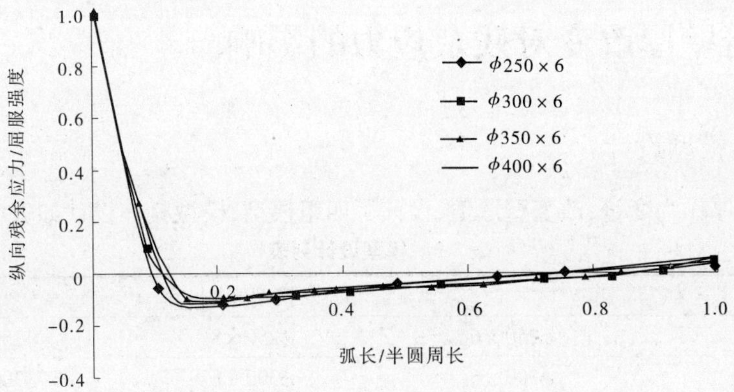

图 3-10　壁厚为 6 mm 不同管径结果对比

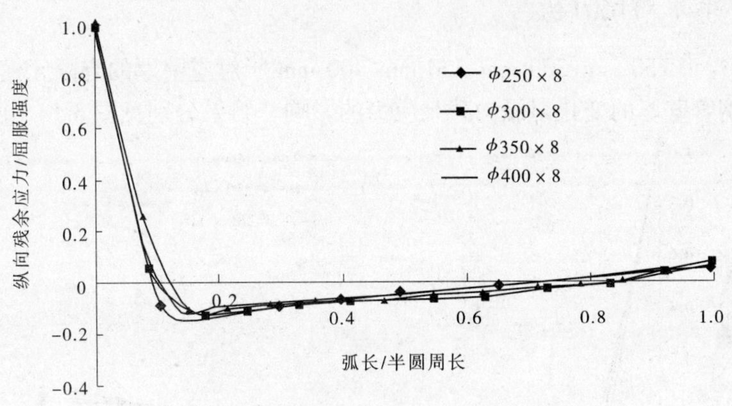

图 3-11　壁厚为 8 mm 不同管径结果

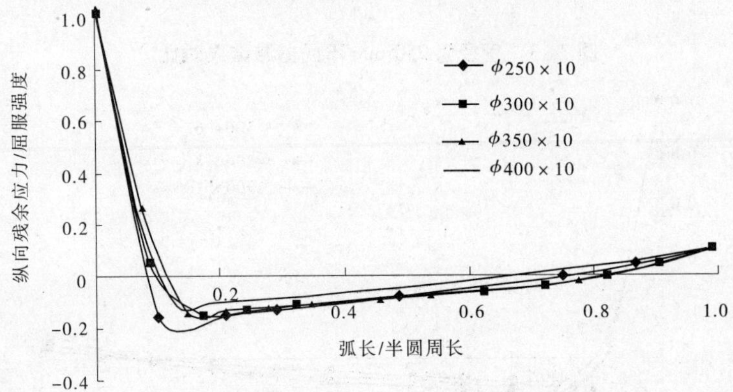

图 3-12　壁厚为 10 mm 不同管径结果对比

3.5　钢管壁厚改变对残余应力的影响

3.5.1　分析模型设计

将钢管壁厚作为变量,改变壁厚值,设计了四组模型,模型具体设计如表 3-2 所示。

表 3-2　模型设计列表

分组	模型规格		
第 1 组	ϕ250 ×6	ϕ250 ×8	ϕ250 ×10
第 2 组	ϕ300 ×6	ϕ300 ×8	ϕ300 ×10
第 3 组	ϕ350 ×6	ϕ350 ×8	ϕ350 ×10
第 4 组	ϕ400 ×6	ϕ400 ×8	ϕ400 ×10

3.5.2　计算结果对比分析

分别对管径为 250 mm、300 mm、350 mm、400 mm 所对应壁厚的有限元模拟结果进行对比,以考察钢管壁厚的变化对纵向残余应力的影响。结果分别见图 3-13 ~ 图 3-16。

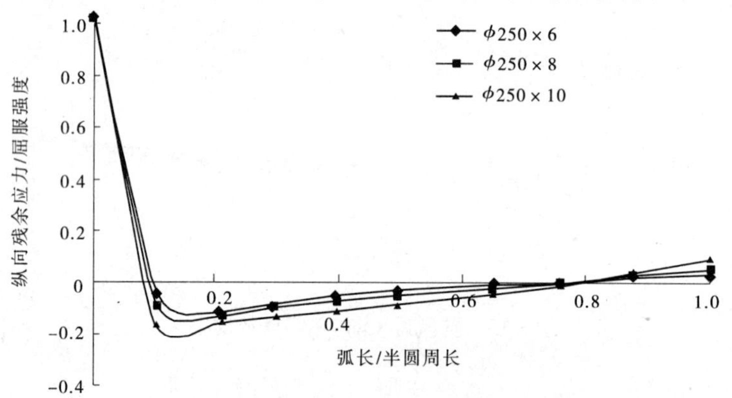

图 3-13　管径为 250 mm 不同壁厚结果对比

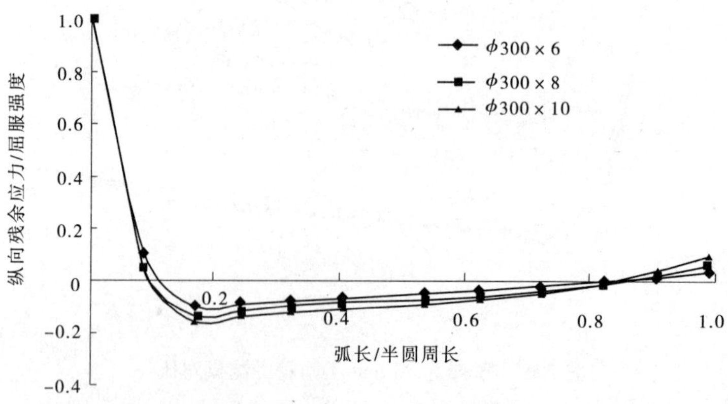

图 3-14　管径为 300 mm 不同壁厚结果对比

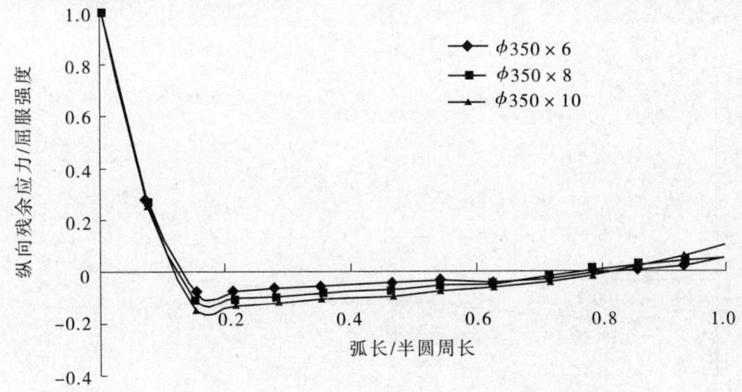

图 3-15　管径为 350 mm 不同壁厚结果对比

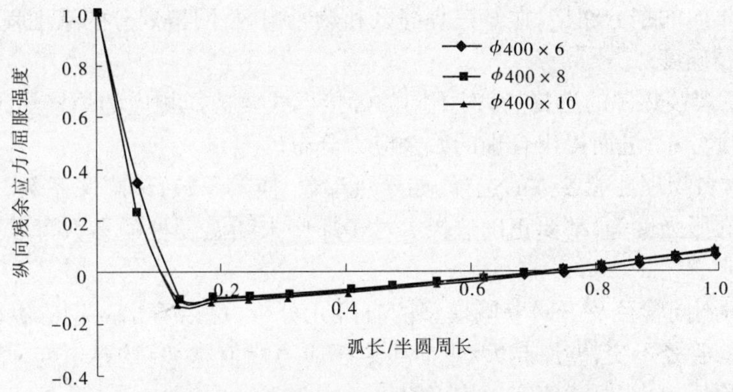

图 3-16　管径为 400 mm 不同壁厚结果对比

由图 3-13 ~ 图 3-16 可以看出，在管径一定的情况下，随着壁厚的增加，纵向残余应力的分布基本相同，均是在焊缝附近呈现拉应力。随着距焊缝距离的增加迅速减小为压应力，达到压应力峰值后，曲线开始上升，最终转变为残余拉应力；不同的是其残余压应力峰值有所差异，随着壁厚的增加，其残余压应力峰值增加。

3.6　残余应力分布简化图

根据以上所分析的 12 种截面形式的纵向残余应力结果，总结出有限元分析的纵向残余应力分布简化图，如图 3-17 所示。

3.7　本章小结

本章通过对 12 种截面形式的 Q690 高强钢管的残余应力分布进行数值模拟研究，得出了钢管的纵向残余应力分布图，通过对所得数值模拟可以得出以下结论：

(1)用 ANSYS 进行焊接热分析时，一定要注意正确选择模型网格的尺寸，要对模型

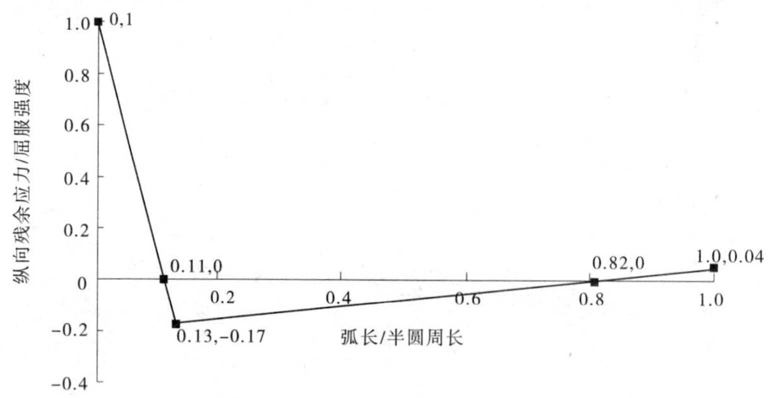

图 3-17 残余应力分布简化图

不同部位采用不同的划分网格,尤其是焊缝区和热影响区,网格划分的精细程度直接关系到计算结果的精确度。

(2)要注意焊接热源的选择,针对不同的焊接形式要选择相应的焊接热源,这样才能得到合理的温度分布,进而得出合理的残余应力分布。

(3)模型材料物理性能参数的选择,如导热系数、换热系数、线膨胀系数、不同温度下的弹性模量及屈服强度等,都要正确选择。对于那些未知温度处的参数可以通过插值法和外推法来确定。

(4)通过对不同管径及不同壁厚模型的有限元分析,可以看出对钢管纵向残余压应力的影响情况。管径不变,壁厚越大,纵向残余压应力峰值越大;壁厚不变,管径越大,纵向残余压应力峰值越小;但峰值变化均不明显。

(5)与已有资料相比,本次所研究的 Q690 高强钢管的纵向残余应力分布与普通钢材基本相同,但是高强钢管的纵向残余压应力峰值与其屈服强度的比值要明显小于普通钢管纵向残余压应力与其屈服强度的比值。

(6)本章的有限元分析结果所得到的纵向残余应力分布简化图与第 2 章所得到的分布简化图进行对比可以看出,两者基本相同。因此,可以此作为钢管承载力有限元分析时的纵向残余应力输入数据。

第 4 章　Q690 高强钢管轴心受压稳定系数研究

4.1　概　述

压杆稳定问题的研究,从 18 世纪中叶欧拉(Euler)提出著名的轴压杆临界力公式以来,已有 200 多年了,但认识到欧拉公式只适用于材料的弹性工作范围,却花了 100 多年。对非弹性压杆临界力的研究,有恩格赛尔(Engesser,1895)的双模量理论和尚利(Shanley,1947)的切线模量理论。上述理论都是从理想直杆出发,与实用压杆存在着各种称为"偶然偏心"的缺陷(如几何方面杆的初挠曲、初偏心,物理方面的材质不匀、存在残余应力等)不相符合,因而对于实用压杆来说,应按偏心压杆考虑更为实际。

至今,研究偏心压杆方面的理论有奥斯坦菲德(Ostenfeld,1898)边缘纤维屈服理论,卡曼(Karman,1910)和许瓦拉(Chwalla,1928)小挠度理论,以及耶硕克(Jezek,1934)近似解和杨氏(Young,1936)正割公式。卡曼—许瓦拉理论虽然较精确,但仅限于小挠度方面。耶硕克的近似法采用了两种假设,材料的应力—应变曲线为双直线,杆的挠曲为正弦半波曲线,从而使计算大大简化,但该方法未能考虑残余应力影响。对于残余应力的研究是到 20 世纪 40 年代才开始的,实际应用要更晚一些。

在欧拉公式和切线模量理论中,除变形模量外,其控制因素主要取决于长细比,未考虑残余应力及截面形状,因而对于存在残余应力的实用压杆,则应根据残余应力与杆件截面形状和失稳时所绕截面形心轴,以及制作工艺等相关因素,进行分析和分类并按实际情况解决。

我国《钢规》中将不同的截面形式分为 a、b、c、d 四条曲线,《塔规》中,有焊接圆管受压杆件稳定系数直接采用了《钢规》的 b 类截面柱子曲线。而《钢规》的柱子曲线主要考虑的是建筑行业中多使用的工字形、焊接工字形、T 形等截面形式,是经大量的理论计算、试验验证和归纳整理得出的,输变电工程结构中多采用钢管和角钢,规范对这类截面的柱子曲线考虑较少。

目前,我国高强钢在输变电工程,尤其是变电构架中应用较少,尚没有相关的设计技术规定。变电构架的计算模型是人字柱或单柱及空间桁架梁结构,构件的设计多按拉杆和压杆稳定计算,在采用高强度钢材的情况下,构件的截面尺寸相对较小,压杆的稳定将是结构承载力最为重要的影响因素。现行《钢规》中给出的柱子曲线是根据较低强度钢材试验结果得出的,与高强度钢材的柱子曲线可能会存在一定的差异。

为了使 Q690 高强钢管的受压稳定计算符合实际,本章将采用李开禧教授于 1981 年提出的"逆算单元长度法"(我国《钢规》所采用的计算方法),利用 MATLAB 语言编制程序,来计算不同长细比的 Q690 高强钢管轴心受压时的临界承载力,得到 Q690 高强钢管轴心受压杆件临界承载力与长细比的对应曲线。

4.2 逆算单元长度法介绍

经典压杆构件模型中,构件无缺陷、无初应力,并且是线弹性,而工程实际中的压杆并非如此。因此,工程上压杆的计算已不能依赖于经典解法,需探索另一条解决问题的途径。目前,计算该问题采用的方法也不尽相同,其中典型的方法为压杆挠曲线法,即 CDC 法。

轴心受压杆件稳定性分析的核心问题是,如何用数值方法准确而快速地计算出综合因素影响下的挠曲线。在轴心受压杆件构件中,由于材料的弹塑性效应以及各种缺陷因素(残余应力、初始弯曲等)的影响,计算杆件的承载能力较为困难。其中,最困难的工作在于确定满足平衡条件和约束条件的挠曲线形状。当已知杆件上承受的荷载,以及杆端几何边界条件时,计算挠曲线的方法通常采用 CDC 法,而逆算单元长度法就是对 CDC 法做了进一步的改进与优化。

逆算单元长度法在切线刚度理论的基础上,导出压力不变时计算截面变形的方法和算式,从而确定压力—弯矩—曲率的关系,并根据所算出的变形逆算柱的单元长度,即可同时求出临界力的精确解,对于考虑初始缺陷的轴心受压构件弹塑性稳定分析,逆算单元长度法非常适用。下面介绍该方法的核心部分和主体部分。

4.2.1 *N*—*M*—*R*(轴力—弯矩—曲率)的关系

材料的轴力—弯矩—曲率关系曲线,是整个分析计算过程的起点和基础,在后面的计算中,需反复调用 *N*—*M*—*R* 曲线。可把它编成子程序以随时调用。

在计算 *N*—*M*—*R* 关系曲线时,仍按截面变形满足平截面假定来进行。

对于任意一种非线性弹性体材料,已知其应力 σ 与应变 ε 的关系为

$$\sigma = f(\varepsilon) \tag{4-1}$$

则可以求出其对应的切线模量 E_t 与应变之间的关系(见图 4-1):

$$E_t = \frac{\mathrm{d}\sigma}{\mathrm{d}\varepsilon} = f'(\varepsilon) \tag{4-2}$$

以圆管截面为例,将截面沿壁厚方向划分成 n 等分(见图 4-2),则:

$$A = \pi \cdot (r_2^2 - r_1^2) = \sum_{i=1}^{n_a \cdot n_d} A_i = \sum_{i=1}^{n_a \cdot n_d} \frac{\pi(r_i^2 - r_{i-1}^2)}{n_a} \tag{4-3}$$

当截面曲率增加到 R 时,对应的每等分的应变为:

$$\varepsilon_i = \varepsilon_0 + y_i \tag{4-4}$$

式中:ε_0 为截面的压应变,开始计算时取 $\varepsilon_0 = \dfrac{N^*}{EA}$(其中,$N^*$ 为指定的某一压力值,E 为初始弹模,A 为全截面面积);n_a、n_d 为沿厚度方向的截面标号。

根据式(4-1)及式(4-2)即可求出对应 ε_i 的应力 σ_i 及 $E_t(i)$,则该截面对应的总轴力为

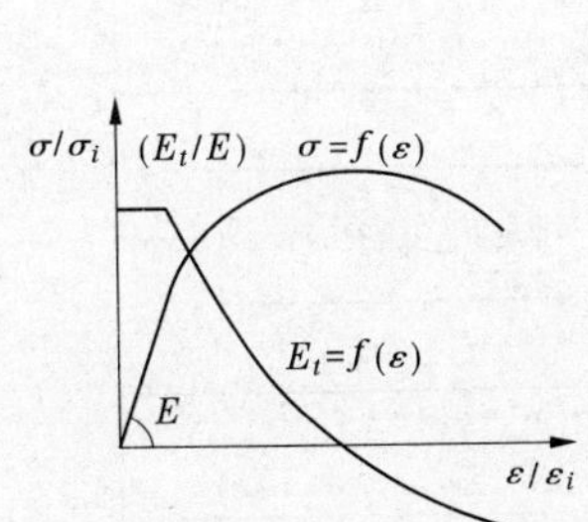

图 4-1　应力应变关系与切线模量曲线

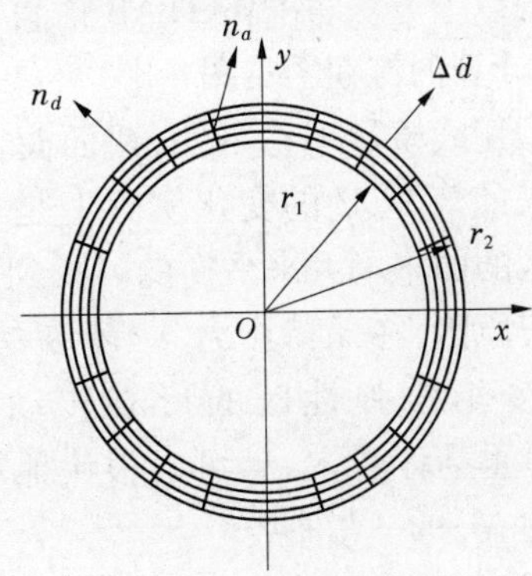

图 4-2　圆管截面划分

$$N = \sum_{i=1}^{n_a \cdot n_d} \frac{\pi(r_i^2 - r_{i-1}^2)}{n_a} \sigma_i \tag{4-5}$$

判断$|N - N^*| \leqslant \zeta$（$\zeta$ 为收敛精度），若满足收敛条件，则可按式(4-13)直接计算对应曲率 R 时的弯矩 M。否则，按式(4-6)～式(4-13)进行计算。

$$A_e = \sum_{i=1}^{n_a \cdot n_d} \frac{E_t(i)}{E} \frac{\pi(r_i^2 - r_{i-1}^2)}{n_a} \tag{4-6}$$

$$S_{ey} = \sum_{i=1}^{n_a \cdot n_d} \frac{E_t(i)}{E} \frac{\pi(r_i^2 - r_{i-1}^2)}{n_a} y_i \tag{4-7}$$

$$I_{ey} = \sum_{i=1}^{n_a \cdot n_d} \frac{E_t(i)}{E} \frac{\pi(r_i^2 - r_{i-1}^2)}{n_a} y_i^2 \tag{4-8}$$

$$y_e = S_{ey}/A_e \tag{4-9}$$

$$I_e = I_{ey} - S_{ey} y_e \tag{4-10}$$

$$\varepsilon_0' = \varepsilon_0 + \frac{N^* - N}{EA_e} \tag{4-11}$$

$$\varepsilon_i' = \varepsilon_0' + \varphi(y_i - y_e) \tag{4-12}$$

将 ε_i' 按式(4-12)重新计算，直至满足收敛条件，从而可求出任意压力 N^* 值下的对应曲率为 R 时的弯矩值

$$M = \sum_{i=1}^{n_a \cdot n_d} \frac{\pi(r_i^2 - r_{i-1}^2)}{n_a} \sigma_i y_i \tag{4-13}$$

按以上方法修正压应变，能很快地使算出的压力值达到指定的精确度。虽然如此，由于在单元杆长的平衡方程中，要求出的弯矩 M 相当准确，仅为指定压力作用下的弯矩，故还应扣除压力增量 $\Delta P''$所引起的差值，即

$$M = M'' + \Delta P''(y_c'' - y_c) \tag{4-14}$$

以上式中：A_e 为截面对应于弹性模量为 E 时的弹性区面积；S_{ey} 为弹性区绕 OX 轴的面积矩；I_{ey} 为弹性区绕 OX 轴的惯性矩；y_e 为弹性区对应形心轴的高度；I_e 为弹性区绕自身形心轴(OX')的惯性矩；ε_0' 为弹性区形心(O')处的压应变；M''、$\Delta P''$、y_c''、y_c 分别为对应压应变为 ε''时的弯矩、压力差、弹性区形心的坐标和全截面形心坐标。

根据以上方法,用 MATLAB 语言编制了计算程序,计算的流程图见图 4-3。

根据切线模量理论可知,截面曲率 R 的增大而带来的弯矩 M 的变化实际上是靠截面内部弹性区的曲率增大来平衡的。找到了引起增量的真正原因,在保持压力 N^* 不变的前提下,令弯曲变形绕弹性区的形心转动,从而按式(4-12)重新计算 ε_i',就可以很快地算出指定压力下的 $N—M—R$ 曲线。

运用此方法可对任何非线性弹性体材料作出分析,得到其 $N—M—R$ 曲线,并可同时计算出截面上等效弹性区相应的几何参数值 A_e、I_e 及 V_e,为后面变截面弹性杆件模型的建立做好准备。

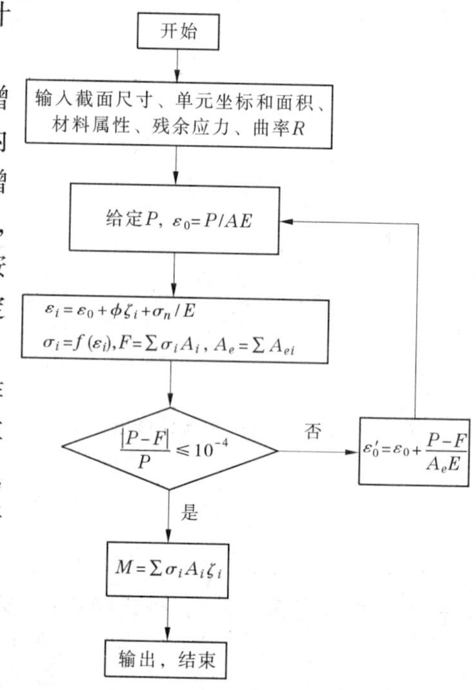

图 4-3　$N—M—R$ 模块计算

4. 2. 2　逆算单元长度法

在本书中,把压杆视为由若干段所组成,各段的挠曲线用三次抛物线拟合,但段长 Δ_i 待定,则各段的变形函数为

$$y_i = y_{i-1} + y'_{i-1}\Delta_i + y''_{i-1}\frac{\Delta_i^2}{2} + y'''_{i-1}\frac{\Delta_i^3}{6} \tag{4-15}$$

由于:$y_i' = \phi_i, y_i'' = R_i, y_i''' \approx \dfrac{y_i'' - y_{i-1}''}{\Delta_i}$(其中 φ_i 为转角,R_i 为曲率)

故
$$\Delta y_i = y_i - y_{i-1} = \phi_{i-1}\Delta_i - \frac{1}{3}\left(R_{i-1} + \frac{1}{2}R_i\right)\Delta_i^2 \tag{4-16}$$

转角为
$$\phi_i = \phi_{i-1} - \frac{1}{2}(R_{i-1} + R_i)\Delta_i \tag{4-17}$$

若以 i 段为脱离体,如图 4-4(a)所示,当已知本段曲率为 R 时,按上一节所介绍的方法,能算出在作用力 P 下本段的弯矩 M_i 和本段上、下截面的弯矩增量 ΔM_i。令本段上截面的转角为 ϕ_{i-1},横向力为 Q,则平衡方程为

$$\Delta M_i = P\left[\phi_{i-1}\Delta_i - \frac{1}{3}\left(R_{i-1} + \frac{1}{2}R_i\right)\Delta_i^2\right] + Q\Delta_i \tag{4-18}$$

由此即可算出段长 Δ_i。

但是,上式要求在所指定 R 的条件下,不仅不能算出虚根,还要求所算出的 Δ_i 值接近于指定值 Δ_0,以便控制计算的精确度。为此按切线刚度理论所导出的公式

$$\mathrm{d}M = EI_e\mathrm{d}R \tag{4-19}$$

先令 $\Delta M_i = EI_{ei-1}(R_i - R_{i-1})$,并取 $\Delta_i = \Delta_0$,则得

$$EI_{ei-1}(R_i - R_{i-1}) = P\left[\phi_{i-1}\Delta_0 - \frac{1}{3}\left(R_{i-1} + \frac{1}{2}R_i\right)\Delta_0^2\right] + Q\Delta_0$$

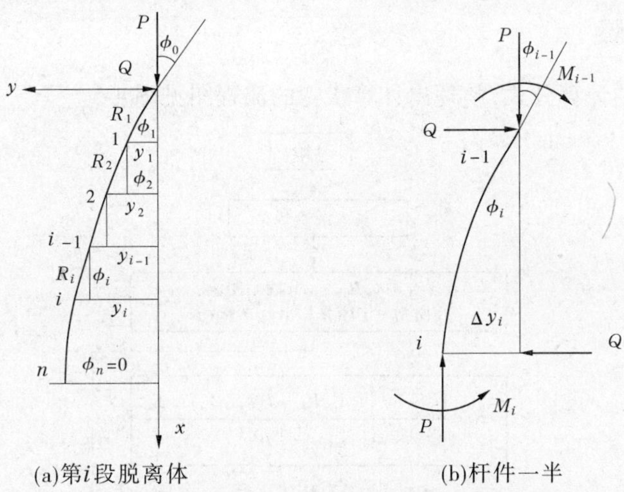

(a)第i段脱离体　(b)杆件一半

图 4-4　逆算过程中压杆的几何划分情况

即

$$R_i = \frac{\left(EI_{ei-1} - \frac{1}{3}P\Delta_0^2\right)R_{i-1} + P\phi_{i-1}\Delta_0 + Q\Delta_0}{EI_{ei-1} + \frac{1}{6}P\Delta_0^2} \tag{4-20}$$

由于按 R_i 所算出的 ΔM_i 接近于 $EI_{ei-1}(R_i - R_{i-1})$，故从式(4-20)中必可解出接近于 Δ_0 的实根 Δ。

由于我们已假定初始弯曲曲线与侧弯挠曲线相似，故初始弯曲时各截面的变形等于比例系数 m 乘以侧弯挠曲时对应各截面的变形。当初始弯曲曲线为正弦曲线，且跨中挠度为杆长的$\frac{1}{1\,000}$时，则顶截面的转角为$\frac{\pi}{1\,000}$。故截面的总转角为 $\phi_0 + \frac{\pi}{1\,000}$，或记为 $\left(1 + \frac{\pi}{1\,000\phi_0}\right)\phi_0$。可见，比例系数

$$m = 1 + \frac{\pi}{1\,000\phi_0} \tag{4-21}$$

因此，在式(4-18)中，若所有变形因素均乘以系数 m，即相当于计入初始偏心的影响。各杆段之间压应变的递推关系如下。

若由应力所组成的压力产生增量，即 $P' = P + \mathrm{d}P$ 时，由切线刚度理论可知，引起压应变产生增量的原因为：①由于 $\mathrm{d}p$ 的作用引起压应变的增量为$\frac{\mathrm{d}p}{EA_e}$；②由于 $\mathrm{d}R$ 的作用引起压应变的增量为 $\mathrm{d}R\mathrm{d}y_e$。

$$\varepsilon' = \varepsilon + \frac{\mathrm{d}p}{EA_e} + \mathrm{d}R\mathrm{d}y_e \tag{4-22}$$

式中：$\mathrm{d}y_e$ 为弹性区形心坐标的增量，即 $\mathrm{d}\varepsilon = \frac{\mathrm{d}p}{EA_e} + \mathrm{d}R\mathrm{d}y_e$。

可见，随着 $\mathrm{d}R$ 的增加，按上式同时改变压应变的数值，从理论上说，压力的增量只是微量。

4.2.3　计算步骤

按以上导出的计算公式，整理出计算步骤的流程图见图 4-5。

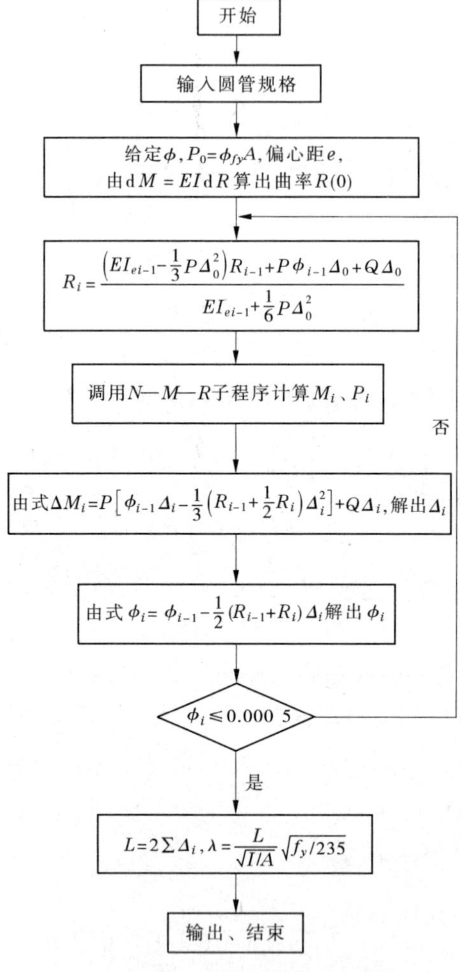

图 4-5　程序主体流程图

4.3　轴心受压钢管稳定系数计算结果

按以上计算步骤，编制计算程序，将程序计算得出的数据导入 Excel，绘制出不同截面尺寸（直径×壁厚分别为：140×4，140×5，140×6，140×7，140×8，180×10，180×12，180×14，长度单位为 mm）的 Q690 圆截面钢管的承载力—长细比关系曲线，即 ψ—λ 曲线，因圆截面钢管在现行《钢规》中属于 b 类截面，故在其中加入了 b 类截面的 ψ—λ 曲线，以便于对比。需要注意的是，程序中输出的长细比是经过修正的，称为换算长细比，形式为 $\lambda\sqrt{\dfrac{f_y}{235}}$。

程序计算中所加纵向残余应力曲线形式见图 4-6。

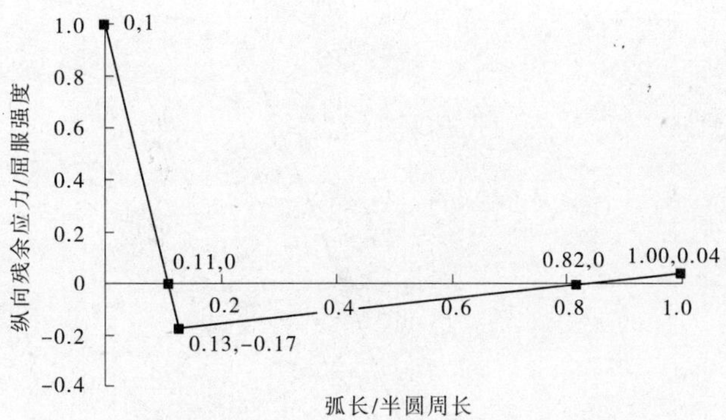

图 4-6　程序计算中所加纵向残余应力曲线形式

4. 3. 1　验证程序的可行性

用程序计算规范圆钢管截面的稳定系数，以 Q345 钢管为例，与规范曲线的对比见图 4-7。

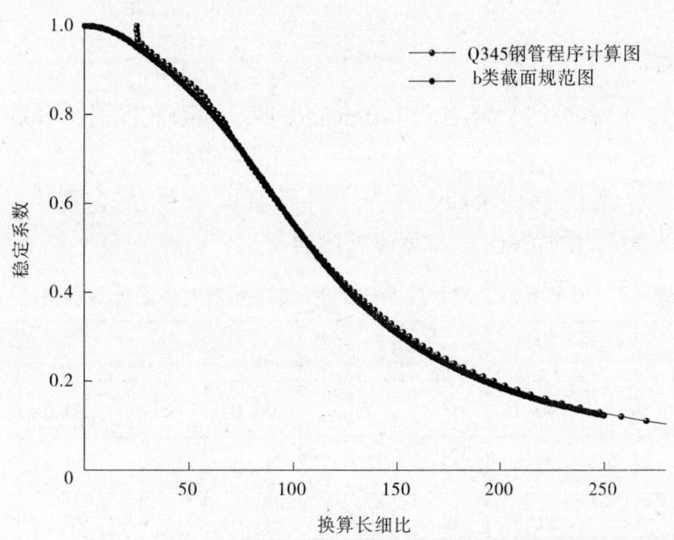

图 4-7　Q345 钢管程序计算与 b 类截面规范对比图

(1) 规范中给出的 b 类截面曲线是计算多条该类截面的 φ—λ 曲线，而后取平均值得到的，同时并未给出不同截面所加的残余应力的具体形式，详见图 4-7。

(2) 程序中的应力—应变关系曲线应由材性试验结果拟合给定，而在计算 Q345 圆管钢的过程中，没有相应的材性试验作为依托，验证过程中本程序所加的应力应变形式按图 4-8给定。

《钢规》指出，在轴心受压构件的截面分类中，焊接圆管属于 b 类截面。图 4-7 中给出 b 类截面的规范图和由本程序计算出的 Q345 圆截面钢管的 φ—λ 曲线图。由于图 4-7 注释中提到的两点问题的存在，程序计算出的曲线与规范曲线略有差异，但从曲线整体对比来看，本程序用于计算轴心受压构件的稳定系数是可行的。

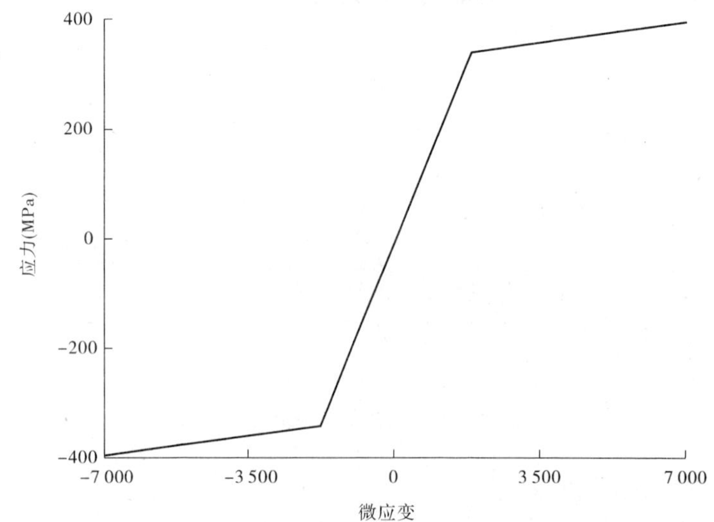

图 4-8 验证程序中所加的 Q345 钢材应力—应变关系曲线

4.3.2 计算结果分析与整理

截面的计算尺寸与试验尺寸(直径 140 mm，壁厚 6 mm)相同时的计算结果，见表 4-1、表 4-2。

从图 4-9 中可以看出，加残余应力情况下计算所得承载力(与图中的稳定系数相一致)略低于不加残余应力的情况，这与理论相吻合。

表 4-1 壁厚 6 mm，未加残余应力时，稳定系数对应的换算长细比

φ	9	8	7	6	5	4	3	2	1	0
0.9	58.1	59.3	60.7	62.1	64.0	66.0	68.0	70.0	71.8	73.6
0.8	75.3	76.9	78.4	79.8	81.0	82.5	83.9	85.4	86.7	88.0
0.7	89.3	90.5	91.6	92.6	93.7	94.6	95.8	97.0	98.2	99.3
0.6	100.4	101.5	102.5	103.5	104.6	105.8	107.0	108.2	109.3	110.4
0.5	111.5	112.6	114.0	115.3	116.5	117.8	119.0	120.3	121.7	123.2
0.4	124.7	126.1	127.5	129.1	130.7	132.4	134.1	135.7	137.6	139.5
0.3	141.4	143.4	145.4	147.6	149.9	152.1	154.6	157.2	159.8	162.5
0.2	165.5	168.5	171.7	175.1	178.7	182.6	186.6	190.8	195.4	200.2
0.1	205.5	211.2	217.3	224.1	231.5	239.7	248.8	259	270.6	283.9

表 4-2　壁厚 6 mm，加残余应力时，稳定系数对应的换算长细比

φ	9	8	7	6	5	4	3	2	1	0
0.9	56.3	57.9	59.4	60.9	62.3	63.9	65.4	67.0	68.5	70.0
0.8	71.5	72.9	74.3	75.7	77.0	78.3	79.6	80.9	82.1	83.3
0.7	84.5	85.7	86.9	88.2	89.4	90.7	91.9	93.1	94.3	95.5
0.6	96.7	97.8	99.0	100.2	101.4	102.6	103.9	105.2	106.4	107.7
0.5	109.0	110.2	111.5	112.8	114.2	115.6	117.0	118.4	119.8	121.2
0.4	122.7	124.3	125.9	127.5	129.1	130.8	132.5	134.3	136.2	138.1
0.3	140.1	142.1	144.2	146.4	148.7	151.0	153.5	156.1	158.7	161.6
0.2	164.5	167.6	170.8	174.2	177.9	181.7	185.8	190.1	194.8	199.8
0.1	205.1	210.9	217.2	224	231.4	239.6	248.8	259.0	270.6	283.9

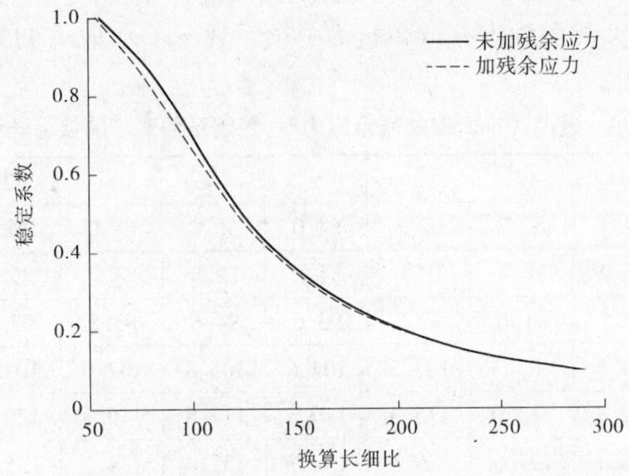

图 4-9　加残余应力与未加残余应力对比图

《钢规》指出，焊接圆管属 b 类截面。从图 4-10 中的曲线比较可知，逆算单元长度法关于 Q690 高强钢管稳定系数的理论计算值高于 b 类截面的规范值，而且在长细比大于 50（换算长细比 90）时，计算曲线高于钢结构规范 b 类曲线，同时略低于美国规范曲线。Q690 高强钢管整体稳定性试验中的试验值绝大多数都在计算曲线上方，只有个别值在计算曲线略偏下方。以上分析可以说明，用逆算单元长度法计算的结果与试验值相比偏于安全，同时对试件的设计具有指导作用。

《钢规》同时指出，轴心受压构件的稳定系数 φ 是按柱的最大强度理论，用数值方法算出大量 φ—λ 曲线（柱子曲线）归纳确定的，进行理论计算时，考虑了截面的不同形式和尺寸。以下先后给出的是直径为 140 mm 和 180 mm，不同壁厚的稳定系数与换算长细比的对应表。

表 4-1、表 4-3 ~ 表 4-6 是直径为 140 mm，壁厚分别为 6 mm、4 mm、5 mm、7 mm、8 mm 时，未加残余应力情况下的 φ—λ 对应值，画出曲线如图 4-11 所示，五条曲线几乎完全重合。

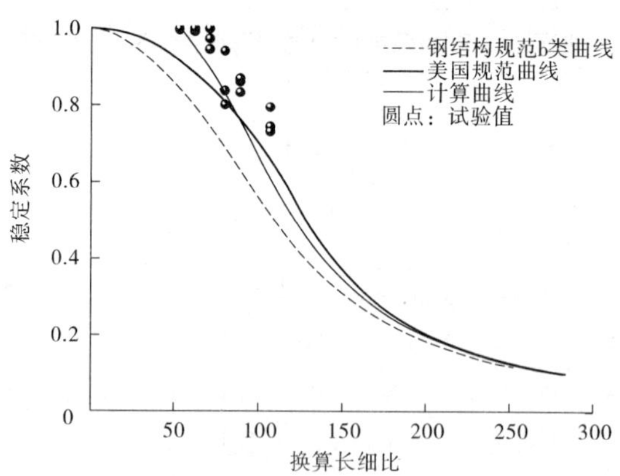

图 4-10　计算曲线与试验值、规范曲线对比图

注:图 4-10 中的试验值是由试验中的极限荷载,按《钢规》中的轴心受压构件稳定公式计算得到的。其中,屈服强度 f_y 除以抗力分项系数 γ_R(γ_R 取 1. 111),得到的稳定系数比 1 大的一律取为 1。

表 4-3　壁厚 4 mm,未加残余应力时,稳定系数对应的换算长细比

φ	9	8	7	6	5	4	3	2	1	0
0. 9	58. 1	59. 3	60. 7	62. 2	64. 0	66. 0	68. 0	70. 0	71. 8	73. 6
0. 8	75. 3	76. 9	78. 4	79. 8	81. 0	82. 5	84. 0	85. 4	86. 8	88. 0
0. 7	89. 3	90. 5	91. 6	92. 7	93. 6	94. 6	95. 8	97. 0	98. 2	99. 3
0. 6	100. 4	101. 5	102. 5	103. 5	104. 6	105. 8	107. 0	108. 2	109. 3	110. 4
0. 5	111. 5	112. 7	114. 0	115. 3	116. 5	117. 8	119. 1	120. 3	121. 7	123. 2
0. 4	124. 7	126. 1	127. 5	129. 1	130. 7	132. 4	134. 1	135. 8	137. 6	139. 5
0. 3	141. 4	143. 4	145. 5	147. 6	149. 9	152. 2	154. 6	157. 2	159. 8	162. 5
0. 2	165. 5	168. 5	171. 7	175. 2	178. 7	182. 6	186. 6	190. 8	195. 4	200. 2
0. 1	205. 5	211. 2	217. 3	224. 1	231. 5	239. 7	248. 8	259. 0	270. 6	283. 9

表 4-4　壁厚 5 mm,未加残余应力时,稳定系数对应的换算长细比

φ	9	8	7	6	5	4	3	2	1	0
0. 9	58. 1	59. 3	60. 6	62. 1	64. 0	66. 0	68. 0	70. 0	71. 8	73. 6
0. 8	75. 3	76. 9	78. 4	79. 8	81. 1	82. 5	84. 0	85. 4	86. 7	88. 1
0. 7	89. 3	90. 5	91. 6	92. 7	93. 6	94. 6	95. 8	97. 0	98. 2	99. 3
0. 6	100. 4	101. 5	102. 5	103. 5	104. 5	105. 8	107. 0	108. 1	109. 3	110. 4
0. 5	111. 5	112. 7	114. 0	115. 2	116. 5	117. 8	119. 0	120. 3	121. 8	123. 2
0. 4	124. 7	126. 1	127. 6	129. 1	130. 8	132. 4	134. 1	135. 8	137. 6	139. 5
0. 3	141. 4	143. 4	145. 4	147. 6	149. 8	152. 1	154. 6	157. 2	159. 8	162. 5
0. 2	165. 5	168. 5	171. 7	175. 1	178. 7	182. 6	186. 6	190. 8	195. 4	200. 2
0. 1	205. 5	211. 2	217. 3	224. 1	231. 5	239. 7	248. 8	259. 0	270. 6	283. 9

表 4-5　壁厚 7 mm，未加残余应力时，稳定系数对应的换算长细比

φ	9	8	7	6	5	4	3	2	1	0
0.9	58.1	59.3	60.7	62.1	64.0	66.0	68.0	70.0	71.8	73.6
0.8	75.3	76.9	78.4	79.8	81.0	82.5	84.0	85.4	86.7	88.0
0.7	89.3	90.5	91.6	92.6	93.6	94.6	95.8	97.0	98.2	99.3
0.6	100.4	101.5	102.5	103.5	104.5	105.8	107.0	108.2	109.3	110.4
0.5	111.5	112.6	114.0	115.3	116.5	117.8	119.0	120.3	121.7	123.2
0.4	124.7	126.1	127.5	129.1	130.7	132.4	134.1	135.8	137.6	139.5
0.3	141.4	143.4	145.4	147.6	149.8	152.1	154.6	157.1	159.8	162.5
0.2	165.5	168.5	171.8	175.1	178.7	182.6	186.6	190.8	195.4	200.2
0.1	205.5	211.2	217.3	224.1	231.5	239.7	248.8	259.0	270.6	283.9

表 4-6　壁厚 8 mm，未加残余应力时，稳定系数对应的换算长细比

φ	9	8	7	6	5	4	3	2	1	0
0.9	58.1	59.3	60.7	62.2	63.9	66.0	68.0	70.0	71.8	73.6
0.8	75.3	76.9	78.4	79.8	81.0	82.5	84.0	85.4	86.7	88.0
0.7	89.3	90.5	91.6	92.6	93.7	94.6	95.8	97.0	98.2	99.3
0.6	100.4	101.5	102.5	103.5	104.5	105.8	107.0	108.1	109.3	110.4
0.5	111.5	112.6	113.9	115.3	116.5	117.8	119.0	120.3	121.7	123.2
0.4	124.6	126.1	127.5	129.1	130.7	132.4	134.1	135.8	137.6	139.5
0.3	141.4	143.4	145.4	147.6	149.8	152.1	154.6	157.1	159.8	162.5
0.2	165.5	168.5	171.7	175.1	178.7	182.6	186.6	190.8	195.4	200.2
0.1	205.5	211.2	217.3	224.1	231.5	239.7	248.8	259.0	270.6	283.9

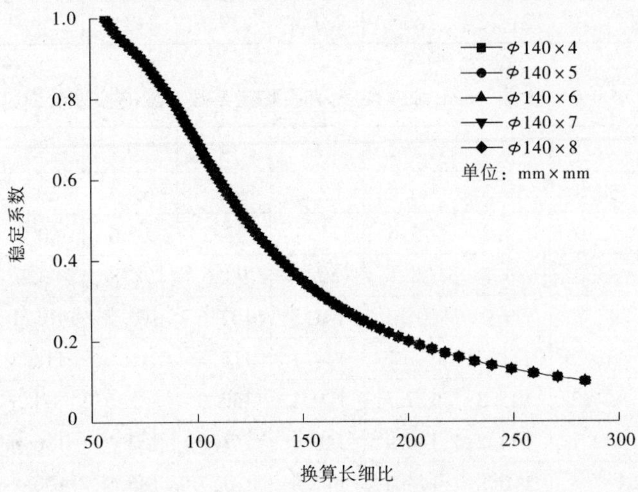

图 4-11　不同壁厚情况下、未加残余应力，稳定系数与长细比关系曲线对比图

表 4-2、表 4-7 ~ 表 4-10 是直径为 140 mm，壁厚分别为 6 mm、4 mm、5 mm、7 mm、8 mm 时，加残余应力情况下的 φ—λ 对应值，画出曲线如图 4-12 所示，五条曲线几乎完全重合。

表 4-7　壁厚 4 mm，加残余应力时，稳定系数对应的换算长细比

φ	9	8	7	6	5	4	3	2	1	0
0.9	56.5	58.1	59.6	61.1	62.5	64.0	65.6	67.1	68.7	70.2
0.8	71.7	73.1	74.5	75.9	77.2	78.5	79.8	81.1	82.3	83.5
0.7	84.7	85.8	87.1	88.3	89.6	90.8	92.1	93.2	94.4	95.6
0.6	96.8	98.0	99.1	100.3	101.5	102.8	104.0	105.3	106.6	107.8
0.5	109.0	110.3	111.6	112.9	114.3	115.7	117.1	118.5	119.9	121.3
0.4	122.8	124.4	125.9	127.5	129.2	130.9	132.6	134.4	136.3	138.2
0.3	140.1	142.1	144.3	146.5	148.7	151.1	153.5	156.1	158.8	161.6
0.2	164.5	167.6	170.9	174.3	177.9	181.7	185.8	190.2	194.8	199.8
0.1	205.2	210.9	217.2	224.0	231.5	239.7	248.8	259.0	270.6	283.9

表 4-8　壁厚 5 mm，加残余应力时，稳定系数对应的换算长细比

φ	9	8	7	6	5	4	3	2	1	0
0.9	56.4	58.0	59.5	61.0	62.4	63.9	65.5	67.1	68.6	70.1
0.8	71.6	73.0	74.4	75.8	77.1	78.4	79.7	81.0	82.2	83.4
0.7	84.6	85.8	87.0	88.3	89.5	90.8	92.0	93.2	94.4	95.6
0.6	96.7	97.9	99.1	100.2	101.4	102.7	104.0	105.2	106.5	107.7
0.5	109.0	110.3	111.5	112.9	114.2	115.6	117.0	118.4	119.8	121.3
0.4	122.8	124.3	125.9	127.5	129.2	130.8	132.6	134.4	136.2	138.1
0.3	140.1	142.1	144.2	146.4	148.7	151.1	153.5	156.1	158.8	161.6
0.2	164.5	167.6	170.8	174.3	177.9	181.7	185.8	190.2	194.8	199.8
0.1	205.2	211.0	217.2	224.0	231.4	239.6	248.8	259.0	270.6	283.9

表 4-9　壁厚 7 mm，加残余应力时，稳定系数对应的换算长细比

φ	9	8	7	6	5	4	3	2	1	0
0.9	56.2	57.8	59.3	60.8	62.2	63.8	65.4	66.9	68.5	70.0
0.8	71.4	72.9	74.2	75.6	76.9	78.3	79.6	80.8	82.1	83.3
0.7	84.5	85.6	86.8	88.1	89.4	90.6	91.8	93.0	94.2	95.4
0.6	96.6	97.8	99.0	100.1	101.3	102.6	103.8	105.1	106.4	107.7
0.5	108.9	110.2	111.5	112.7	114.1	115.5	116.9	118.3	119.8	121.2
0.4	122.7	124.2	125.8	127.5	129.1	130.8	132.5	134.3	136.2	138.1
0.3	140.0	142.1	144.2	146.4	148.6	151.0	153.5	156.0	158.7	161.5
0.2	164.4	167.5	170.8	174.2	177.8	181.7	185.8	190.1	194.8	199.8
0.1	205.1	210.9	217.2	224.0	231.4	239.7	248.8	259.0	270.6	283.9

表 4-10　壁厚 8 mm，加残余应力时，稳定系数对应的换算长细比

φ	9	8	7	6	5	4	3	2	1	0
0.9	56.2	57.7	59.2	60.7	62.1	63.7	65.3	66.9	68.4	69.9
0.8	71.3	72.8	74.2	75.5	76.9	78.2	79.5	80.7	82.0	83.2
0.7	84.4	85.6	86.7	88.0	89.3	90.5	91.7	93.0	94.2	95.4
0.6	96.6	97.7	98.9	100.1	101.2	102.5	103.8	105.0	106.3	107.6
0.5	108.9	110.1	111.4	112.7	114.1	115.5	116.9	118.3	119.7	121.2
0.4	122.7	124.2	125.8	127.4	129.1	130.8	132.5	134.2	136.1	138.0
0.3	140.0	142.1	144.1	146.3	148.6	151.0	153.4	156.0	158.7	161.5
0.2	164.4	167.5	170.8	174.2	177.8	181.7	185.8	190.1	194.8	199.7
0.1	205.1	210.9	217.2	224.0	231.4	239.7	248.8	259.0	270.6	283.9

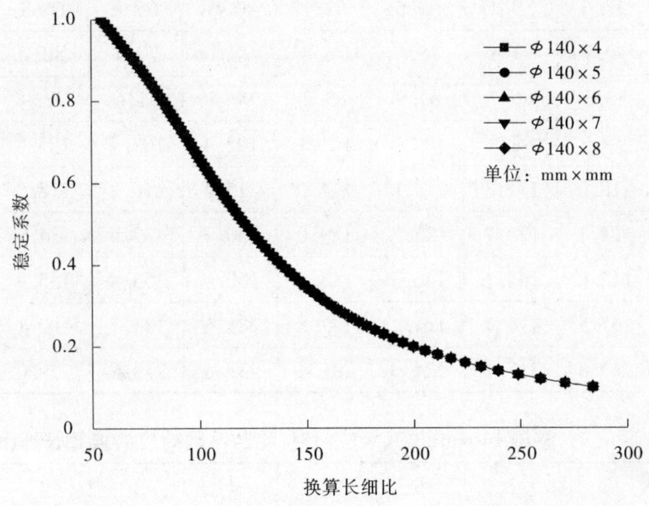

图 4-12　不同壁厚情况下、加残余应力，稳定系数与长细比关系曲线对比图

由图 4-11 和图 4-12 分析可知，在直径保持不变(140 mm)，壁厚由 4 mm 变化到 8 mm 的过程中，φ—λ 的曲线关系几乎不变，取壁厚分别为 4 mm、5 mm、6 mm、7 mm、8 mm 情况下的 φ—λ 均值作为该类截面的代表曲线。

直径为 180 mm，壁厚分别为 10 mm、12 mm、14 mm 的稳定系数与换算长细比的对应表见表 4-11 ~ 表 4-13。

由图 4-13 可以看出，不同直径、不同壁厚情况下，在加残余应力，稳定系数与长细比关系曲线很接近，几乎重合。

表 4-11　壁厚 10 mm,加残余应力时,稳定系数对应的换算长细比

φ	9	8	7	6	5	4	3	2	1	0
0. 9	56. 2	57. 8	59. 3	60. 7	62. 2	63. 8	65. 3	66. 9	68. 4	69. 9
0. 8	71. 4	72. 8	74. 2	75. 6	76. 9	78. 2	79. 5	80. 8	82. 0	83. 2
0. 7	84. 4	85. 6	86. 8	88. 0	89. 3	90. 5	91. 8	93. 0	94. 2	95. 4
0. 6	96. 6	97. 7	98. 9	100. 1	101. 3	102. 5	103. 8	105. 1	106. 3	107. 6
0. 5	108. 9	110. 2	111. 4	112. 7	114. 1	115. 5	116. 9	118. 3	119. 8	121. 2
0. 4	122. 7	124. 2	125. 8	127. 4	129. 1	130. 8	132. 5	134. 2	136. 1	138. 0
0. 3	140. 0	142. 1	144. 1	146. 3	148. 6	151. 0	153. 4	156. 0	158. 7	161. 5
0. 2	164. 4	167. 5	170. 8	174. 2	177. 8	181. 7	185. 8	190. 1	194. 7	199. 7
0. 1	205. 0	210. 7	216. 9	223. 6	231. 0	239. 2	248. 3	258. 5	270. 1	283. 4

表 4-12　壁厚 12 mm,加残余应力时,稳定系数对应的换算长细比

φ	9	8	7	6	5	4	3	2	1	0
0. 9	56. 0	57. 6	59. 1	60. 6	62. 1	63. 6	65. 2	66. 8	68. 3	69. 8
0. 8	71. 3	72. 7	74. 1	75. 5	76. 8	78. 1	79. 4	80. 7	81. 9	83. 1
0. 7	84. 3	85. 5	86. 7	87. 9	89. 2	90. 4	91. 6	92. 9	94. 1	95. 3
0. 6	96. 5	97. 6	98. 8	100. 0	101. 1	102. 4	103. 7	105. 0	106. 2	107. 5
0. 5	108. 8	110. 0	111. 3	112. 6	114. 0	115. 4	116. 8	118. 2	119. 6	121. 1
0. 4	122. 6	124. 1	125. 7	127. 3	129. 0	130. 7	132. 4	134. 2	136. 0	137. 9
0. 3	139. 9	142. 0	144. 1	146. 3	148. 5	150. 9	153. 4	155. 9	158. 6	161. 4
0. 2	164. 4	167. 5	170. 7	174. 1	177. 8	181. 6	185. 7	190. 1	194. 7	199. 7
0. 1	205. 1	210. 8	217. 1	224. 0	231. 4	239. 6	248. 8	259. 0	270. 6	283. 9

表 4-13　壁厚 14 mm,加残余应力时,稳定系数对应的换算长细比

φ	9	8	7	6	5	4	3	2	1	0
0. 9	55. 9	57. 5	59. 0	60. 4	61. 9	63. 5	65. 1	66. 6	68. 2	69. 7
0. 8	71. 1	72. 6	73. 9	75. 3	76. 6	78. 0	79. 3	80. 5	81. 7	83. 0
0. 7	84. 2	85. 4	86. 5	87. 8	89. 0	90. 3	91. 5	92. 7	94. 0	95. 2
0. 6	96. 4	97. 5	98. 7	99. 9	101. 0	102. 3	103. 6	104. 9	106. 1	107. 4
0. 5	108. 7	110. 0	111. 3	112. 5	113. 9	115. 3	116. 7	118. 1	119. 6	121. 0
0. 4	122. 5	124. 0	125. 6	127. 3	128. 9	130. 6	132. 3	134. 1	136. 0	137. 9
0. 3	139. 9	141. 9	144. 0	146. 2	148. 5	150. 9	153. 3	155. 9	158. 6	161. 4
0. 2	164. 4	167. 4	170. 7	174. 1	177. 8	181. 6	185. 7	190. 0	194. 7	199. 7
0. 1	205. 0	210. 8	217. 1	224. 0	231. 4	239. 6	248. 8	259. 0	270. 6	283. 9

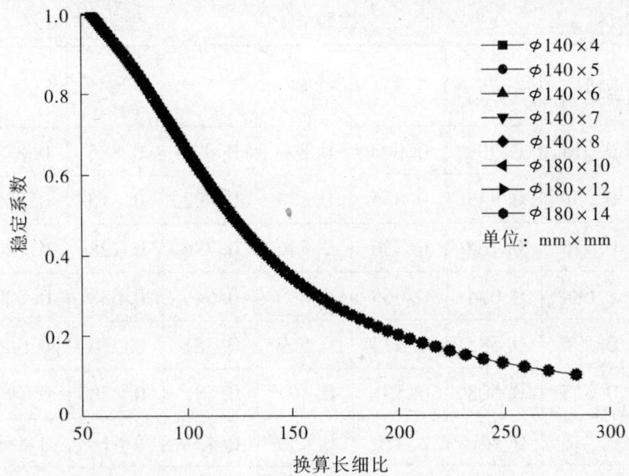

图 4-13　不同直径、不同壁厚情况下，加残余应力，稳定系数与长细比关系曲线对比图

根据图中计算曲线的形态，采用分段式拟合，拟合方法采用非线性函数的最小二乘法。拟合表达式的具体形式为：

当正则化长细比 $\lambda_n=\dfrac{\lambda}{\pi}\sqrt{\dfrac{f_y}{E}}\leqslant 0.60$ 时，$\varphi=1$；

当 $0.60<\lambda_n=\dfrac{\lambda}{\pi}\sqrt{\dfrac{f_y}{E}}\leqslant 1.07$ 时，$\varphi=\alpha_0-\alpha_1\lambda_n-\alpha_2\lambda_n$，其中 $\alpha_0=1.225$，$\alpha_1=0.207$，$\alpha_2=0.278$；

当 $\lambda_n=\dfrac{\lambda}{\pi}\sqrt{\dfrac{f_y}{E}}>1.07$ 时，$\varphi=\dfrac{1}{2\lambda_n^2}\left[(\alpha_3+\alpha_4\lambda_n+\lambda_n^2)-\sqrt{(\alpha_3+\alpha_4\lambda_n+\lambda_n^2)^2-4\lambda_n^2}\right]$，其中 $\alpha_3=1.074$，$\alpha_4=0.024$。

这样就得到了 Q690 钢管受压构件的稳定系数计算表达式。

根据是否加残余应力，由表 4-1、表 4-3 ~ 表 4-6 和表 4-2、表 4-7 ~ 表 4-13 分别取均值，再通过连续插值，可以将 Q690 钢管轴心受压稳定系数整理成表 4-14、表 4-15。

表 4-14　Q690 钢管轴心受压稳定系数表（未加残余应力）

$\lambda\sqrt{\dfrac{f_y}{235}}$	0	1	2	3	4	5	6	7	8	9
0	1.000	1.000	1.000	1.000	1.000	1.000	1.000	1.000	1.000	1.000
10	1.000	1.000	1.000	1.000	1.000	1.000	1.000	1.000	1.000	1.000
20	1.000	1.000	1.000	1.000	1.000	1.000	1.000	1.000	1.000	1.000
30	1.000	1.000	1.000	1.000	1.000	1.000	1.000	1.000	1.000	1.000
40	1.000	1.000	1.000	1.000	1.000	1.000	1.000	1.000	1.000	1.000
50	1.000	1.000	1.000	1.000	1.000	1.000	1.000	0.999	0.991	0.982
60	0.975	0.967	0.961	0.955	0.949	0.944	0.940	0.935	0.930	0.925

续表 4-14

$\lambda\sqrt{\frac{f_y}{235}}$	0	1	2	3	4	5	6	7	8	9
70	0. 920	0. 914	0. 909	0. 903	0. 897	0. 891	0. 885	0. 879	0. 872	0. 865
80	0. 858	0. 850	0. 843	0. 836	0. 829	0. 822	0. 815	0. 808	0. 800	0. 792
90	0. 784	0. 775	0. 766	0. 756	0. 746	0. 736	0. 728	0. 720	0. 711	0. 702
100	0. 694	0. 684	0. 674	0. 665	0. 655	0. 646	0. 638	0. 629	0. 621	0. 612
110	0. 603	0. 594	0. 585	0. 577	0. 569	0. 561	0. 554	0. 546	0. 538	0. 530
120	0. 522	0. 515	0. 508	0. 501	0. 494	0. 487	0. 480	0. 473	0. 467	0. 460
130	0. 454	0. 448	0. 442	0. 436	0. 430	0. 424	0. 418	0. 413	0. 407	0. 402
140	0. 397	0. 392	0. 386	0. 381	0. 376	0. 372	0. 367	0. 362	0. 358	0. 353
150	0. 349	0. 344	0. 340	0. 336	0. 332	0. 328	0. 324	0. 320	0. 316	0. 312
160	0. 309	0. 305	0. 302	0. 298	0. 295	0. 291	0. 288	0. 284	0. 281	0. 278
170	0. 275	0. 272	0. 269	0. 266	0. 263	0. 260	0. 257	0. 254	0. 252	0. 249
180	0. 246	0. 244	0. 241	0. 238	0. 236	0. 233	0. 231	0. 229	0. 226	0. 224
190	0. 221	0. 219	0. 217	0. 215	0. 213	0. 210	0. 208	0. 206	0. 204	0. 202
200	0. 200	0. 198	0. 196	0. 194	0. 192	0. 190	0. 189	0. 187	0. 185	0. 183
210	0. 182	0. 180	0. 178	0. 176	0. 175	0. 173	0. 172	0. 170	0. 169	0. 167
220	0. 165	0. 164	0. 163	0. 161	0. 160	0. 158	0. 157	0. 155	0. 154	0. 153
230	0. 151	0. 150	0. 149	0. 148	0. 146	0. 145	0. 144	0. 143	0. 142	0. 140
240	0. 139	0. 138	0. 137	0. 136	0. 135	0. 134	0. 132	0. 131	0. 130	0. 129
250	0. 128	—	—	—	—	—	—	—	—	—

表 4-15　Q690 钢管轴心受压稳定系数表(加残余应力)

$\lambda\sqrt{\frac{f_y}{235}}$	0	1	2	3	4	5	6	7	8	9
0	1. 000	1. 000	1. 000	1. 000	1. 000	1. 000	1. 000	1. 000	1. 000	1. 000
10	1. 000	1. 000	1. 000	1. 000	1. 000	1. 000	1. 000	1. 000	1. 000	1. 000
20	1. 000	1. 000	1. 000	1. 000	1. 000	1. 000	1. 000	1. 000	1. 000	1. 000
30	1. 000	1. 000	1. 000	1. 000	1. 000	1. 000	1. 000	1. 000	1. 000	1. 000
40	1. 000	1. 000	1. 000	1. 000	1. 000	1. 000	1. 000	1. 000	1. 000	1. 000
50	1. 000	1. 000	1. 000	1. 000	1. 000	0. 998	0. 992	0. 986	0. 979	0. 973
60	0. 966	0. 959	0. 952	0. 946	0. 939	0. 933	0. 927	0. 920	0. 914	0. 907
70	0. 900	0. 893	0. 887	0. 880	0. 872	0. 865	0. 858	0. 850	0. 843	0. 835

续表 4-15

$\lambda\sqrt{\frac{f_y}{235}}$	0	1	2	3	4	5	6	7	8	9
80	0.827	0.819	0.811	0.803	0.794	0.786	0.778	0.769	0.761	0.753
90	0.745	0.737	0.729	0.721	0.713	0.704	0.696	0.687	0.679	0.670
100	0.661	0.653	0.645	0.637	0.629	0.622	0.613	0.605	0.598	0.590
110	0.582	0.574	0.566	0.558	0.551	0.544	0.537	0.530	0.523	0.516
120	0.509	0.502	0.495	0.488	0.482	0.475	0.469	0.463	0.457	0.451
130	0.445	0.439	0.433	0.427	0.422	0.416	0.411	0.406	0.401	0.395
140	0.390	0.385	0.380	0.376	0.371	0.366	0.362	0.357	0.353	0.349
150	0.344	0.340	0.336	0.332	0.328	0.324	0.320	0.316	0.313	0.309
160	0.305	0.302	0.298	0.295	0.292	0.288	0.285	0.282	0.279	0.276
170	0.272	0.269	0.266	0.264	0.261	0.258	0.255	0.252	0.250	0.247
180	0.244	0.242	0.239	0.237	0.234	0.232	0.230	0.227	0.225	0.223
190	0.220	0.218	0.216	0.214	0.212	0.210	0.208	0.206	0.203	0.202
200	0.200	0.198	0.196	0.194	0.192	0.190	0.188	0.187	0.185	0.183
210	0.182	0.180	0.178	0.177	0.175	0.173	0.172	0.170	0.169	0.167
220	0.166	0.164	0.163	0.161	0.160	0.159	0.157	0.156	0.155	0.153
230	0.152	0.151	0.149	0.148	0.147	0.146	0.144	0.143	0.142	0.141
240	0.140	0.138	0.137	0.136	0.135	0.134	0.133	0.132	0.131	0.130
250	0.129	—	—	—	—	—	—	—	—	—

4.4　本章小结

本章采用 MATLAB 软件编写了“逆算单元长度法”的计算程序，通过计算直径为 140 mm、180 mm 的 Q690 钢管轴心受压杆件的稳定系数，并与相关规范及试验结果进行了比较，得出了如下结论：

（1）对比分析表明，采用逆算单元长度法计算 Q690 轴心受压高强钢管稳定系数是可行的。

（2）通过对比分析 Q690 轴心受压钢管有无残余应力的稳定系数可知，残余应力对稳定系数的影响较小。

（3）得到了 Q690 高强钢管轴压稳定系数计算公式及稳定系数表，其值明显高于目前设计规范取值，工程设计时可参考使用。

第 5 章　Q690 钢管轴压性能试验研究

轴心受压钢管的稳定承载力与构件的整体稳定系数 φ 有关，构件的整体稳定系数和构件的材料、力学、几何缺陷有关，并受到构件两端约束情况的影响。其中，构件端部约束情况可以通过计算长度系数来考虑，几何缺陷（初弯曲、初偏心）按照钢结构施工验收规范取值，这两个影响因素对于高强钢和普通钢造成结果差异极小，但力学缺陷—残余应力的影响却差别明显。足尺试件试验是目前最能准确反映试件性能的方法，为此本项目对Q690 高强圆钢管轴压承载力试验研究选择了足尺试件。

5.1　试验方案

5.1.1　试验目标

Q690 高强圆钢管轴压性能试验主要为在变电构架中应用提供可靠的试验数据，并结合有限元数值模拟验证《塔规》中的轴压构件稳定承载力设计公式，用于指导 Q690 钢管工程设计的可行性，为工程设计提供理论依据。

5.1.2　试件设计与加工

试件设计方案主要考虑的设计参数包括长细比和径厚比，共设计制作了 9 组试件，每组 3 根，相关设计参数详见表 5-1，这些试件是委托河南鼎力杆塔股份有限公司按照《钢结构工程施工质量验收规范》（GB 50205—2001）有关规定制作完成的。

表 5-1　轴心受压试件明细表

设计长细比 λ	编号	截面规格	径厚比 D_0/t	实际长度（mm）	试件数量
30	ZX1	ϕ250 × 8	31.25	2 120	3
	ZX2	ϕ300 × 8	37.50	2 670	3
	ZX3	ϕ350 × 8	43.75	3 170	3
45	ZX4	ϕ250 × 8	31.25	3 420	3
	ZX5	ϕ300 × 8	37.50	4 220	3
	ZX6	ϕ350 × 8	43.75	5 020	3
60	ZX7	ϕ250 × 8	31.25	4 720	3
	ZX8	ϕ300 × 8	37.50	5 770	3
	ZX9	ϕ350 × 8	43.75	6 820	3

5.1.3　加载设备

由于本次试验 Q690 高强圆钢管足尺试件轴心受压试验对外加载设备加载能力要求较高，而目前国内 1 000 t 压力机上也很难实现试验相关要求，为此项目课题组针对本次试验设计制作了专门的试验加载设备——自平衡多功能加载架(见图 5-1)，用于轴压和压弯试验。

图 5-1　自平衡多功能加载架

5.1.4　试验边界条件

为实现试验试件两端铰接，专门设计了平面铰支座，见图 5-2。

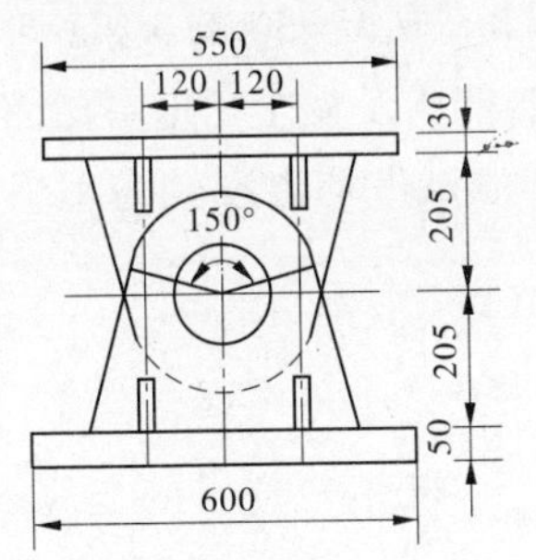

(a)支座设计图　(单位:mm)

(b)支座实体图

图 5-2　支座示意图

5.1.5　加载与测试方案

5.1.5.1　加载方案

试验研究 Q690 钢管轴压承载力性能，试验选用同一高压液压源、双 400 t 千斤顶通过试件一端传力梁对试件逐级施加轴压力。首先按照《钢规》轴压构件承载力设计公式计算得出其临界承载力作为加载依据，所有构件前期基本按照液压源 2 MPa 施加，到临界荷载 75% 后改为 1 MPa 施加，直至发生失稳破坏为止。

5.1.5.2　测试方案

1）测试内容

试验测试内容包括：应变测试、轴向位移测试、试件破坏特征。

应变测试：通过应变片数据的采集分析试件管材的内力变化情况，并通过对外加载千斤顶的加载进程加以监控和监测管材局部进入塑性现象。

轴向位移测试：测试试件管材轴向变形过程，定性反映构件失稳规律。

试件破坏特征：包括试件的轴压失稳临界承载力与破坏模式。

2）仪表与应变片布置

2 个位移计分别安装在传力梁和固定端，应变片布置见图 5-3。

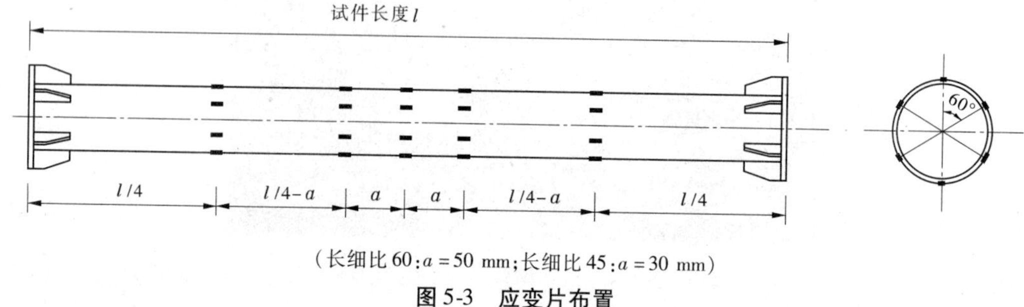

（长细比 60：a = 50 mm；长细比 45：a = 30 mm）

图 5-3　应变片布置

5.2　试件轴压试验测试结果分析

轴心受压试验共进行了 6 组（合计 18 根），初步设计值取 $\lambda = 30$ 的 3 组（计 9 根），由于长细比较小、承载能力过大，从设计多功能加载架加载能力及安全角度考虑而未进行试验。试验中除试件 ZX7－3 出现异常（过早失稳）外，其他试件均出现较为理想的整体失稳破坏。

5.2.1　轴压力与轴向位移关系

5.2.1.1　试件 ZX9 系列（$\lambda = 60$，$\phi 350 \times 8$）

试件 ZX9 系列为最先试验试件组，其中第 1 个上架试件 ZX9－1 为了检验试验多功能自平衡加载架的作用效果，首先施加较大预加载（高压液压源 20 MPa，约 4 000 kN）。试验外加轴压载荷—轴向位移变化曲线见图 5-4（a），图中可知试件 ZX9－1、ZX9－2 和 ZX9－3 最大外加载荷分别为 4 548 kN、5 365 kN 和 5 122 kN；通过应变片测试数据计算得到的试件实测轴压力—轴向位移变化曲线见图 5-4（b），图中显示试件 ZX9－1、ZX9－2 和 ZX9－3 轴压临界承载力分别为 4 456 kN、5 356 kN 和 5 076 kN。图 5-4（a）和图 5-4（b）中显示，所有试件在达到轴压临界承载力之前，外加轴压载荷和实测轴压力与对应轴向变形呈线性关系，随之试件轴压承载力急剧下降；试件轴压临界承载力对应实测应变片 $\mu\varepsilon$ 平均值分别为 2 579、2 988 和 2 836，反映试件发生弹性整体失稳破坏。通过外加轴压载荷与实测轴压力对比可以看出，外加载自平衡加载架产生的摩擦力很小，有效实现了试验加载功能。

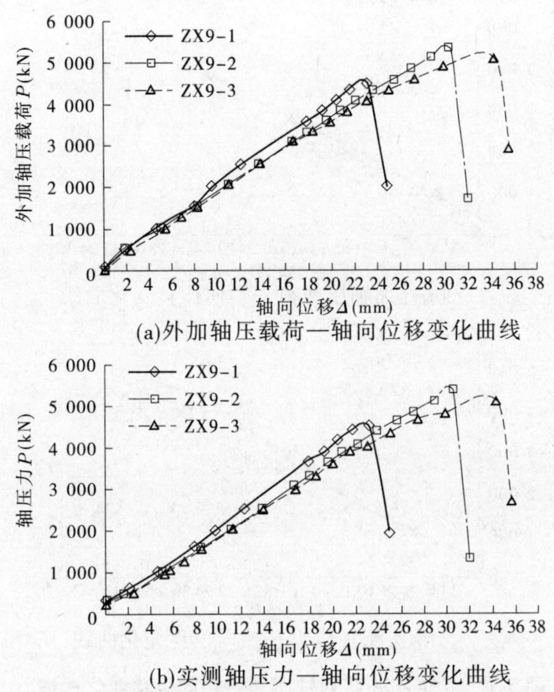

图5-4　试件ZX9系列轴压力—轴向位移变化曲线

5.2.1.2　试件ZX8系列($\lambda=60,\phi300\times8$)

试件ZX8系列,所有试件试验外加轴压载荷—轴向位移变化曲线见图5-5(a),图中可知试件ZX8-1、ZX8-2和ZX8-3的最大外加载荷分别为4 880 kN、4 867 kN和4 369 kN;通过应变片测试数据计算得到的试件实测轴压力—轴向位移变化曲线见图5-5(b),图中显示试件ZX8-1、ZX8-2和ZX8-3轴压临界承载力分别为4 842 kN、4 845 kN和4 326 kN。图5-5(a)和图5-5(b)中显示所有试件在达到轴压临界承载力之前,外加轴压载荷和实测轴压力与对应轴向变形呈线性关系,随之试件轴压承载力急剧下降;试件轴压临界承载力对应实测应变片$\mu\varepsilon$平均值分别为3 202、3 028和2 960,反映所有试件均发生弹性整体失稳破坏。

5.2.1.3　试件ZX7系列($\lambda=60,\phi250\times8$)

试件ZX7系列,所有试件试验外加轴压载荷—轴向位移变化曲线见图5-6(a),图中可知试件ZX7-1、ZX7-2和ZX7-3的最大外加载荷分别为3 603 kN、3 603 kN和1 318 kN,其中试件ZX7-3过早出现失稳破坏,存在异常;通过应变片测试数据计算得到的试件实测轴压力—轴向位移变化曲线见图5-6(b),图中显示试件ZX7-1、ZX7-2轴压临界承载力分别为3 597 kN、3 543 kN,其中试件ZX7-3试验结果出现异常,对此未进一步分析。图5-6(a)和图5-6(b)中显示,所有试件在达到轴压临界承载力之前,外加轴压载荷和实测轴压力与对应轴向变形呈线性关系,随之试件轴压承载力急剧下降;试件轴压临界承载力对应实测应变片$\mu\varepsilon$平均值分别为3 009和2 810,反映所有试件均发生弹性整体失稳破坏。

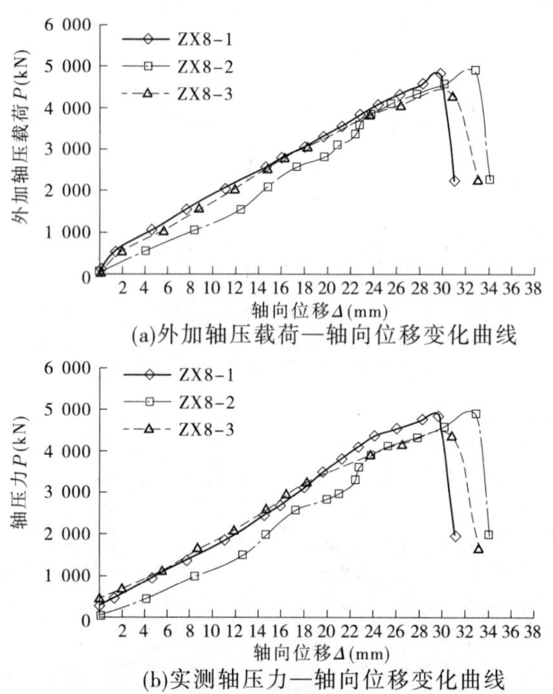

图 5-5　试件 ZX8 系列轴压力—轴向位移变化曲线

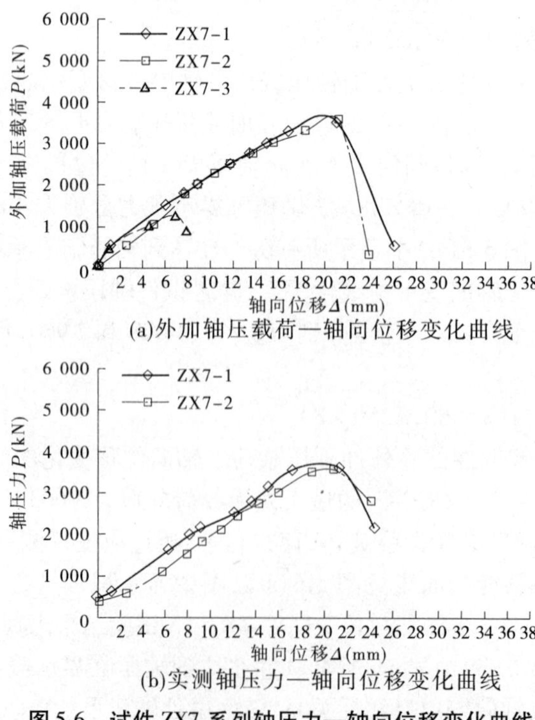

图 5-6　试件 ZX7 系列轴压力—轴向位移变化曲线

5.2.1.4　试件ZX6系列($\lambda=45,\phi350\times8$)

试件ZX6系列,所有试件试验外加轴压载荷—轴向位移变化曲线见图5-7(a),图中可知试件ZX6-1、ZX6-2和ZX6-3的最大外加载荷分别为5 391 kN、5 569 kN和5 646 kN;通过应变片测试数据计算得到的试件实测轴压力—轴向位移变化曲线见图5-7(b),图中显示试件ZX6-1、ZX6-2和ZX6-3轴压临界承载力分别为5 338 kN、5 505 kN和5 560 kN。图5-7(a)和图5-7(b)中显示所有试件在达到轴压临界承载力之前,外加轴压载荷和实测轴压力与对应轴向变形呈线性关系,随之试件轴压承载力急剧下降;试件轴压临界承载力对应实测应变片$\mu\varepsilon$平均值分别为3 239、3 085和2 994,反映所有试件均发生弹性整体失稳破坏。

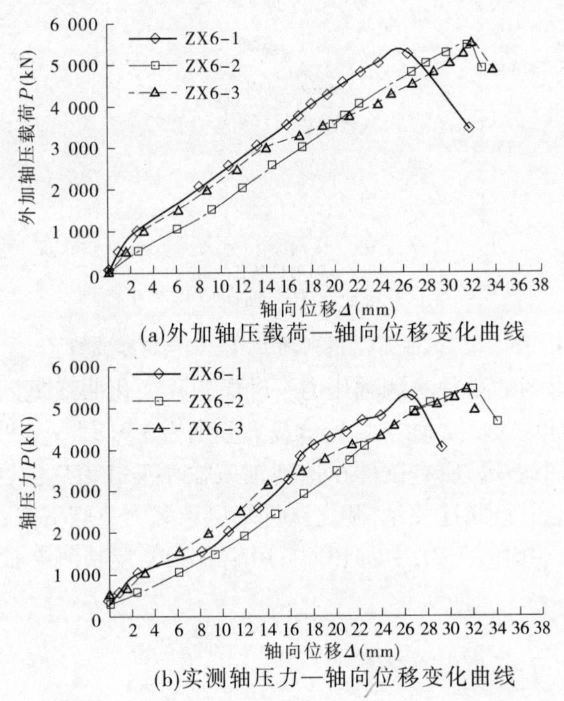

图5-7　试件ZX6系列轴压力—轴向位移变化曲线

5.2.1.5　试件ZX5系列($\lambda=45,\phi300\times8$)

试件ZX5系列,所有试验外加轴压载荷—轴向位移变化曲线见图5-8(a),图中可知试件ZX5-1、ZX5-2和ZX5-3的最大外加载荷分别为4 625 kN、4 778 kN和4 650 kN;通过应变片测试数据计算得到的试件实测轴压力—轴向位移变化曲线见图5-8(b),图中显示试件ZX5-1、ZX5-2和ZX5-3轴压临界承载力分别为4 572 kN、4 763 kN和4 641 kN。图5-8(a)和图5-8(b)中显示,所有试件在达到轴压临界承载力之前,外加轴压载荷和实测轴压力与对应轴向变形呈线性关系,随之试件承载力急剧下降;试件轴压临界承载力对应实测应变片$\mu\varepsilon$平均值分别为3 115、3 270和3 228,反映所有试件均发生弹性整体失稳破坏。

5.2.1.6　试件ZX4系列($\lambda=45,\phi250\times8$)

试件ZX4系列试验外加轴压载荷—轴向位移变化曲线见图5-9(a),图中可知试件ZX4-1、ZX4-2和ZX4-3的最大外加载荷分别为3 935 kN、3 858 kN和3 858 kN;通过

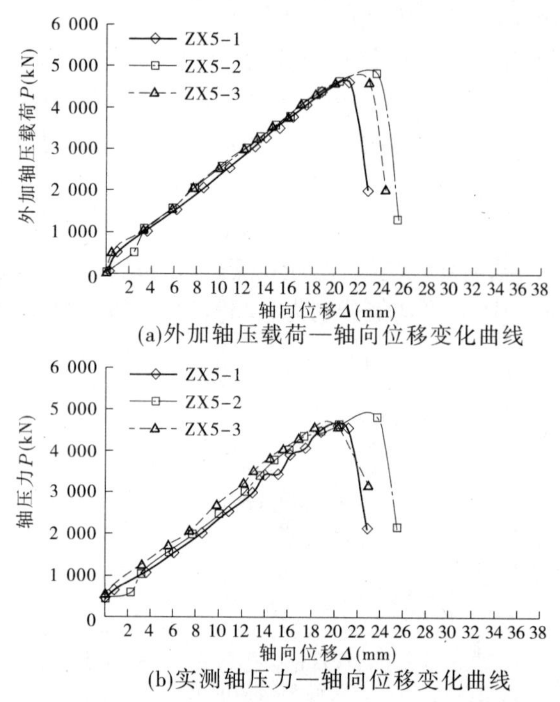

图 5-8　试件 ZX5 系列轴压力—轴向位移曲线

应变片实测数据计算得到的试件实测轴压力—轴向位移变化曲线见图 5-9(b),图中显示试件 ZX4－1、ZX4－2 和 ZX4－3 轴压临界承载力分别为 3 918 kN、3 856 kN 和 3 804 kN。图 5-9(a)和图 5-9(b)中显示,所有试件在达到轴压临界承载力之前,外加轴压载荷和实测轴压力与对应轴向变形呈线性关系,随之试件轴压承载力急剧下降;试件轴压临界承载力对应实测应变片 $\mu\varepsilon$ 平均值分别为 3 413、3 330 和 3 120,反映所有试件均发生弹性整体失稳破坏。

5.2.2　试件轴压临界承载力分析

由于目前相关行业规范在 Q690 钢管试件设计方面的内容基本空白,为此参照《塔规》与美国《输电线路钢杆结构设计》(ASCE/SEI 48—05,以下简称《杆规》)轴压稳定承载力计算公式,对计算结果进行对比分析,验证《塔规》轴压承载力设计公式用于指导 Q690 钢管工程设计的可行性。

5.2.2.1　规范计算公式

(1)《塔规》第 8 章 8.1.2 小节对轴心受压构件的稳定计算公式为

$$\frac{N}{\varphi A} \leqslant m_N f \tag{5-1}$$

式中:φ 为轴心受压稳定系数;A 为构件毛截面面积,mm^2;m_N 为压杆稳定强度折减系数;f 为钢材强度设计值,其值为钢材的屈服强度 f_y 除以抗力分项系数 1.111。

钢管构件:根据外径 D_0 与管壁 t 的比值确定,即

当 $D_0/t \leqslant 2\,400/f$ 时,$m_N = 1.0$;当 $2\,400/f < D_0/t \leqslant 76\,130/f$ 时,

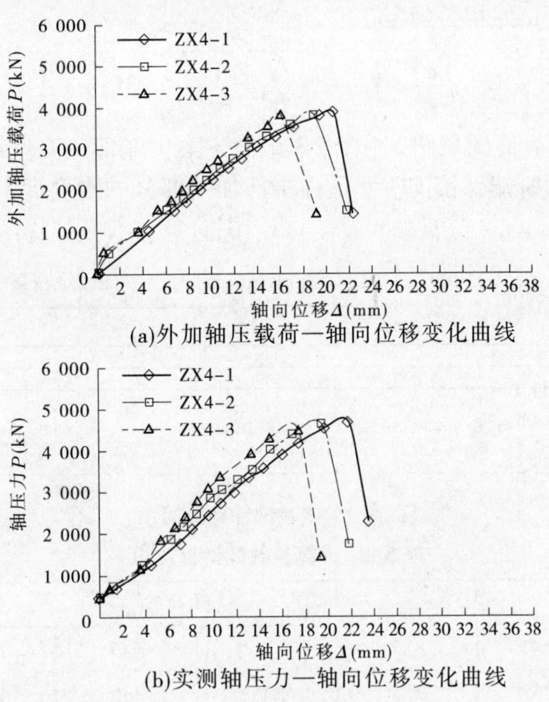

(a)外加轴压载荷—轴向位移变化曲线

(b)实测轴压力—轴向位移变化曲线

图 5-9　试件 ZX4 系列轴压力—轴向位移曲线

$$m_N = 0.75 + \frac{6\ 025}{(D_0/t)f} \tag{5-2}$$

(2)美国《杆规》第 5 章构件设计的 5.2.3 受压构件中 5.2.3.1 封闭截面轴压构件内容如下:

当 $KL/r \leqslant C_c$ 时,

$$F_a = F_y\left[1 - \left(\frac{\frac{KL}{r}}{C_c}\right)\right] \tag{5-3}$$

当 $KL/r > C_c$ 时,

$$F_a = \frac{\pi^2 E}{\left(\frac{KL}{r}\right)^2} \tag{5-4}$$

其中

$$C_c = \pi\sqrt{\frac{2E}{F_y}} \tag{5-5}$$

式中:F_a 为钢材允许抗压强度;F_y 为钢材规定最小屈服强度;E 为钢材弹性模量;L 为构件长度;r 为构件截面主控方向回转半径;K 为构件有效长度系数,其实质为中国规范中的计算长度系数。

5.2.2.2　试验临界承载力对比分析

1)试验试件有效计算长度确定

按照陈绍蕃教授的专著《钢结构稳定设计指南》(第 2 版)中 3.5 变截面压杆的计算

长度中计算长度系数 μ 的相关规定,令

$$\mu = \sqrt{\frac{a}{L} + \frac{L-a}{L} \cdot \frac{I_2}{I_1} - \frac{1}{\pi}\left(\frac{I_2}{I_1} - 1\right)\sin\frac{\pi a}{L}} \tag{5-6}$$

所有试验试件计算简图见图 5-10,考虑试验方案中端部铰支座影响长度 b 和试件端部加劲部分长度 c,同时端部铰支座和试件端部加劲部分的刚度远大于试件本身刚度,即近似处理:$L=l+2b$,$a=L-2(b+c)$,$I_2/I_1=1/10$,计算参数及计算结果见表 5-2。

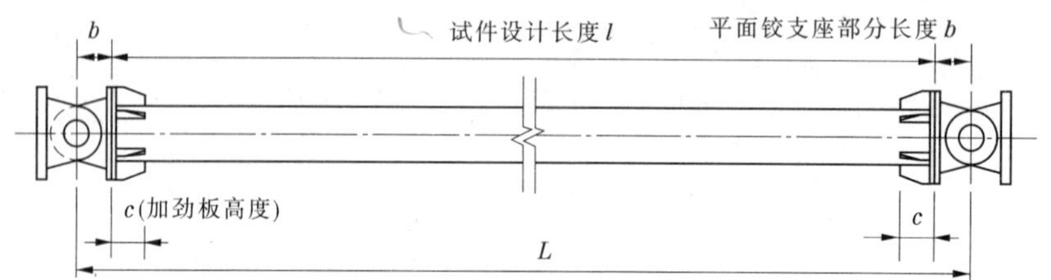

图 5-10　试验试件计算简图

表 5-2　计算参数及计算结果

计算参数	试件种类					
	ZX4	ZX5	ZX6	ZX7	ZX8	ZX9
b(mm)	235	235	235	235	235	235
c(mm)	220	220	220	220	220	220
a(mm)	455	455	455	455	455	455
l(mm)	3 420	4 220	5 020	4 720	5 770	6 820
L(mm)	3 890	4 690	5 490	5 190	6 240	7 290
μ	0.991	0.995	0.997	0.996	0.998	0.999
μL(mm)	3 854	4 665	5 472	5 170	6 226	7 280
λ	45.0	45.2	45.2	60.4	60.3	60.2

2)轴压构件稳定系数的取值

在对《塔规》轴压稳定承载力公式验证时,稳定系数采用第 4 章“逆算单元长度法”所得计算值。

3)临界承载力对比分析

根据上述计算长度的计算结果和稳定系数的取值,通过《塔规》和美国《杆规》进行轴压承载力计算,并与试验最大外加载荷和试验实测结果进行了对比,见表 5-3。

为了更清楚显示试验结果与相关规范公式计算值之间差异,将各试验试件相关轴压承载力比值进行对比分析,见图 5-11。图中承载力对比种类 1、2、3、4 分别代表试验最大外加载荷与试验实测结果的比值、试验实测结果与美国《杆规》公式计算值 Ⅰ 的比值、试验实测结果与《塔规》公式计算值 Ⅱ(不考虑残余应力)的比值、试验实测结果与《塔规》公式计算值 Ⅱ(考虑残余应力)的比值。

对图 5-11 进行对比分析发现:①所有试件试验最大外加载荷与试验实测结果相差极小;②所有试件试验轴压临界承载力均比美国《杆规》和我国《塔规》公式计算值大,且随着

表 5-3　试件轴压临界承载力对比分析

试件编号	外加载荷（kN）	实测结果（kN）	计算值Ⅰ（kN）	计算值Ⅱ（kN）	实测结果/计算值Ⅰ	实测结果/计算值Ⅱ	破坏类型
ZX9－1	4 548	4 456	4 300.89	3 614.50（3 469.79）	1.180	1.40(1.46)	整体失稳
ZX9－2	5 365	5 356	4 304.28		1.244	1.48(1.54)	
ZX9－3	5 122	5 076	4 225.94		1.054	1.23(1.28)	
ZX8－1	4 880	4 842	3 584.86	3 204.58（3 075.01）	1.207	1.35(1.41)	整体失稳
ZX8－2	4 867	4 845	3 747.17		1.293	1.51(1.58)	
ZX8－3	4 369	4 326	3 647.33		1.328	1.51(1.57)	
ZX7－1	3 603	3 597	3 026.75	2 691.10（2 581.12）	1.171	1.32(1.37)	整体失稳
ZX7－2	3 603	3 543	2 944.41		1.222	1.34(1.39)	
ZX7－3	1 318	—	—	—	—	—	异常
ZX6－1	5 391	5 338	5 258.79	4 821.97（4 662.28）	1.057	1.15(1.19)	整体失稳
ZX6－2	5 569	5 505	5 212.16		1.056	1.14(1.18)	
ZX6－3	5 646	5 560	5 113.69		1.044	1.11(1.14)	
ZX5－1	4 625	4 572	4 392.70	4 260.44（4 119.21）	1.056	1.09(1.13)	整体失稳
ZX5－2	4 778	4 763	4 406.59		1.081	1.12(1.16)	
ZX5－3	4 650	4 641	4 414.59		1.036	1.07(1.11)	
ZX4－1	3 935	3 918	3 666.40	3 560.63（3 442.36）	1.037	1.07(1.11)	整体失稳
ZX4－2	3 858	3 856	3 620.74		1.065	1.08(1.12)	
ZX4－3	3 858	3 804	3 612.91		1.085	1.10(1.14)	

注：1. 表中计算值Ⅰ为美国《杆规》计算值，计算值Ⅱ为中国《塔规》计算值（非括号值为稳定系数取值，不考虑残余应力；而括号内值为稳定系数取值，考虑残余应力）。

2. 表中实测结果与计算值Ⅱ比值列，非括号值为稳定系数取值，不考虑残余应力；括号内值为稳定系数取值，考虑残余应力。

长细比的增加，差值越大，其中美国《杆规》公式计算值更接近试验实测值，而《塔规》公式计算值相对偏小，验证了《塔规》轴压稳定承载力设计公式用于指导 Q690 钢管工程设计的可行性；③对于径厚比较小的试件，《塔规》设计公式（$m_N = 1.0$）可以简化为《钢规》轴压构件承载力设计公式；④《塔规》稳定承载力考虑残余应力和不考虑残余应力的计算结果，相差 3.4% ~4.2%，残余应力的影响较小。

5.2.3　试件轴压试验破坏模态

试验中所有轴心受压试件在发生失稳破坏之前，弯曲程度不明显；试验中考虑试件自重的影响，将铰支座转动定在竖向平面内，使得所有试件发生向上或向下失稳弯曲；当试件发生整体失稳时，应变片实测数据反映试件处于弹性状态，即试件发生弹性整体失稳，各试件失稳破坏模态见图 5-12 ~图 5-17。

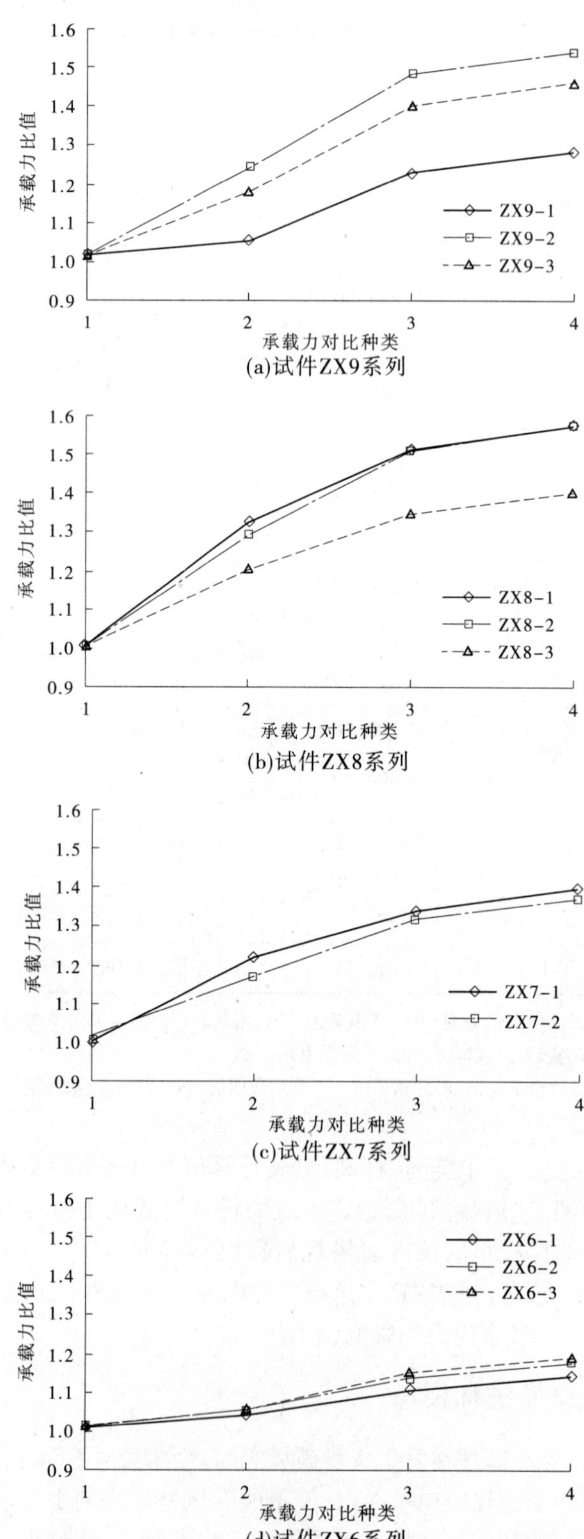

图 5-11　试验试件临界承载力与设计公式计算值比值对比

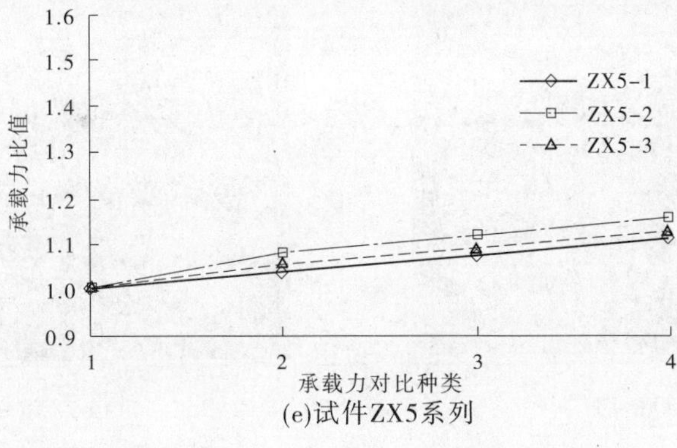

(e)试件ZX5系列

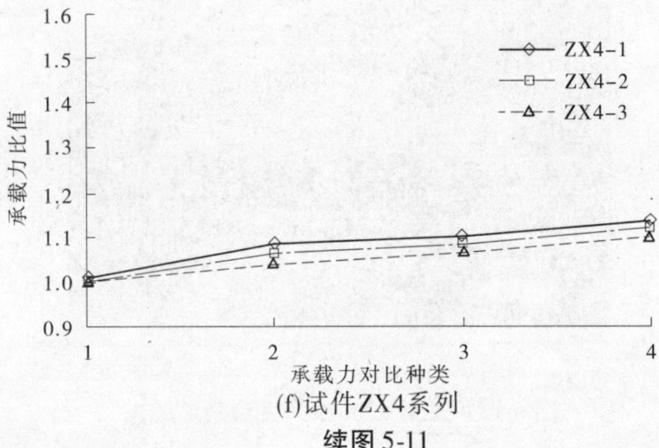

(f)试件ZX4系列

续图 5-11

(a)ZX9－1

(b)ZX9－2

(c)ZX9－3

图 5-12　试件 ZX9 系列失稳破坏模态

(a) ZX8 - 1

(b) ZX8 - 2

(c) ZX8 - 3

图 5-13　试件 ZX8 系列失稳破坏模态

(a) ZX7 - 1

(b) ZX7 - 2

(c) ZX7 - 3

图 5-14　试件 ZX7 系列失稳破坏模态

(a)ZX6－1

(b)ZX6－2

(c)ZX6－3

图 5-15　试件 ZX6 系列失稳破坏模态

(a)ZX5－1

(b)ZX5－2

(c)ZX5－3

图 5-16　试件 ZX5 系列失稳破坏模态

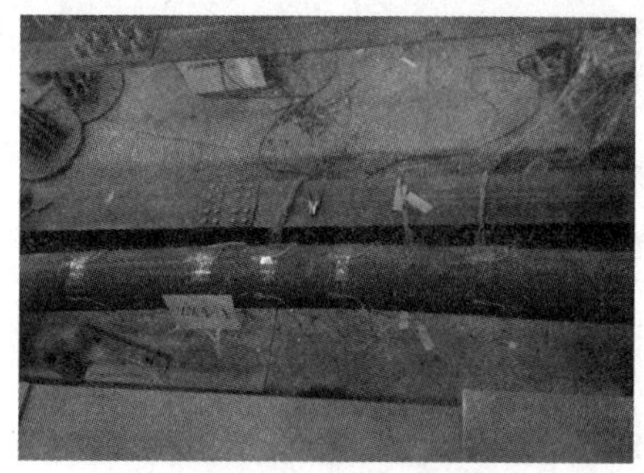

(a)ZX4 - 1

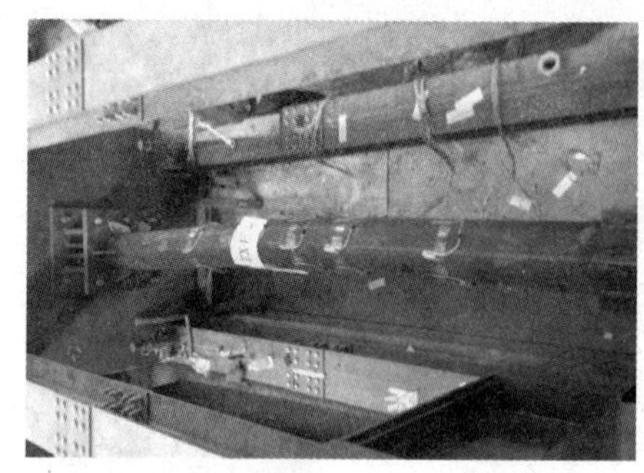

(b)ZX4 - 2

(c)ZX4 - 3

图 5-17　试件 ZX4 系列失稳破坏模态

5.3　本章小结

本章重点对 $\phi250\times8$、$\phi300\times8$、$\phi350\times8$ 三种截面形式，长细比为 60 和 45 的 Q690 钢管 6 组 18 根试件进行轴压承载力性能试验研究，通过对试验现象和测试数据进行分析，可以得出以下结论与建议：

(1)所有试件试验外加轴压载荷与试验实测临界承载力结果相差极小；整体失稳破坏前弯曲变形不明显，基本维持直线，失稳破坏瞬时发生，随后试件轴压承载力急剧下降。

(2)通过轴压临界承载力对比分析发现：所有试件试验实测结果均比《塔规》和美国《杆规》轴压承载力公式计算值大，且随着长细比的增加，差值越大，其中美国《杆规》公式计算值更接近试验实测值，而《塔规》公式计算值相对偏小，验证了《塔规》轴压稳定承载力设计公式用于指导 Q690 钢管工程设计的可行性。

(3)对于径厚比较小的试件，《塔规》稳定承载力计算公式可以简化成《钢规》稳定承载力计算公式。

(4)《塔规》稳定承载力考虑残余应力和不考虑残余应力的计算结果，相差 3.4% ~ 4.2%，残余应力的影响较小。

(5)应变片实测数据反映所有试件失稳时钢材处于弹性，即所有试件均发生弹性整体失稳。

第 6 章　Q690 钢管轴压性能有限元分析

钢管试件稳定性计算较为复杂,涉及因素较多,主要在于薄壁钢管构件对初始缺陷较为敏感。初始缺陷包括构件加工工艺、运输安放与施工过程中产生的几何缺陷(整体初弯曲、初偏心与截面初偏心等)和力学缺陷(初始残余应力和施工荷载不对中)。薄壳结构作为对缺陷敏感的结构,其极限承载力通常因初始缺陷的存在而降低,造成实际结构的极限承载力往往达不到理想完善结构分析得到的结果。工程设计中一般采用加大安全系数来保证结构的安全;当采用非线性有限元分析时,对于带有初始缺陷的结构或构件主要采用设定初始缺陷的分布模式和大小加以考虑。

ABAQUS 是一套基于有限元理论、功能强大的大型通用工程模拟软件,可解决从相对简单的线性分析到富有挑战性的非线性模拟问题。ABAQUS 不仅具备十分丰富、可模拟任意形状的单元库,而且拥有对应各种类型材料模型库,可模拟大多数典型工程材料的性能,其中包括金属、橡胶、高分子材料、复合材料、钢筋混凝土、可压缩弹性泡沫材料和岩石与土质材料。作为通用模拟分析软件,ABAQUS 不仅能解决结构分析中力与变形问题,还能模拟分析其他各领域相关问题,如热传导、质量扩散、电子元器件的热控制(热—电耦合分析)、声学分析、土壤力学分析(渗流—应力耦合分析)和压电介质力学分析等。

ABAQUS 软件功能广泛、使用简明、易于建模。在非线性分析中,只需赋予结构几何形状和边界条件(即几何模型)、材料性能(即材料本构)和作用荷载工况就可以进行分析。同时,ABAQUS 软件具有自动选择合适的荷载增量和收敛精度功能,在分析过程中不断调整参数保证有效寻求高精度结果。由于本项目研究的构件稳定属于结构非线性问题,因此采用 ABAQUS 进行非线性屈曲分析是较好的选择。

6.1　有限元分析模型

6.1.1　有限元模型建立

6.1.1.1　试件几何模型

试件几何模型包括两部分:①模拟试验的试件尺寸按表 5-2 取值;②圆钢管主体部分采用 4 节点双曲壳单元,加载与固定边界使用的超强钢板采用 8 节点线性实体单元。

6.1.1.2　试件尺寸和材性取值

试件材料模型包括:①圆钢管管材相关参数按照试验测试计算结果,弹性模量和屈服强度见表 6-1(注:表中数据按照试件外施加轴压载荷过程中材料处于弹性状态,所有应变片测试数据平均值计算所得),Q690 高强钢材取双折线弹塑性本构模型(有限元软件模拟中对理想弹塑性本构的处理方式);②构件端部超强钢板为消除其在荷载作用下产生的变形对主体钢管计算结果的影响,将刚性板弹性模量设为 $2.06\times10^{10}\ \mathrm{N/mm^2}$,这样在计算荷载作用下,由于其变形很小,对主体钢管计算结果影响可以忽略不计。

表 6-1　钢材弹性模量 E 和条件屈服点 f_y 取值

试件编号	$E(\times10^5\ N/mm^2)$	$f_y(N/mm^2)$	试件编号	$E(\times10^5\ N/mm^2)$	$f_y(N/mm^2)$
ZX4 – 1	1.888	745	ZX7 – 1	1.965	745
ZX4 – 2	1.904		ZX7 – 2	2.073	
ZX4 – 3	2.004		ZX8 – 1	2.060	
ZX5 – 1	2.000		ZX8 – 2	2.180	
ZX5 – 2	1.985		ZX8 – 3	1.992	
ZX5 – 3	1.959		ZX9 – 1	2.011	
ZX6 – 1	1.918		ZX9 – 2	2.086	
ZX6 – 2	2.076		ZX9 – 3	2.082	
ZX6 – 3	2.161				

6.1.1.3　模型边界条件和加载方式

(1)边界约束条件:对应试验固定端,将钢板上过钢管圆心的主线上点约束所有位移和绕转轴之外的两个转动;对应轴压力加载端,将钢板上过钢管圆心的主线上点约束除试件轴向位移外的两个位移和绕转轴之外的两个转动。

(2)加载方式:在对应轴压力加载端主线上对应钢管圆心点采用位移加载模式。

试件有限元分析模型见图 6-1。

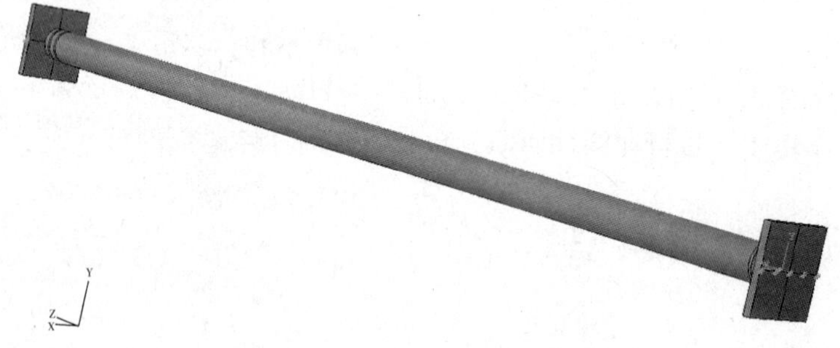

图 6-1　试件有限元分析模型

6.1.2　初始缺陷

(1)整体几何缺陷取值:所有试验试件均引入千分之一倍构件长度作为构件整体初始弯曲幅值。

(2)局部几何缺陷取值:由于国内规范对钢管构件初始几何缺陷允许误差规定的数值均与钢管径厚比没有直接联系,为此按照 AISC 规范关于圆柱壳几何缺陷幅值的规定对所有试件引入了局部几何缺陷,以便考虑实际工程中,随圆柱壳径厚比增大,局部几何缺陷也随之增大。局部初始几何缺陷规定如下:

$$\frac{\bar{\omega}}{t}=\frac{1}{16.5}\sqrt{\frac{r}{t}}$$

式中：$\bar{\omega}$ 为局部初始缺陷幅值；t 为钢管壁厚；r 为钢管外半径。

试件端部连接刚度变化大，受力过程中应力集中现象明显，在此区域附近设置局部几何缺陷更为不利，有限元模拟结果更可靠。为此本书引入局部几何缺陷模式，见图 6-2，幅值计算结果见表 6-2。

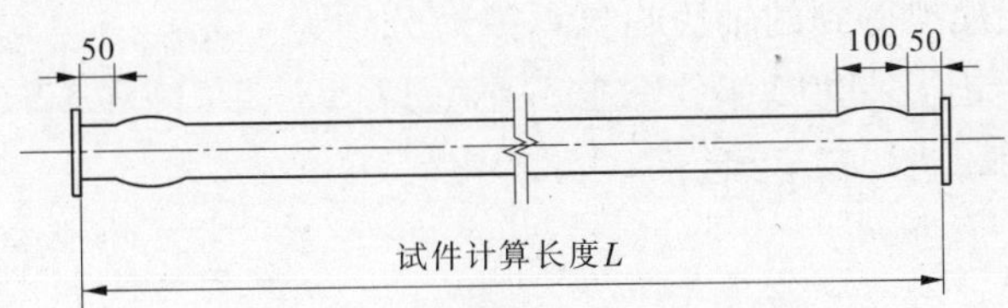

图 6-2　试件局部几何缺陷模式

表 6-2　局部几何缺陷幅值计算结果

试件种类	未试验试件			试验试件					
	ZX1	ZX2	ZX3	ZX4	ZX5	ZX6	ZX7	ZX8	ZX9
r(mm)	125	150	175	125	150	175	121	146	171
t(mm)	8	8	8	8	8	8	8	8	8
$\bar{\omega}$(mm)	1.917	2.099	2.268	1.917	2.099	2.268	1.917	2.099	2.268

(3)初始残余应力分布模式：选取第 3 章得出的初始残余应力分布模式，见图 6-3。

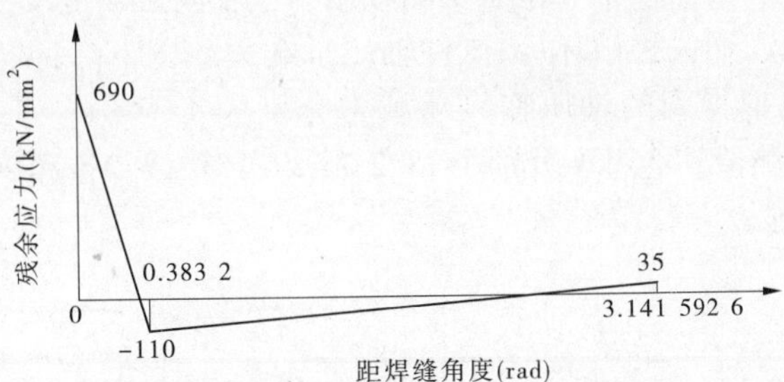

图 6-3　试件轴向残余应力分布模式(半圆)

6.2　轴压试验试件轴压性能模拟结果分析

针对试验的 6 组 17 根钢管试件，由于引入的初始缺陷不同而考虑了四种工况：Ⅰ整体几何缺陷、Ⅱ整体几何缺陷 + 初始残余应力、Ⅲ整体几何缺陷 + 局部几何缺陷、Ⅳ整体几何缺陷 + 局部几何缺陷 + 初始残余应力，进行了有限元数值模拟，根据数值模拟结果加以分析。

6.2.1 轴压力与轴向位移关系

6.2.1.1 试件 ZX9 系列($\lambda=60,\phi350\times8$)

试件 ZX9 - 1 有限元模拟与试验实测轴压力—轴向位移曲线见图 6-4,图中可知试件加载至失稳破坏之前,数值模拟和试验实测轴压力—轴向位移均呈线性关系,反映试件加载过程中基本维持直线,而失稳破坏后,试件轴压承载力急剧下降;试件在Ⅰ、Ⅱ、Ⅲ和Ⅳ缺陷工况下,有限元模拟得到的轴压临界承载力分别为 4 229 kN、3 677 kN、4 230 kN 和 3 677 kN,比试验实测值 4 456 kN 分别小 5.1%、17.5%、5.1% 和 17.5%,差异分析反映出残余应力影响明显。

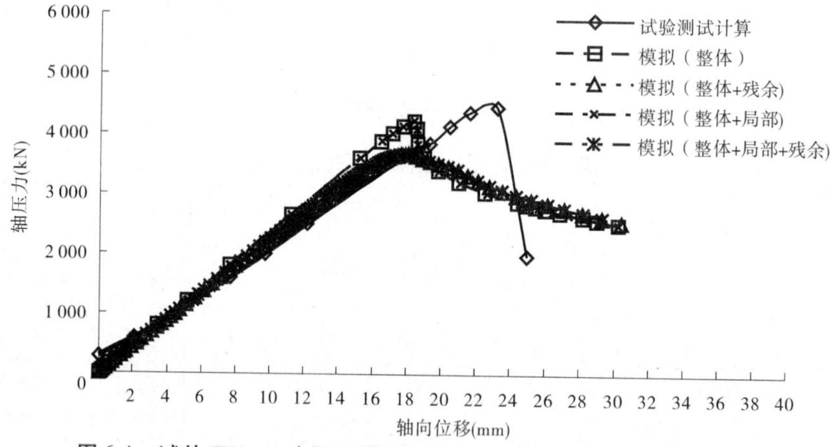

图 6-4 试件 ZX9 - 1 有限元模拟与试验实测轴压力—轴向位移曲线

试件 ZX9 - 2 有限元模拟与试验实测轴压力—轴向位移曲线见图 6-5,图中可知试件加载至失稳破坏之前,数值模拟和试验实测轴压力—轴向位移呈线性关系,反映试件加载过程中基本维持直线,而失稳破坏后,试件轴压承载力急剧下降;试件在Ⅰ、Ⅱ、Ⅲ和Ⅳ缺陷工况下,有限元模拟得到的轴压临界承载力分别为 4 380 kN、3 784 kN、4 380 kN 和 3 785 kN,比试验实测值5 356 kN 分别小 18.2%、29.4%、18.2% 和 29.3%,差异分析反映出残余应力影响明显。

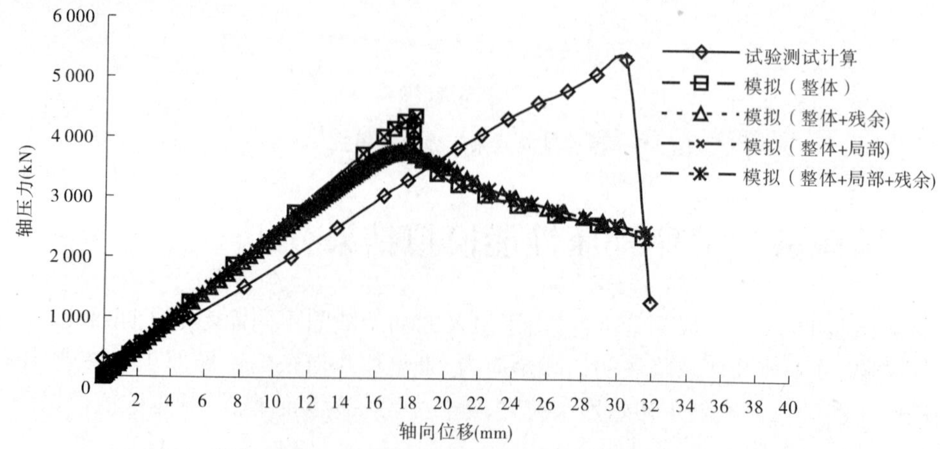

图 6-5 试件 ZX9 - 2 有限元模拟与试验实测轴压力—轴向位移曲线

试件 ZX9－3 有限元模拟与试验实测轴压力—轴向位移曲线见图 6-6,图中可知试件加载至失稳破坏之前,数值模拟和试验实测轴压力—轴向位移呈线性关系,反映试件加载过程中基本维持直线,而失稳破坏发生后,试件轴压承载力急剧下降;试件在Ⅰ、Ⅱ、Ⅲ和Ⅳ缺陷工况下,有限元模拟得到的轴压临界承载力分别为 4 374 kN、3 780 kN、4 374 kN 和 3 781 kN,比试验实测值 5 076 kN 分别小 13.8%、25.5%、13.8% 和 25.5%,差异分析反映出残余应力影响明显。

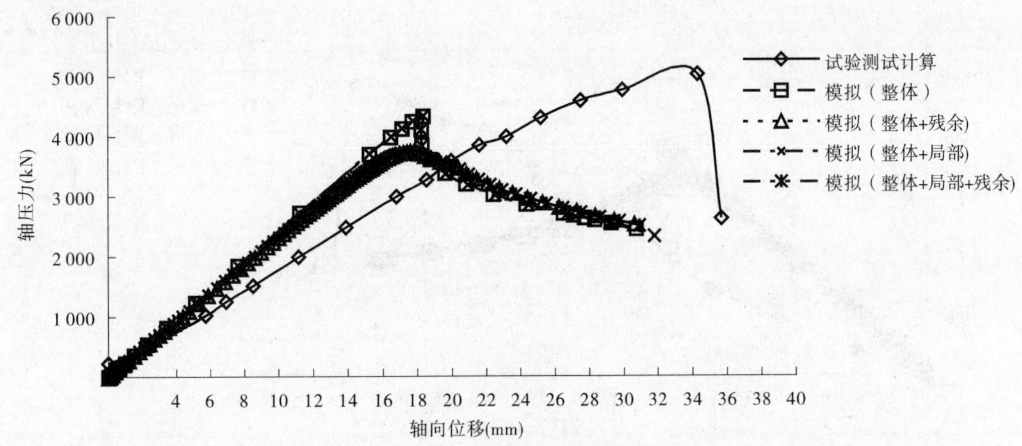

图 6-6　试件 ZX9－3 有限元模拟与试验实测轴压力—轴向位移曲线

6.2.1.2　试件 ZX8 系列($\lambda=60,\phi300\times8$)

试件 ZX8－1 有限元模拟与试验实测轴压力—轴向位移曲线见图 6-7,图中可知试件加载至失稳破坏之前,数值模拟和试验实测轴压力—轴向位移呈线性关系,反映试件加载过程中基本维持直线,而失稳破坏发生后,试件轴压承载力急剧下降;试件在Ⅰ、Ⅱ、Ⅲ和Ⅳ缺陷工况下,有限元模拟得到的轴压临界承载力分别为 3 605 kN、3 601 kN、3 607 kN 和 3 292 kN,比试验实测值 4 842 kN 分别小 25.5%、25.6%、25.5% 和 32.0%,差异分析反映出局部几何缺陷和残余应力影响极小,但共同作用影响明显增大。

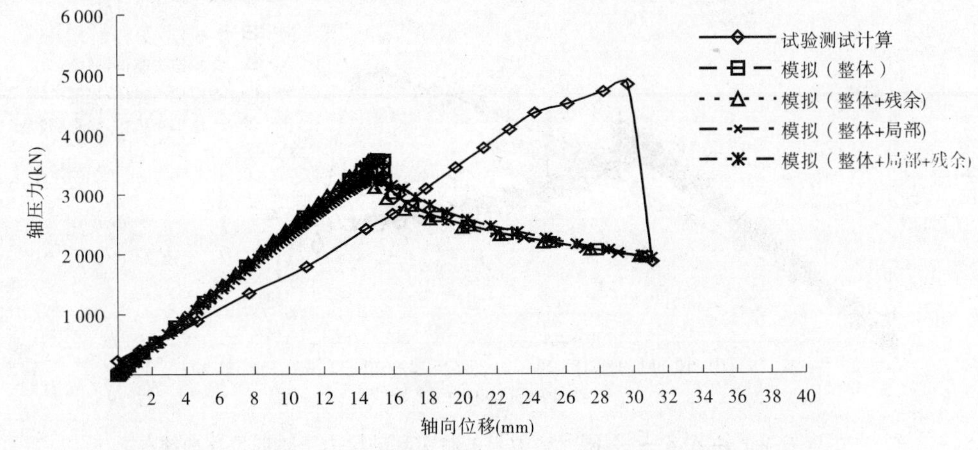

图 6-7　试件 ZX8－1 有限元模拟与试验实测轴压力—轴向位移曲线

试件 ZX8 –2 有限元模拟与试验实测轴压力—轴向位移曲线见图 6-8,图中可知试件加载至失稳破坏之前,数值模拟和试验实测轴压力—轴向位移呈线性关系,反映试件加载过程中基本维持直线,而失稳破坏发生后,试件轴压承载力急剧下降;试件在Ⅰ、Ⅱ、Ⅲ和Ⅳ缺陷工况下,有限元模拟得到的轴压临界承载力分别为 3 814 kN、3 747 kN、3 816 kN 和 3 435 kN,比试验实测值 4 845 kN 分别小 21.3%、22.7%、21.2% 和 29.1%,差异分析反映出局部几何缺陷和残余应力影响极小,但共同作用影响明显增大。

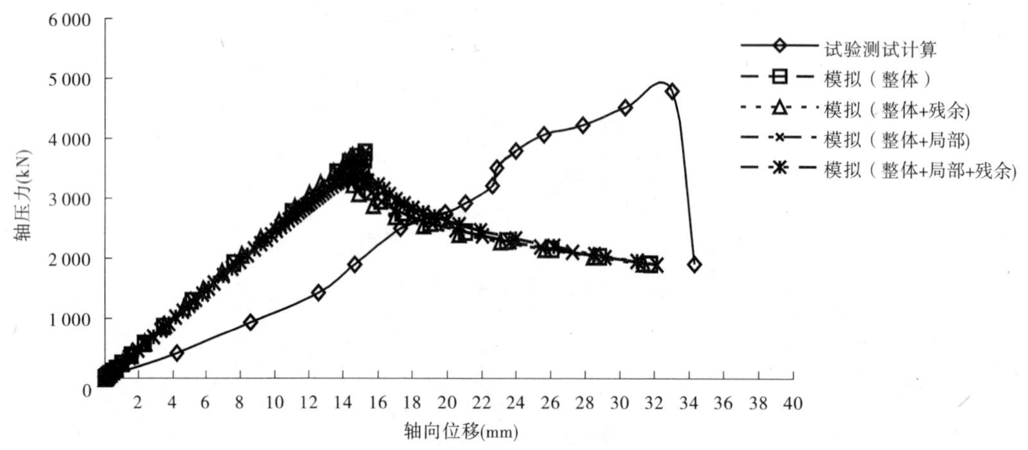

图 6-8　试件 ZX8 –2 有限元模拟与试验实测轴压力—轴向位移曲线

试件 ZX8 –3 有限元模拟与试验实测轴压力—轴向位移曲线见图 6-9,图中可知试件加载至失稳破坏之前,数值模拟和试验实测轴压力—轴向位移呈线性关系,反映试件加载过程中基本维持直线,而失稳破坏发生后,试件轴压承载力急剧下降;试件在Ⅰ、Ⅱ、Ⅲ和Ⅳ缺陷工况下,有限元模拟得到的轴压临界承载力分别为 3 527 kN、3 540 kN、3 525 kN 和 3 205 kN,比试验实测值 4 326 kN 分别小 18.5%、18.2%、18.5% 和 25.9%,差异分析反映出局部几何缺陷和残余应力影响极小,但共同作用影响明显增大。

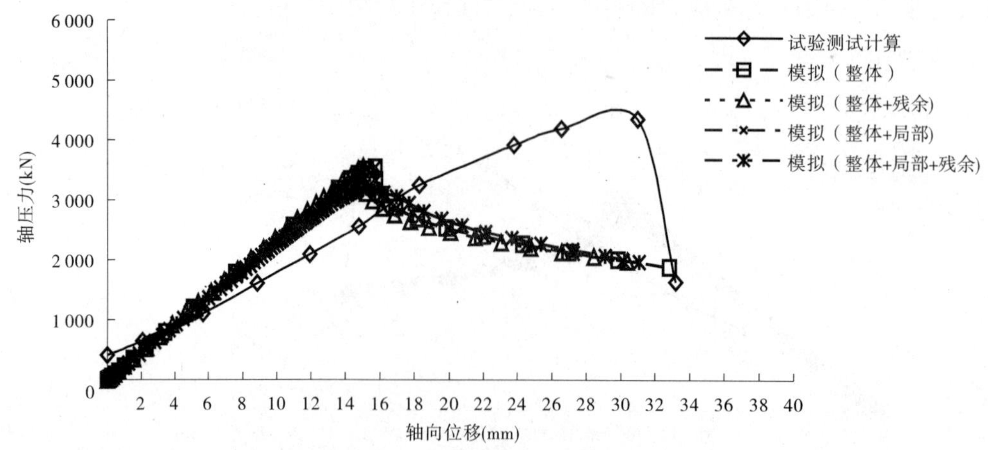

图 6-9　试件 ZX8 –3 有限元模拟与试验实测轴压力—轴向位移曲线

6.2.1.3　试件 ZX7 系列($\lambda = 60, \phi 250 \times 8$)

试件 ZX7 - 1 有限元模拟与试验实测轴压力—轴向位移曲线见图 6-10,图中可知试件加载至失稳破坏之前,数值模拟和试验实测轴压力—轴向位移呈线性关系,反映试件加载过程中基本维持直线,而失稳破坏发生后,试件轴压承载力急剧下降;试件在Ⅰ、Ⅱ、Ⅲ和Ⅳ缺陷工况下,有限元模拟得到的轴压临界承载力分别为 2 809 kN、2 640 kN、2 806 kN 和 2 635 kN,比试验实测值 3 597 kN 分别小 21.9%、26.6%、22.0%和 26.7%,差异分析反映出残余应力较局部几何缺陷影响大。

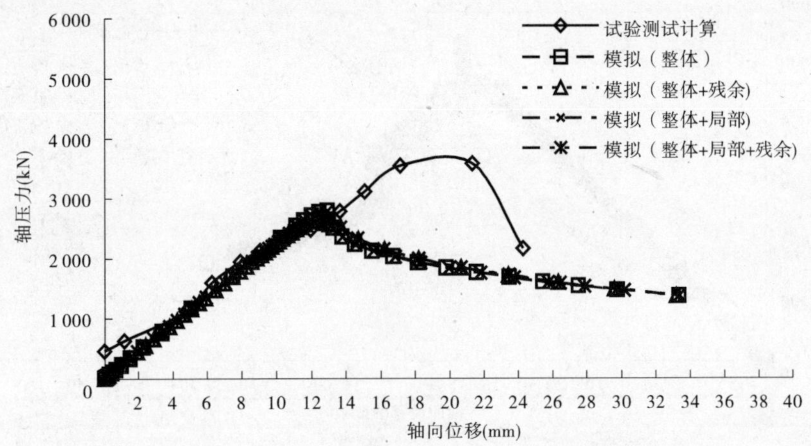

图 6-10　试件 ZX7 - 1 有限元模拟与试验实测轴压力—轴向位移曲线

试件 ZX7 - 2 有限元模拟与试验实测轴压力—轴向位移曲线见图 6-11,图中可知试件加载至失稳破坏之前,数值模拟与试验实测轴压力—轴向位移呈线性关系,反映试件加载过程中基本维持直线,而失稳破坏发生后,试件轴压承载力急剧下降;试件在Ⅰ、Ⅱ、Ⅲ和Ⅳ缺陷工况下,有限元模拟得到的轴压临界承载力分别为 2 945 kN、2 756 kN、2 947 kN 和 2 755 kN,比试验实测值 3 543 kN 分别小 16.9%、22.2%、16.8%和 22.2%,差异分析反映出残余应力较局部几何缺陷影响大。

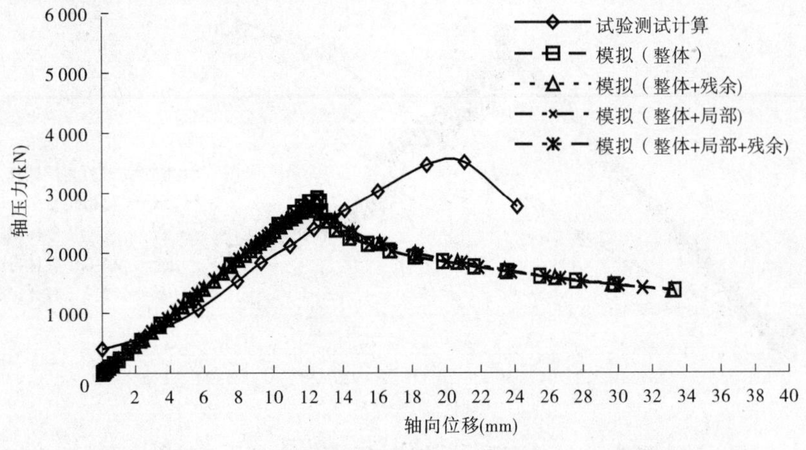

图 6-11　试件 ZX7 - 2 有限元的模拟与试验实测轴压力—轴向位移曲线

6.2.1.4　试件 ZX6 系列($\lambda = 45, \phi 350 \times 8$)

试件 ZX6－1 有限元模拟与试验实测轴压力—轴向位移曲线见图 6-12,图中可知试件加载至失稳破坏之前,数值模拟与试验实测轴压力—轴向位移呈线性关系,反映试件加载过程中基本维持直线,而失稳破坏发生后,试件轴压承载力急剧下降;试件在Ⅰ、Ⅱ、Ⅲ和Ⅳ缺陷工况下,有限元模拟得到的轴压临界承载力分别为 5 302 kN、4 711 kN、5 303 kN 和 4 712 kN,比试验实测值 5 338 kN 分别小 0.7%、11.7%、0.7% 和 11.7%,差异分析反映残余应力影响明显。

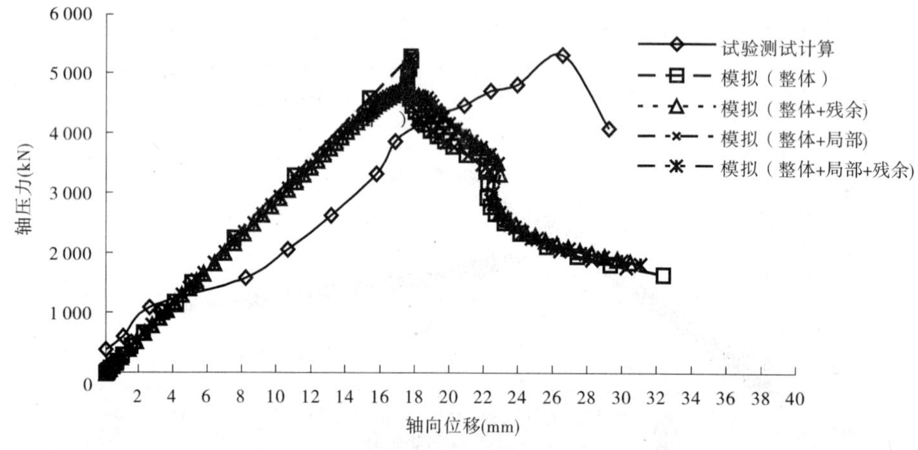

图 6-12　试件 ZX6－1 有限元模拟与试验实测轴压力—轴向位移曲线

试件 ZX6－2 有限元模拟与试验实测轴压力—轴向位移曲线见图 6-13,图中可知试件加载至失稳破坏之前,数值模拟与试验实测轴压力—轴向位移呈线性关系,反映试件加载过程中基本维持直线,而失稳破坏发生后,试件轴压承载力急剧下降;试件在Ⅰ、Ⅱ、Ⅲ和Ⅳ缺陷工况下,有限元模拟得到的轴压临界承载力分别为 5 409 kN、4 864 kN、5 408 kN 和4 864 kN,比试验实测值 5 505 kN 分别小 1.7%、11.6%、1.8% 和 11.6%,差异分析反映残余应力影响明显。

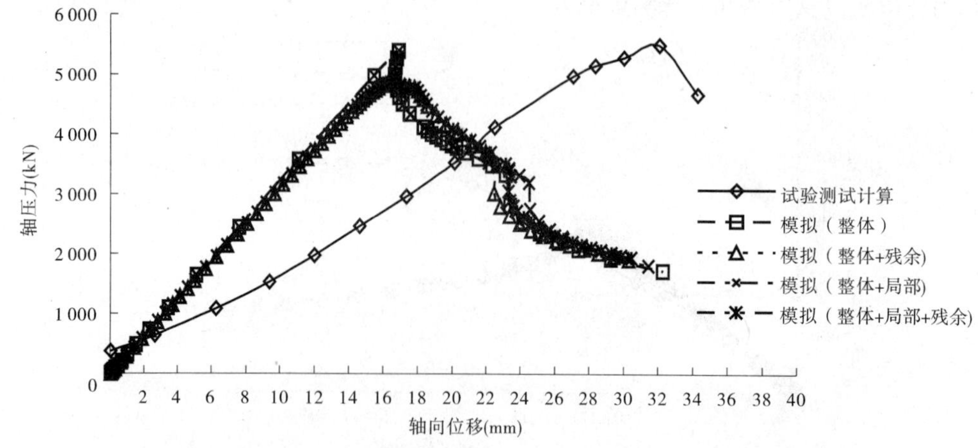

图 6-13　试件 ZX6－2 有限元模拟与试验实测轴压力—轴向位移曲线

试件 ZX6－3 有限元模拟与试验实测轴压力—轴向位移曲线见图 6-14,图中可知试件加载至失稳破坏之前,数值模拟与试验实测轴压力—轴向位移呈线性关系,反映试件加载过程中基本维持直线,而失稳破坏发生后,试件轴压承载力急剧下降;试件在Ⅰ、Ⅱ、Ⅲ和Ⅳ缺陷工况下,有限元模拟得到的轴压临界承载力分别为 5 376 kN、4 935 kN、5 483 kN 和 4 935 kN,比试验实测值 5 560 kN 分别小 3.3%、11.2%、1.4% 和 11.2%,差异分析反映残余应力影响明显。

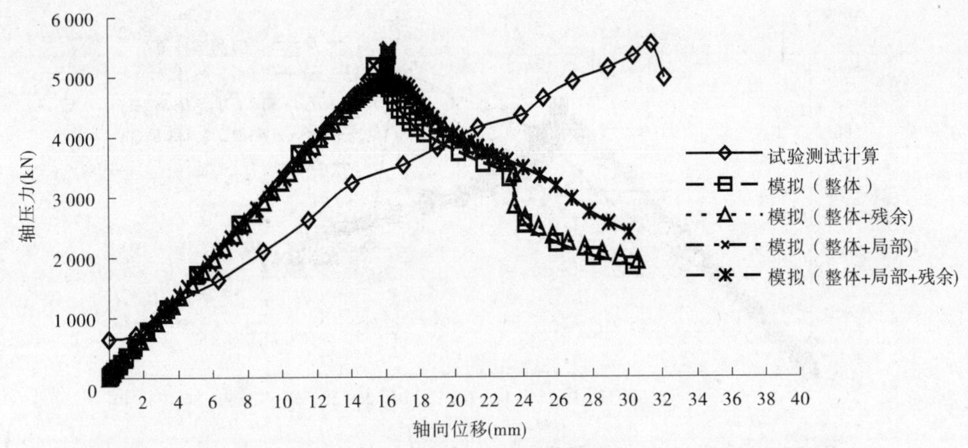

图 6-14　试件 ZX6－3 有限元模拟与试验实测轴压力—轴向位移曲线

6.2.1.5　试件 ZX5 系列($\lambda=45,\phi300\times8$)

试件 ZX5－1 有限元模拟与试验实测轴压力—轴向位移曲线见图 6-15,图中可知试件加载至失稳破坏之前,数值模拟与试验实测轴压力—轴向位移呈线性关系,反映试件加载过程中基本维持直线,而失稳破坏发生后,试件轴压承载力急剧下降;试件在Ⅰ、Ⅱ、Ⅲ和Ⅳ缺陷工况下,有限元模拟得到的轴压临界承载力分别为 4 498 kN、4 159 kN、4 509 kN 和 4 165 kN,比试验实测值 4 572 kN 分别小 1.6%、9.0%、1.4% 和 8.9%,差异分析反映残余应力影响明显。

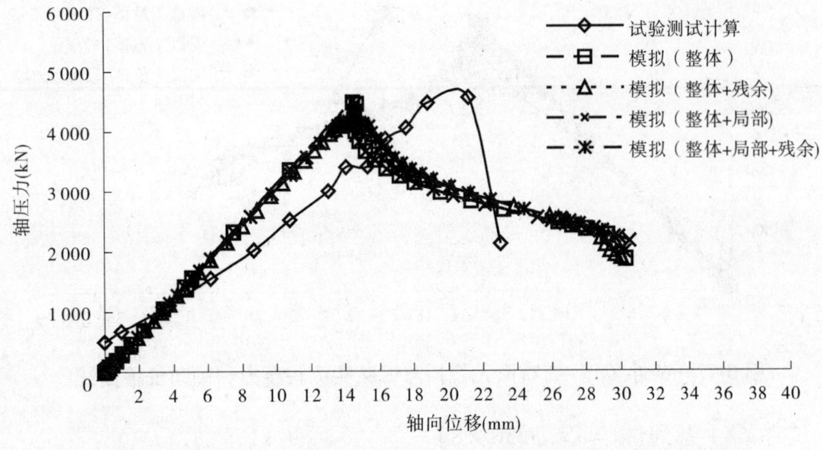

图 6-15　试件 ZX5－1 有限元模拟与试验实测轴压力—轴向位移曲线

试件 ZX5－2 有限元模拟与试验实测轴压力—轴向位移曲线见图 6-16，图中可知试件加载至失稳破坏之前，数值模拟与试验实测轴压力—轴向位移呈线性关系，反映试件加载过程中基本维持直线，而失稳破坏发生后，试件轴压承载力急剧下降；试件在Ⅰ、Ⅱ、Ⅲ和Ⅳ缺陷工况下，有限元模拟得到的轴压临界承载力分别为 4 482 kN、4 154 kN、4 492 kN 和4 154 kN，比试验实测值 4 763 kN 分别小 5.9%、12.8%、5.7% 和 12.8%，差异分析反映残余应力影响大。

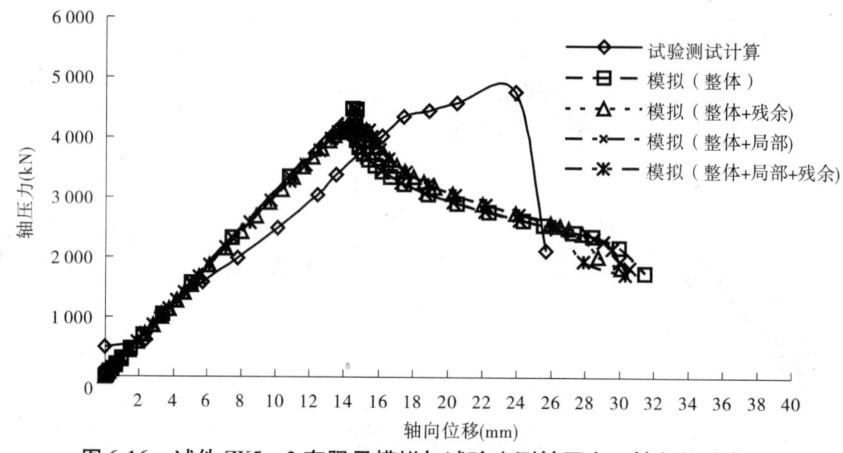

图 6-16　试件 ZX5－2 有限元模拟与试验实测轴压力—轴向位移曲线

试件 ZX5－3 有限元模拟与试验实测轴压力—轴向位移曲线见图 6-17，图中可知试件加载至失稳破坏之前，数值模拟与试验实测轴压力—轴向变形呈线性关系，反映试件加载过程中基本维持直线，而失稳破坏发生后，试件轴压承载力急剧下降；试件在Ⅰ、Ⅱ、Ⅲ和Ⅳ缺陷工况下，有限元模拟得到的轴压临界承载力分别为 4 473 kN、4 134 kN、4 469 kN 和 4 134 kN，比试验实测值 4 641 kN 分别小 3.6%、10.9%、3.7% 和 10.9%，差异分析反映残余应力影响最大。

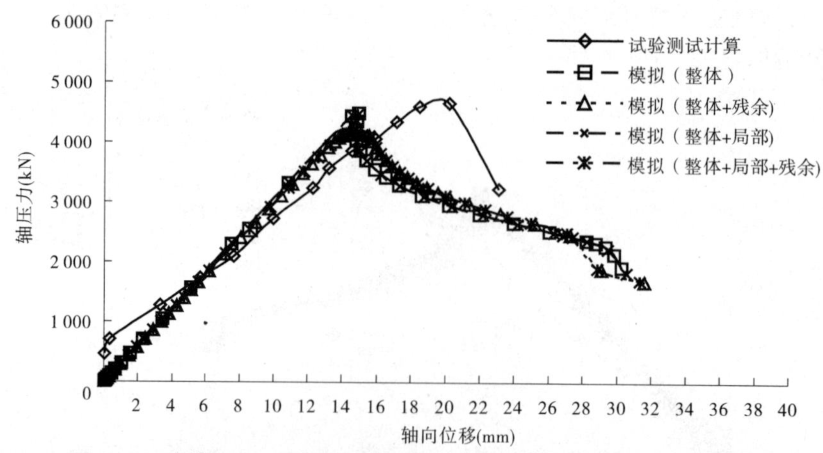

图 6-17　试件 ZX5－3 有限元模拟与试验实测轴压力—轴向位移曲线

6.2.1.6　试件 ZX4 系列（$\lambda=45, \phi 250\times 8$）

试件 ZX4－1 有限元模拟与试验实测轴压力—轴向位移曲线见图 6-18，图中可知试件加载至失稳破坏之前,数值模拟与试验实测轴压力—轴向位移呈线性关系,反映加载过程中基本维持直线,而失稳破坏发生后,试件轴压承载力急剧下降;试件数值模拟轴压刚度较试验结果大,且差异幅度较明显;试件在Ⅰ、Ⅱ、Ⅲ和Ⅳ缺陷工况下,有限元模拟得到的轴压临界承载力分别为 3 689 kN、3 398 kN、3 658 kN 和 3 398 kN,比试验实测值3 918 kN 分别小 5.8%、13.3%、6.6%和 13.3%,差异分析反映残余应力影响大。

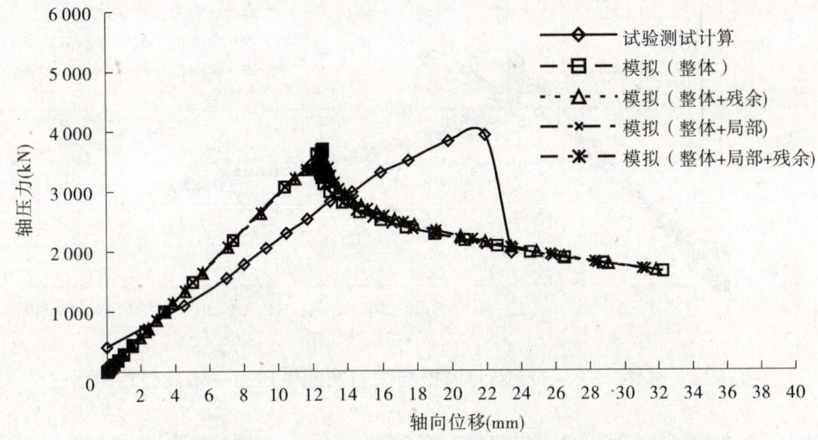

图 6-18　试件 ZX4－1 有限元模拟与试验实测轴压力—轴向位移曲线

试件 ZX4－2 有限元模拟与试验实测轴压力—轴向位移曲线见图 6-19,图中可知试件加载至失稳破坏之前,数值模拟与试验实测轴压力—轴向位移呈线性关系,反映加载过程中基本维持直线,而失稳破坏发生后,试件轴压承载力急剧下降;试件数值模拟轴压刚度较试验结果大,且差异幅度不大;试件在Ⅰ、Ⅱ、Ⅲ和Ⅳ缺陷工况下,有限元模拟得到的轴压临界承载力分别为 3 667 kN、3 411 kN、3 649 kN 和 3 410 kN,比试验实测值 3 856 kN 分别小 4.9%、11.5%、5.4%和 11.6%,差异分析反映残余应力影响大。

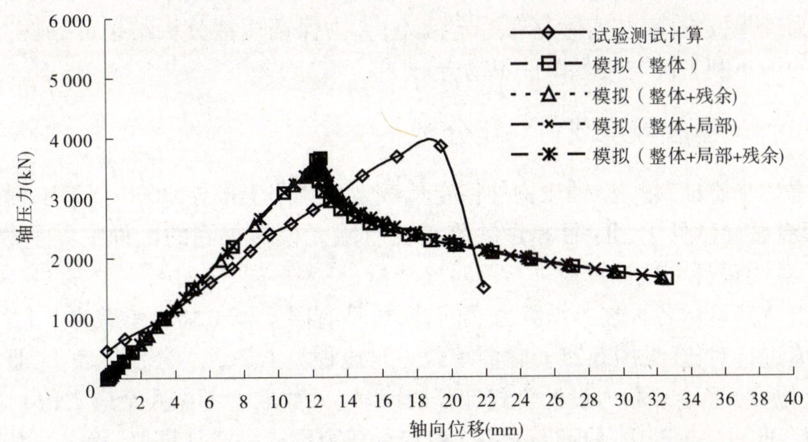

图 6-19　试件 ZX4－2 有限元模拟与试验实测轴压力—轴向位移曲线

试件 ZX4－3 有限元模拟与试验实测轴压力—轴向位移曲线见图 6-20,图中可知试件加载至失稳破坏之前,数值模拟与试验实测轴压力—轴向位移呈线性关系,反映加载过程中基本维持直线,而失稳破坏发生后,试件轴压承载力急剧下降;试件在Ⅰ、Ⅱ、Ⅲ和Ⅳ

缺陷工况下,有限元模拟得到的轴压临界承载力分别为 3 754 kN、3 490 kN、3 756 kN 和 3 490 kN,比试验实测值 3 804 kN 分别小 1. 3%、8. 3%、1. 3% 和 8. 3%,差异分析反映残余应力影响最明显。

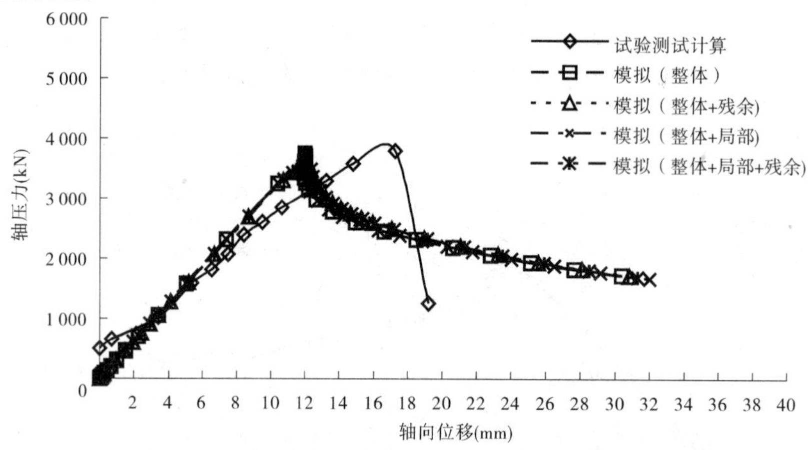

图 6-20　试件 ZX4 - 3 有限元模拟与试验实测轴压力—轴向位移曲线

综合以上所有试件有限元模拟与试验实测轴压力—轴向位移曲线对比分析,得出以下结论和建议:

(1)有限元模型所有引入缺陷工况中,长细比越大,工况Ⅰ所占差异比重越大;随着长细比的减小,工况Ⅰ所占差异比重减小,残余应力缺陷影响所占比重增大;局部几何缺陷影响随径厚比增大,作用有所体现,但不明显,原因在于所有限元模拟试件长细比均为 60、45 的构件。

(2)所有试件有限元模拟轴压临界承载力随长细比增大,与实测结果差异越明显。经分析认为差异原因在于:①等效计算长度计算过程中,提取的简化计算模型考虑实际铰支座转轴为理想铰支座,与实际存在一定偏差;②为保证模拟分析结果可靠性,人为设置初始缺陷的最不利工况与实际试件不吻合。

6. 2. 2　试件轴压临界承载力对比分析

为了进一步验证《塔规》轴压构件稳定承载力公式用于指导 Q690 钢管工程设计的可行性,对所有试验试件Ⅰ、Ⅱ、Ⅲ和Ⅳ缺陷工况有限元模拟得到的试件临界承载力与《塔规》稳定承载力设计公式计算值进行了对比分析,见表 6-3。

为了更清楚显示各种临界承载力之间差异,将有限元模拟临界承载力与《塔规》公式计算值比值进行对比,见图 6-21。临界承载力对比种类 1、2、3、4 分别代表Ⅰ、Ⅲ、Ⅱ、Ⅳ与中国现行《塔规》稳定承载力设计公式计算值(稳定系数取不考虑残余应力值)比值;5、6、7、8 代表Ⅰ、Ⅲ、Ⅱ、Ⅳ与中国现行《塔规》稳定承载力设计公式计算值(稳定系数取考虑残余应力值)比值。

对表 6-3 和图 6-21 进行对比分析发现:①所有试验试件数值模拟轴压临界承载力均不同程度小于试验实测值;②由于试验试件长细比均较大,在引入的缺陷中,初始残余应力影响较局部几何缺陷明显。

表 6-3　试件有限元模拟承载力分析

试件编号	实测结果（kN）	模拟结果				承载力比值				破坏类型
		Ⅰ（kN）	Ⅱ（kN）	Ⅲ（kN）	Ⅳ（kN）	Ⅰ/（计算值）	Ⅱ/（计算值）	Ⅲ/（计算值）	Ⅳ/（计算值）	
ZX9 - 1	4 456	4 229	3 677	4 230	3 677	1.170（1.219）	1.017（1.060）	1.170（1.219）	1.017（1.060）	整体失稳
ZX9 - 2	5 356	4 380	3 784	4 380	3 785	1.212（1.262）	1.047（1.091）	1.212（1.262）	1.047（1.091）	整体失稳
ZX9 - 3	5 076	4 374	3 780	4 374	3 781	1.210（1.261）	1.046（1.089）	1.210（1.261）	1.046（1.090）	整体失稳
ZX8 - 1	4 842	3 605	3 601	3 607	3 292	1.125（1.172）	1.124（1.171）	1.126（1.173）	1.027（1.071）	整体失稳
ZX8 - 2	4 845	3 814	3 747	3 816	3 435	1.190（1.240）	1.169（1.219）	1.191（1.241）	1.072（1.117）	整体失稳
ZX8 - 3	4 326	3 527	3 540	3 525	3 205	1.100（1.147）	1.105（1.151）	1.100（1.146）	1.000（1.042）	整体失稳
ZX7 - 1	3 597	2 809	2 640	2 806	2 635	1.044（1.088）	0.981（1.023）	1.043（1.087）	0.979（1.021）	整体失稳
ZX7 - 2	3 543	2 945	2 756	2 947	2 755	1.094（1.141）	1.024（1.068）	1.095（1.142）	1.024（1.068）	整体失稳
ZX6 - 1	5 338	5 302	4 711	5 303	4 712	1.100（1.137）	0.977（1.010）	1.100（1.137）	0.977（1.011）	整体失稳
ZX6 - 2	5 505	5 409	4 864	5 408	4 864	1.122（1.160）	1.009（1.043）	1.121（1.160）	1.009（1.043）	整体失稳
ZX6 - 3	5 560	5 376	4 936	5 483	4 935	1.115（1.153）	1.024（1.059）	1.137（1.176）	1.024（1.059）	整体失稳
ZX5 - 1	4 572	4 498	4 159	4 509	4 165	1.056（1.092）	0.976（1.010）	1.058（1.095）	0.978（1.011）	整体失稳
ZX5 - 2	4 763	4 482	4 154	4 492	4 154	1.052（1.089）	0.975（1.008）	1.054（1.091）	0.975（1.008）	整体失稳
ZX5 - 3	4 641	4 473	4 134	4 469	4 134	1.050（1.086）	0.970（1.004）	1.049（1.085）	0.970（1.004）	整体失稳
ZX4 - 1	3 918	3 689	3 398	3 658	3 398	1.036（1.072）	0.954（0.987）	1.027（1.063）	0.954（0.987）	整体失稳
ZX4 - 2	3 856	3 667	3 411	3 649	3 410	1.030（1.065）	0.958（0.991）	1.025（1.060）	0.958（0.991）	整体失稳
ZX4 - 3	3 804	3 754	3 490	3 756	3 490	1.054（1.090）	0.980（1.014）	1.055（1.091）	0.980（1.014）	整体失稳

注：表中数值和括号内数值分别为有限元模拟缺陷工况与对应《塔规》设计公式稳定系数取值不考虑残余应力和考虑残余应力计算值的比值。

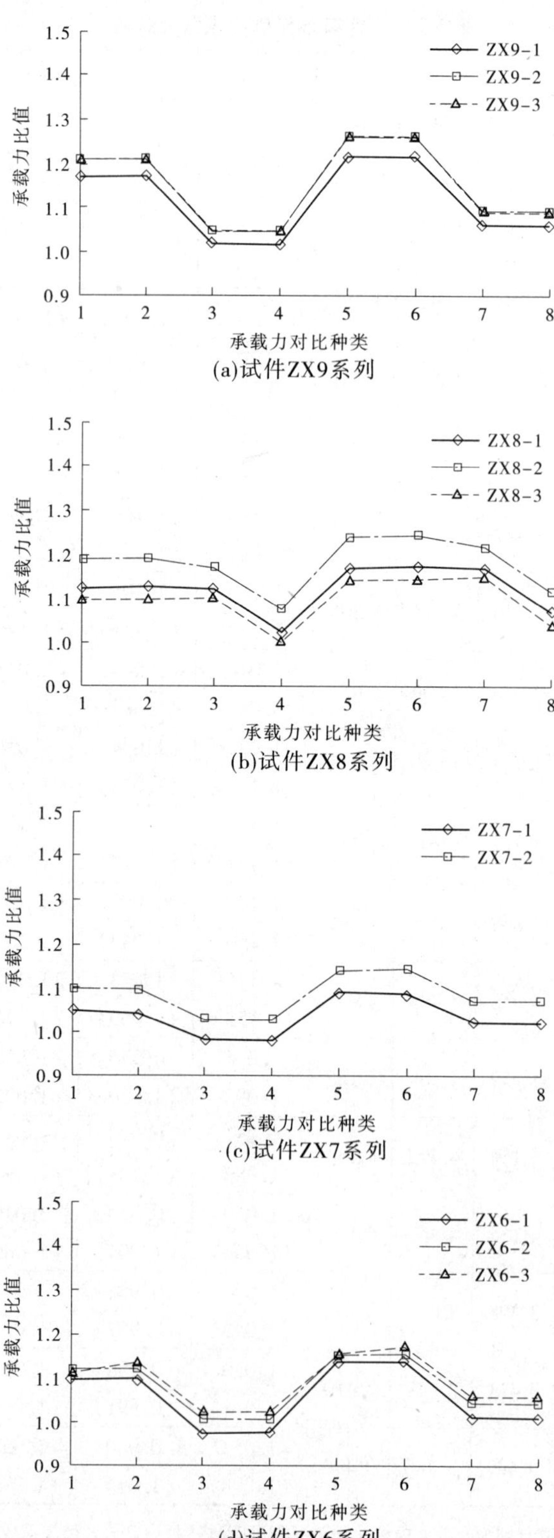

(a)试件ZX9系列

(b)试件ZX8系列

(c)试件ZX7系列

(d)试件ZX6系列

图 6-21　各试验试件模拟临界承载力比值关系

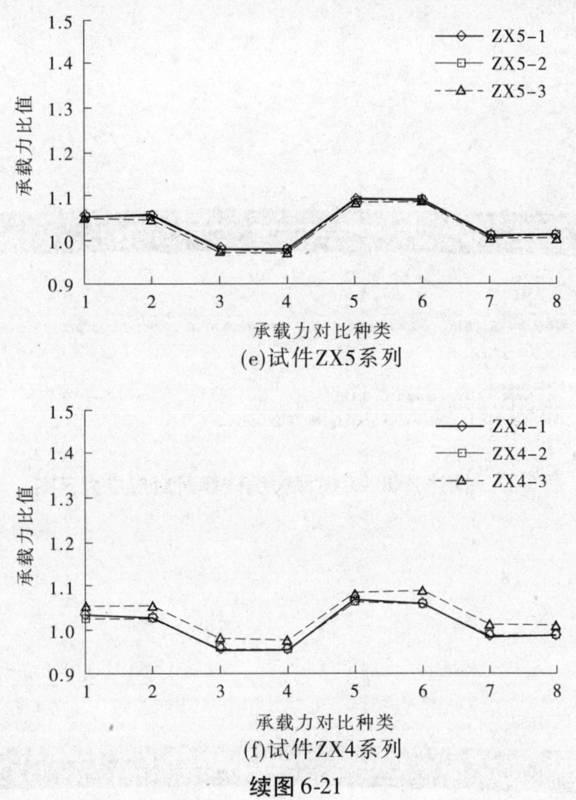

(e)试件ZX5系列

(f)试件ZX4系列

续图 6-21

6. 2. 3　试件轴压失稳应力云图

试件轴压临界失稳对应应力云图可清楚反映各种引入缺陷工况对试件受力性能的影响规律，图 6-22 ~ 图 6-27 为试件在考虑整体几何缺陷 + 局部几何缺陷 + 残余应力失稳时有限元模拟应力云图。

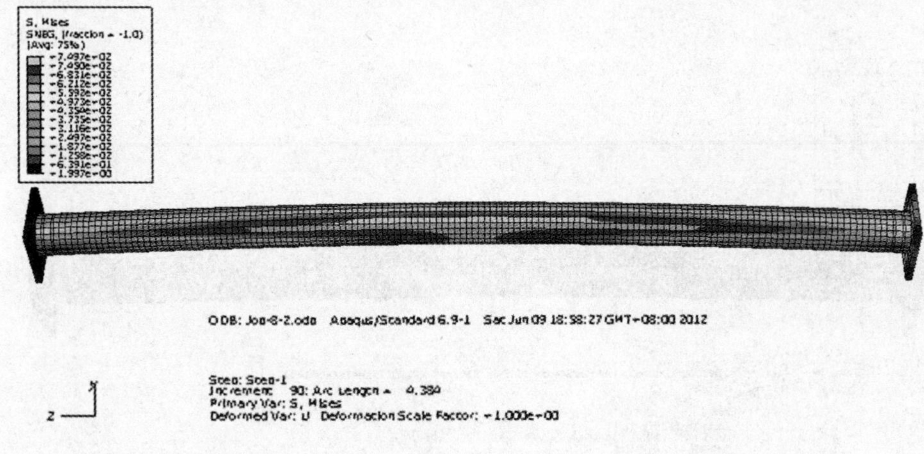

图 6-22　试件 ZX9 - 1 模拟失稳破坏时对应应力云图

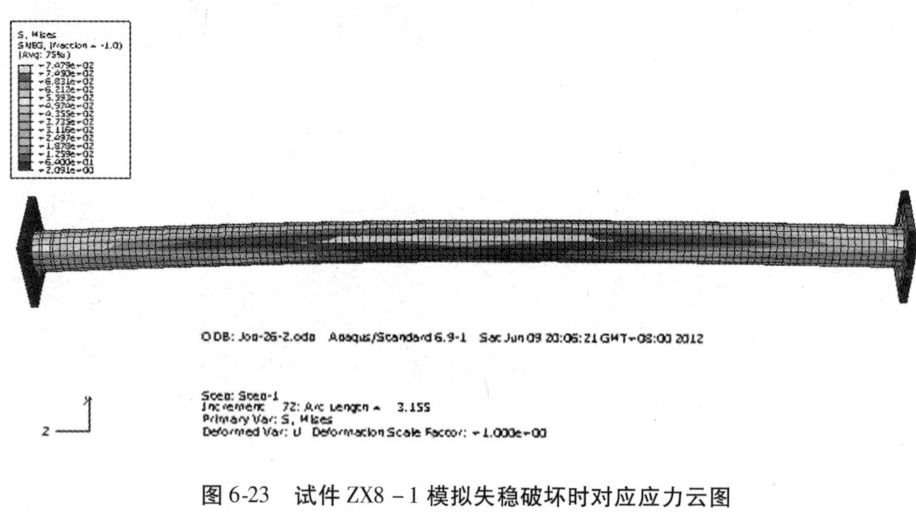

图 6-23　试件 ZX8 - 1 模拟失稳破坏时对应应力云图

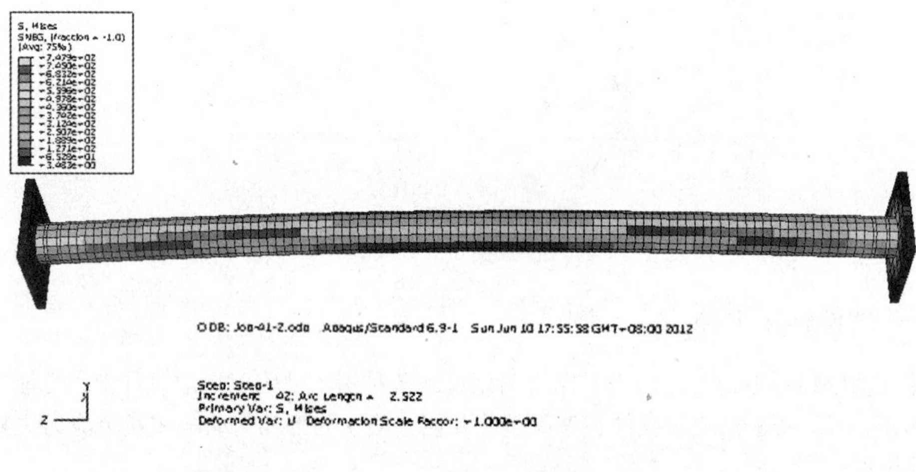

图 6-24　试件 ZX7 - 1 模拟失稳破坏时对应应力云图

图 6-25　试件 ZX6 - 1 模拟失稳破坏时对应应力云图

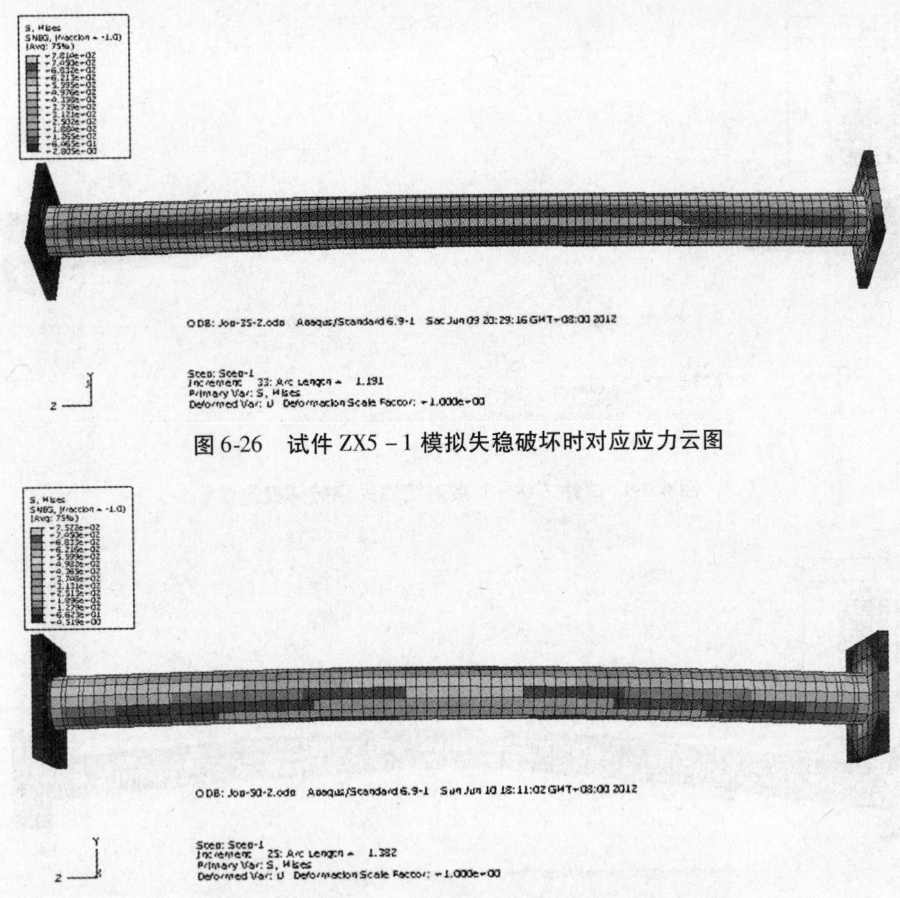

图 6-26　试件 ZX5－1 模拟失稳破坏时对应应力云图

图 6-27　试件 ZX4－1 模拟失稳破坏时对应应力云图

6.2.4　试件轴压失稳破坏模态

此外，为了分析对比有限元模拟与试验破坏模态差异，提取有限元模拟缺陷工况Ⅳ对应的试件破坏模态图，见图 6-28～图 6-33。

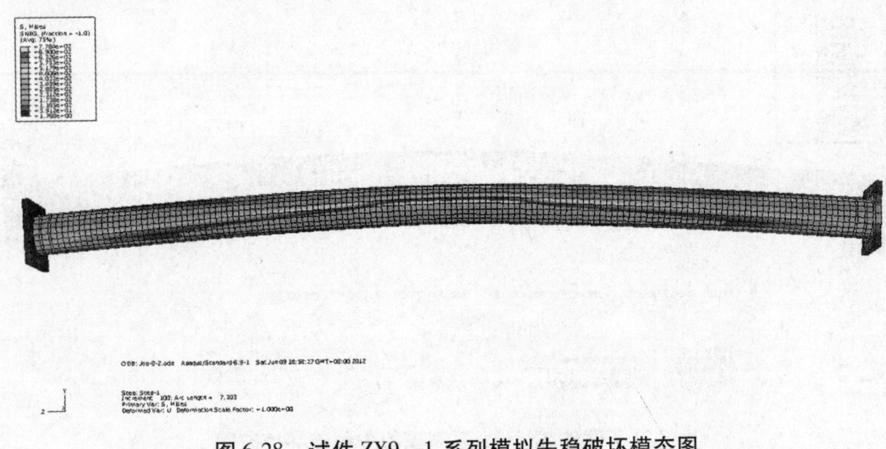

图 6-28　试件 ZX9－1 系列模拟失稳破坏模态图

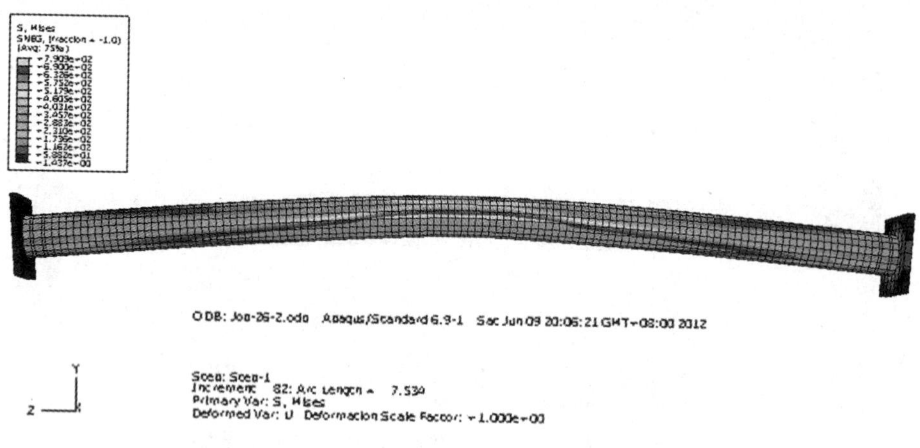

图 6-29　试件 ZX8－1 系列模拟失稳破坏模态图

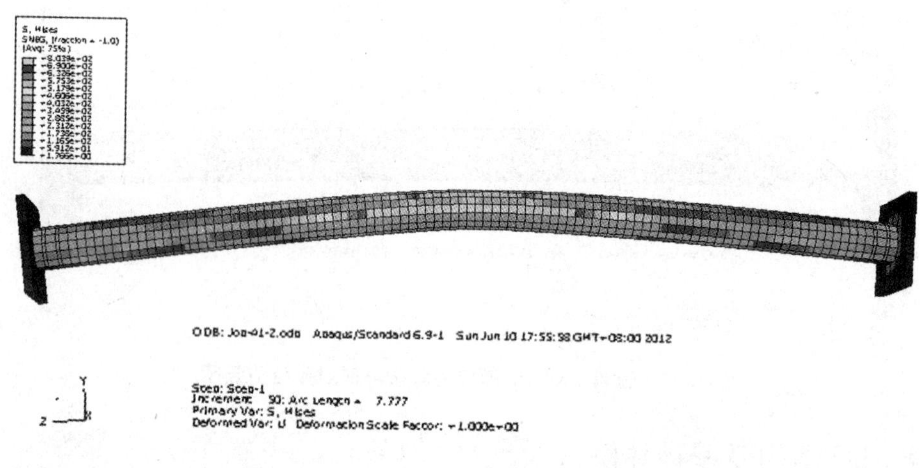

图 6-30　试件 ZX7－1 系列模拟失稳破坏模态图

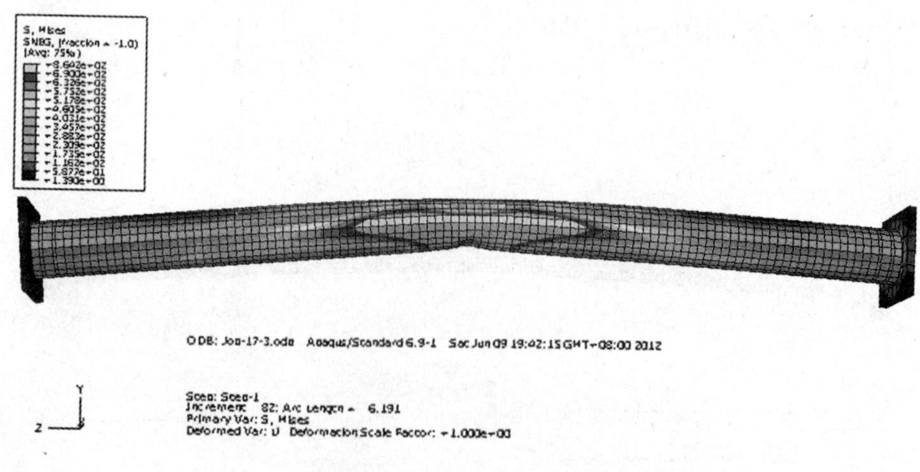

图 6-31　试件 ZX6－1 系列模拟失稳破坏模态图

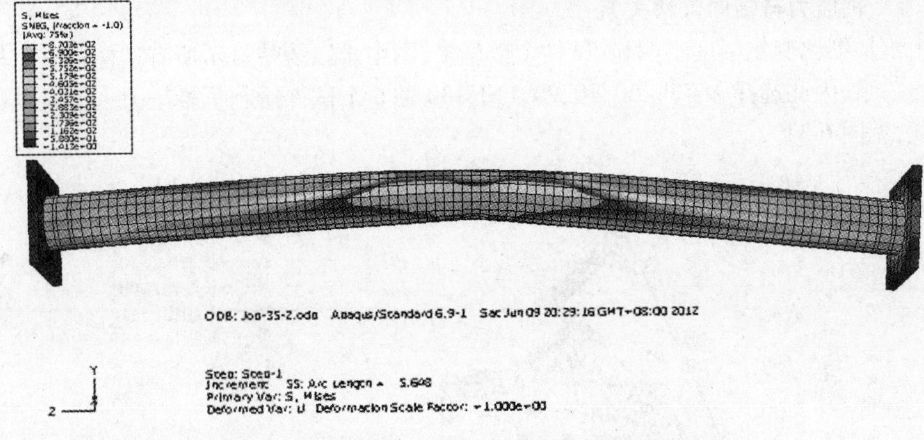

图 6-32　试件 ZX5 - 1 系列模拟失稳破坏模态图

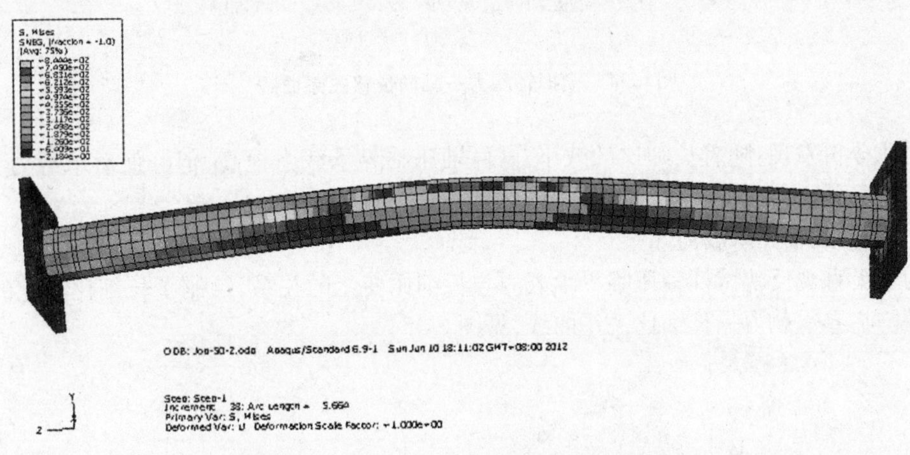

图 6-33　试件 ZX4 - 1 系列模拟失稳破坏模态图

6.3　Q690 钢管轴压性能参数分析

为了深入研究 Q690 钢管轴压性能，对影响构件轴压性能的参数（长细比、径厚比和初始整体几何缺陷幅值）进行了详细的模拟分析。

6.3.1　长细比

以截面 $\phi350\times8$ 为基准，钢材材性指标 $E=2.037\times10^5\ \mathrm{N/mm^2}$、$f_y=745\ \mathrm{N/mm^2}$（取材性试验平均值），初始整体几何缺陷引入取千分之一倍试件长度作为其幅值，有限元模拟了 $\lambda=25$、30、35、40、45、50、55、60、70、80、90、100、110、120、130 的 15 个试件，根据数值模拟结果对相关力学性能进行分析。

6.3.1.1　轴压力与轴向位移关系

由于长细比变化幅度不明显，试件个数偏多，图中难以清楚显示所有试件轴压力与轴向位移关系，因此选择 $\lambda=30$、60、70、90、110、130 的 6 个试件绘制了轴压力—轴向位移关系曲线，见图 6-34。

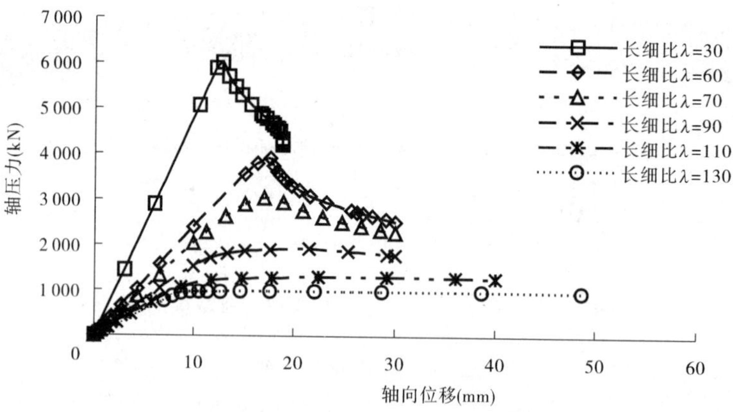

图 6-34　模拟轴压力—轴向位移关系曲线

对比分析发现：随着长细比的减小，试件轴压临界承载力提高，但峰值后承载力下降趋势更为显著。

6.3.1.2　轴压临界承载力

为了更直观反映试件轴压临界承载力与长细比变化的关系，绘制了长细比变化的 15 个试件的临界承载力—长细比关系曲线，见图 6-35。

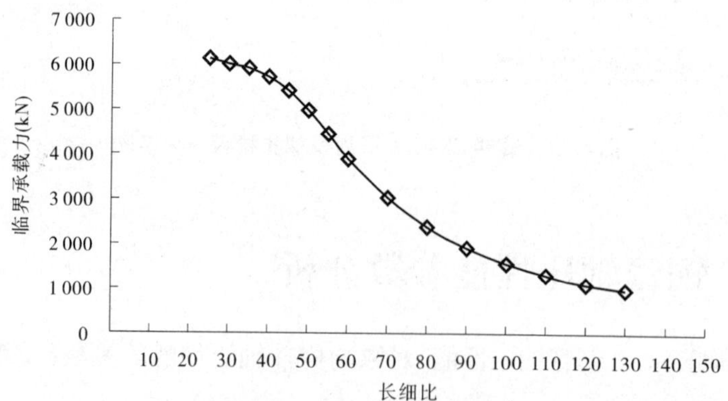

图 6-35　模拟轴压力—长细比关系曲线

由图 6-35 可知：当长细比小于 35 时，试件轴压临界承载力变化较小；当长细比大于 35 后，随着长细比的增大，试件临界承载力下降趋势明显。

6.3.1.3　稳定系数对比

引入有限元模拟等效稳定系数 $\mu=N/(fA)$（式中 N 为模拟临界承载力，$f=f_y/1.111$，A 为试件截面面积），并将试件等效稳定系数计算结果与“逆算单元长度法”取值进行对比,见图6-36。

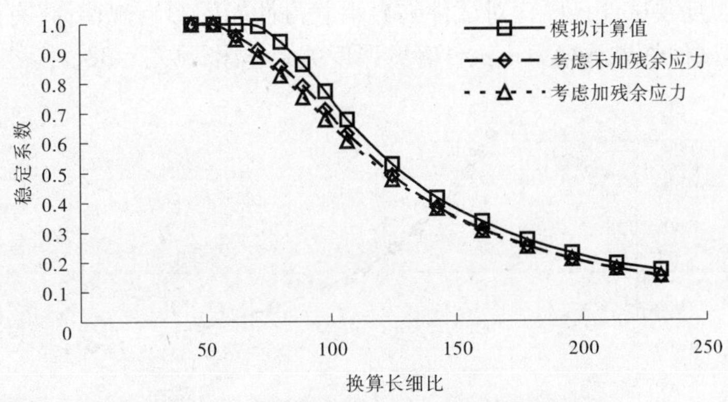

图6-36 稳定系数—换算长细比关系曲线

由图6-36可知:等效稳定系数计算值均大于“逆算单元长度法”取值,总体差异较小,且随长细比增大差异更小,验证了“逆算单元长度法”取值的合理性。

6.3.2 径厚比

对于径厚比参数变化,以试验模拟试件 $\phi350\times8$,$\lambda=60$ 为基准试件,钢材材性指标 $E=2.037\times10^5$ N/mm²、$f_y=745$ N/mm²(取材性试验平均值),初始整体几何缺陷引入取千分之一倍试件长度作为其幅值,有限元模拟了 $t=5$ mm、6 mm、7 mm、8 mm、9 mm、10 mm、11 mm、12 mm、13 mm、14 mm、15 mm 的11个试件,根据数值模拟结果对相关力学性能进行分析。

6.3.2.1 轴压力与轴向位移关系

由于管壁厚度变化幅度不大,试件个数偏多,图中难以清楚显示所有试件有限元模拟轴压力与轴向位移关系,选择 $t=6$ mm、8 mm、10 mm、12 mm、14 mm、15 mm 的6个试件进行了分析,见图6-37。

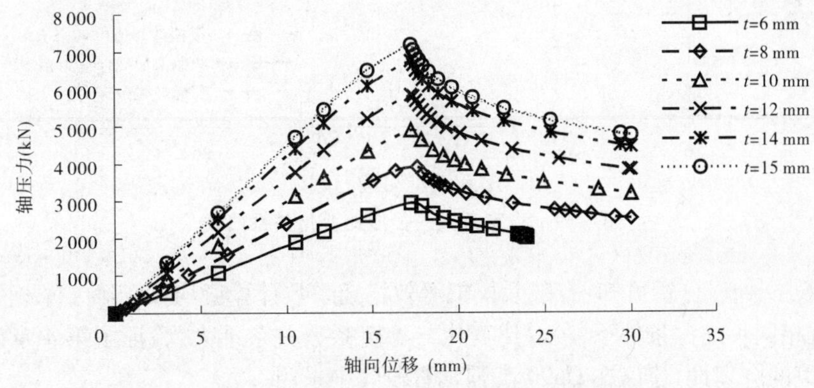

图6-37 模拟轴压力—轴向位移关系曲线

对图6-37对比分析发现:随试件管壁厚度变薄,试件轴压临界承载力减小,且失稳后试件承载力下降幅度趋向平缓。

6. 3. 2. 2　轴压临界承载力

为了更直观反映试件径厚比对试件临界承载力性能的影响规律,将有限元模拟变化长细比的 11 根试件临界承载力—试件管壁厚度关系作图,见图 6-38。

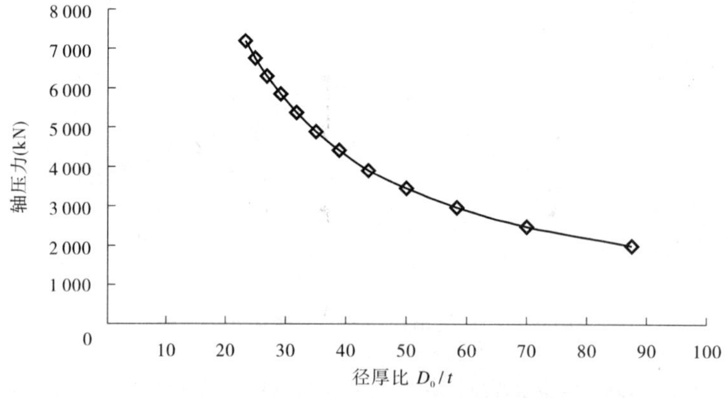

图 6-38　模拟轴压力—径厚比变化关系曲线

对图 6-38 加以分析显示:对变化径厚比参数试件,随着试件径厚比增大,试件轴压临界承载力降低,且降低幅度逐渐减小。

6. 3. 2. 3　稳定系数对比

引入有限元模拟等效稳定系数 $\mu' = N/(f \cdot A)$(式中 N 为模拟临界承载力,$f = f_y/1.111$,A 为试件截面面积),将管壁厚度变化试件等效稳定系数计算结果与按第 4 章确定的稳定取值进行对比,见图 6-39。

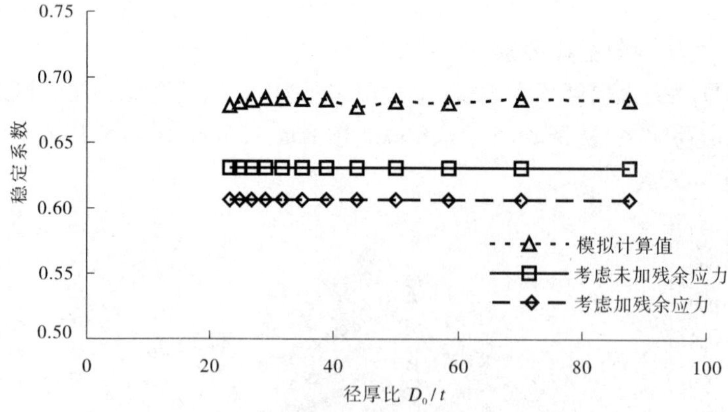

图 6-39　稳定系数—径厚比变化关系曲线

对图 6-39 加以分析可知:有限元模拟等效稳定系数计算值均大于第 4 章确定的稳定系数,而在相同长细比条件下,径厚比变化与稳定系数关系不大,验证了第 4 章确定的稳定系数取值的合理性,建议在 Q690 高强钢管设计中采用。

6. 3. 3　初始整体几何缺陷

以试验模拟试件 $\phi350 \times 8$,$\lambda = 60$ 为基准试件,钢材材性指标 $E = 2.037 \times 10^5$ N/mm^2、

f_y = 745 N/mm²(取材性试验平均值),有限元模拟了整体几何缺陷幅值分别为 l/10 000、2l/10 000、3l/10 000、4l/10 000、5l/10 000、6l/10 000、7l/10 000、8l/10 000、9l/10 000、l/1 000的 10 个试件,根据数值模拟结果对相关力学性能进行分析。

6. 3. 3. 1 轴压力与轴向位移关系

由于整体几何缺陷幅值变化幅度不大,试件个数偏多,图中难以清楚显示所有试件有限元模拟轴压力与轴向位移关系,因此选择整体几何缺陷幅值为 2l/10 000、4l/10 000、6l/10 000、8l/10 000、l/1 000 的 5 个试件进行了分析,见图 6-40。

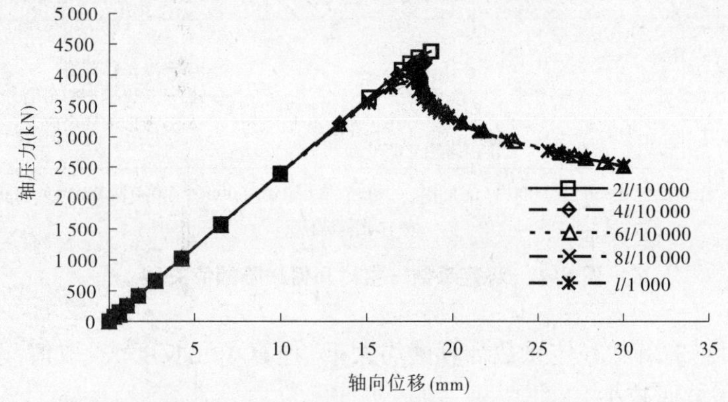

图 6-40 模拟轴压力—轴向位移关系曲线

由图 6-40 可知:随整体几何缺陷幅值的增大,临界承载力降低;达到轴压临界承载力之前,轴压力—轴向位移呈线性,失稳后试件承载力下降趋势趋向平缓。

6. 3. 3. 2 轴压临界承载力

为了更直观反映整体几何缺陷幅值变化对试件临界承载力性能的影响规律,绘制了临界承载力—整体几何缺陷幅值关系,见图 6-41。

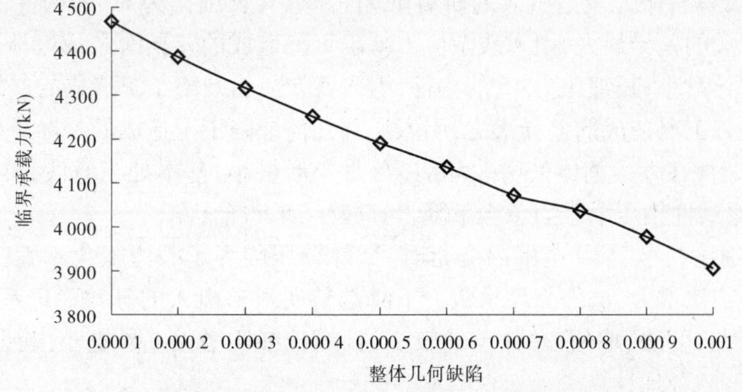

图 6-41 模拟轴压临界承载力—整体几何缺陷幅值关系

由图 6-41 可知:随着整体几何缺陷的增大,试件轴压临界承载力降低,且近似呈线性比例关系。

6. 3. 3. 3 稳定系数对比

引入有限元模拟等效稳定系数 $\mu = N/(fA)$(式中 N 为模拟临界承载力,$f = f_y/1.111$,

A 为试件截面面积),并将试件整体几何缺陷幅值变化的试件等效稳定系数计算结果与“逆算单元长度法”取值进行对比,见图 6-42。

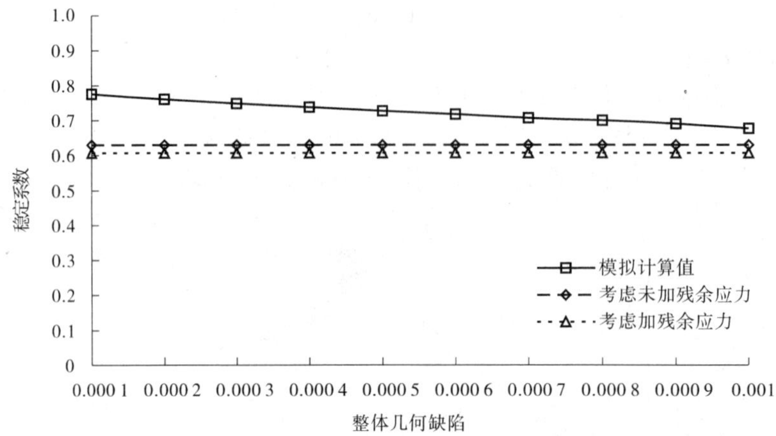

图 6-42　稳定系数—整体几何缺陷幅值关系

由图 6-42 可知:等效稳定系数计算值均大于“逆算单元长度法”取值,差异随整体几何缺陷幅值的增大而减小。

6.4　本章小结

本章重点对 $\phi250\times8$、$\phi300\times8$、$\phi350\times8$ 三种截面形式,长细比为 60、45、30 的 Q690 钢管模型试件进行轴压承载力性能数值模拟分析,并进一步对影响构件轴压性能的参数进行了模拟分析,可以得出以下结论与建议:

(1)试验试件有限元模型引入的所有缺陷工况中,长细比为 60 的构件,引入整体几何缺陷工况造成的差异最大,引入残余应力缺陷工况造成的差异次之,引入局部几何缺陷工况造成的差异最小;长细比为 45 的构件,引入残余应力缺陷工况造成的差异最大,而引入整体几何缺陷工况造成的差异次之,引入局部几何缺陷工况造成的差异最小。

(2)模型试件在发生整体失稳破坏前,弯曲变形很小,基本处于直线;整体失稳破坏瞬时发生,随之试件轴压承载力急剧下降,与试验结果吻合。

(3)当长细比在小于 35 范围内变化时,试件轴压临界承载力变化不大;当长细比大于 35 后,随长细比增大,试件临界承载力下降趋势明显。引入的等效稳定系数计算值均大于“逆算单元长度法”取值,总体差异较小,且随长细比增大差异更小,验证了“逆算单元长度法”取值的合理性。

(4)随试件管壁厚度加大,试件轴压临界承载力提高,近似呈线性比例关系,且失稳后试件承载力下降趋势明显。

(5)随着整体几何缺陷幅值的增大,试件轴压临界承载力降低,近似呈线性比例关系,且失稳后试件承载力下降趋势平缓。

第 7 章　Q690 钢管压弯性能试验研究

目前,国内外对 Q690 钢管的研究主要集中在轴压性能,而对钢管的压弯性能研究尚未见诸文献提及,因此本项目拟对 Q690 钢管进行足尺试件压弯性能试验研究。

7.1　试验方案

7.1.1　试验目标

Q690 圆钢管压弯试验主要是为工程应用提供可靠的试验数据,并结合有限元数值模拟验证中国现行《钢规》压弯构件强度与整体稳定设计公式和《塔规》压弯构件局部稳定设计公式的合理性,用于指导 Q690 钢管压弯构件的工程设计。

7.1.2　试件设计与加工

试件方案设计主要考虑了长细比、径厚比、轴压比等设计参数和端部构造条件。共设计制作了 10 组试件,每组 3 根,相关设计参数详见表 7-1,这些试件是委托河南鼎力杆塔股份有限公司按照《钢结构工程施工质量验收规范》(GB 50205—2001)的有关规定制作完成的。

表 7-1　压弯试件明细表

设计长细比 λ	编号	截面规格	径厚比 D_0/t	试件长度(mm)	试件数量
30	DPY1	$\phi250\times8$	31.25	2 100	3
	DPY2	$\phi300\times8$	37.50	2 650	3
	DPY3	$\phi350\times8$	43.75	3 150	3
45	DPY4	$\phi250\times8$	31.25	3 400	3
	DPY5	$\phi300\times8$	37.50	4 200	3
	DPY6	$\phi350\times8$	43.75	5 000	3
60	DPY7	$\phi250\times8$	31.25	4 700	3
	DPY8	$\phi300\times8$	37.50	5 750	3
	DPY9	$\phi350\times8$	43.75	6 800	3
	DPY7A	$\phi250\times8$	31.25	4 670	3

7.1.3　加载设施

试验为 Q690 钢管足尺试件在恒定轴压下的压弯试验,采用与轴压试验相同的自平衡多功能加载架。

7.1.4　试验边界条件

构件的两端部为了实现铰接和有效实现恒定轴压力下的抗弯性能，设计采用平面铰支座，见图 7-1。

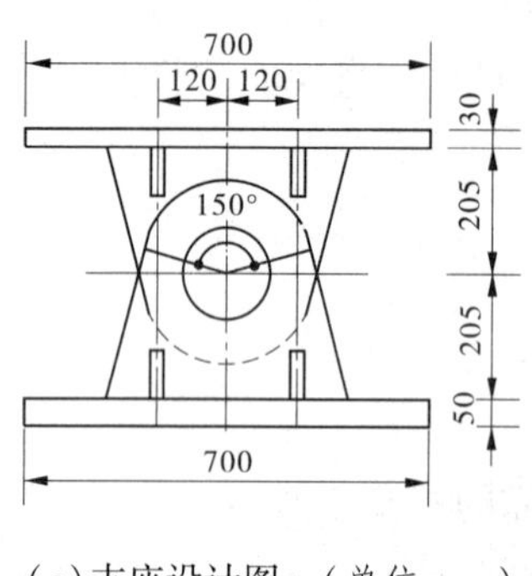

(a)支座设计图　(单位:mm)

(b)支座实体图

图 7-1　支座示意图

7.1.5　加载方案与测试内容

7.1.5.1　加载方案

Q690 钢管压弯试验重点研究恒定轴压比下的压弯承载力性能，为此首先采用两个高压液压源，在试件一端传力梁上用千斤顶对试件施加轴压力到恒定轴压比，随后在试件另一端逐渐施加弯矩，直到试件破坏、承载力下降为止。

7.1.5.2　测试内容

试验测试内容包括:应变测试、轴向位移测试、试件破坏特征。

应变测试:通过对应变片数据的采集，分析试件管材的内力变化情况，并通过对外加载千斤顶的加载进程加以监控和监测管材局部进入塑性现象。

轴向位移测试:测试试件管材轴向变形过程，定性反映构件失稳规律。

试件破坏特征:包括试件的破坏荷载值与破坏模式。

2 个位移计分别安装在传力梁和固定端，应变片布置见图 7-2。

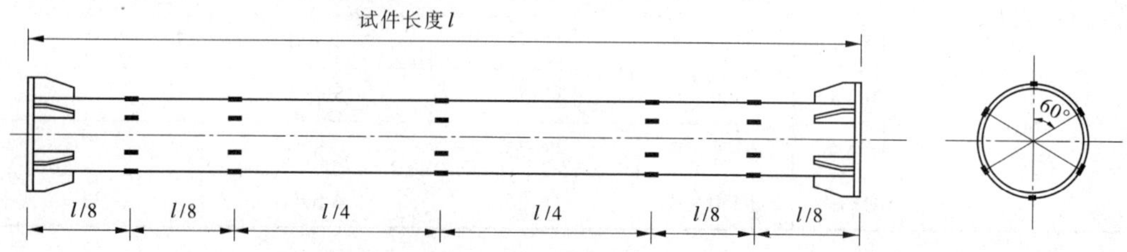

图 7-2　应变片布置图

7.2　试件压弯试验测试结果分析

压弯试验共进行了 9 组(合计 27 根),$\lambda=30$ 的 1 组试件(DPY3 系列,共计 3 根)由于长细比较小、截面面积与径厚比相对较大,承载能力较强,从设计多功能加载架加载能力及安全角度考虑而未进行试验。试验中首先对在施加恒定轴压比过程中的试验现象和应变片测试数据进行初步分析发现:①试件 DPY9、DPY8、DPY6 和 DPY5 在加工中错将设计厚度为 8 mm 的管制作为 6 mm(试验后已通过切割试件验证);②试件 DPY9、DPY8、DPY7、DPY7A、DPY5 和 DPY4 系列六组发生整体失稳破坏,而试件 DPY6、DPY2 和 DPY1 系列三组发生局部失稳破坏;③DPY1－1、DPY1－2 和 DPY4－2 均在施加恒定轴压力过程中出现过早破坏,其余试件均实现了预期试验目的。由于试验试件足尺、强度大,试验加载架复杂,难以测试弯矩施加端转角变化和试件中间部位侧向弯曲变形量,为此所有试件只能基于轴向测试位移进行分析。

7.2.1　弯矩与轴向位移关系

7.2.1.1　整体失稳试件

(1)试件 DPY9 系列($\lambda=60,\phi350\times6$)。

试件 DPY9 系列为最先试验构件组,首先施加轴压力至恒定轴压比 μ(DPY9－1、DPY9－2 和 DPY9－3 分别为 0.523(2 542 kN)、0.528(2 568 kN)和 0.521(2 536 kN),括号内数值为所施加的轴压力值),随即开始施加弯矩。失稳破坏时,DPY9－1 和 DPY9－2 由于高压液压源表出现故障,破坏时未摄取外在弯矩施加处液压源表读数,试件 DPY9－3 根据表读数计算出外加弯矩为 368.9 kN · m;通过应变片测试数据计算得到试件弯矩加载点实测弯矩—轴向位移变化曲线见图 7-3,图中显示试件 DPY9－1、DPY9－2 和 DPY9－3 对应临界失稳破坏时弯矩加载点最大弯矩实测值分别为 215.80 kN · m、209.45 kN · m 和 206.33 kN · m,对应实测轴压力分别为 2 003 kN、2 514 kN 和 2 274 kN;所有试件达到压弯临界承载力之前,前期弯矩和轴向位移已呈非线性关系,达到最大弯矩时,试件均发生瞬时突然的整体失稳,随之试件压弯承载力急剧下降;试件 DPY9－1、DPY9－2 和 DPY9－3 在实测轴压力下计算得到弯矩加载点的弹性极限弯矩分别为 253.45 kN · m、232.61 kN · m 和 229.11 kN · m,均大于弯矩加载点最大弯矩实测值,结合试验现象反映该系列试件均发生弹性整体失稳破坏。

(2)试件 DPY8 系列($\lambda=60,\phi300\times6$)。

对试件 DPY8 系列试件,首先施加轴压力至恒定轴压比 μ(DPY8－1、DPY8－2 和 DPY8－3 均为 0.59(2 472 kN)),随即开始施加弯矩。失稳破坏时,试件 DPY8－1、DPY8－2和 DPY8－3 根据表读数计算出外加弯矩分别为 349.06 kN · m、368.9 kN · m 和 376.65 kN · m;通过应变片测试数据计算得到试件弯矩加载点实测弯矩—轴向位移变化曲线见图 7-4,图中显示试件 DPY8－1、DPY8－2 和 DPY8－3 对应临界失稳破坏时弯矩加载点最大弯矩实测值分别为 153.11 kN · m、134.20 kN · m 和 126.20 kN · m,对应实测轴压力分别为 2 055 kN、2 100 kN 和 2 111 kN;所有试件达到压弯临界承载力之前,前期弯

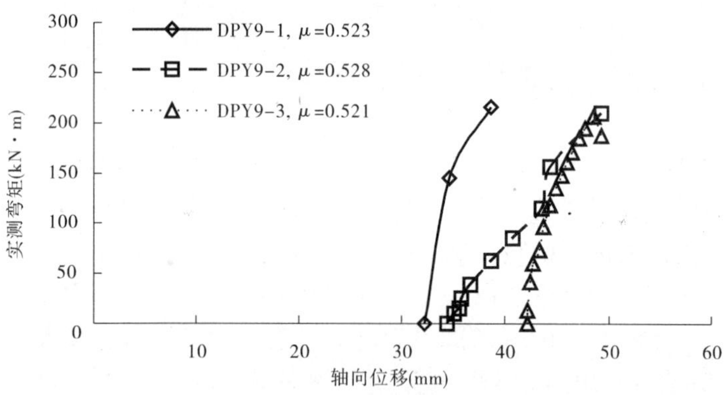

图 7-3　试件 DPY9 系列弯矩加载点实测弯矩—轴向位移变化曲线

矩和轴向位移已呈非线性关系，达到最大弯矩时，试件均发生瞬时突然的整体失稳，随之试件压弯承载力急剧下降；试件 DPY8 - 1、DPY8 - 2 和 DPY8 - 3 在实测轴压力下计算得到的弯矩加载点弹性极限弯矩分别为 159. 93 kN · m、156. 47 kN · m 和 155. 60 kN · m，均大于弯矩加载点最大弯矩实测值，结合试验现象反映该系列试件均发生弹塑性整体失稳破坏。

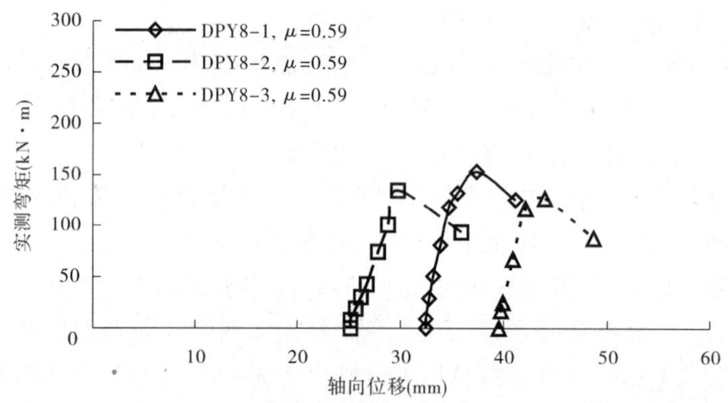

图 7-4　试件 DPY8 系列弯矩加载点实测弯矩—轴向位移变化曲线

(3)试件 DPY7 系列($\lambda=60, \phi 250\times 8$)。

对试件 DPY7 系列试件，首先施加轴压力至恒定轴压比 μ(DPY7 - 1、DPY7 - 2 和 DPY7 - 3均为 0. 395 (1 802 kN))，随即开始施加弯矩。失稳破坏时，试件 DPY7 - 1、DPY7 - 2和 DPY7 - 3 根据表读数计算出外加弯矩分别为 388. 74 kN · m、388. 74 kN · m 和 358. 98 kN · m；通过应变片测试数据计算得到试件弯矩加载点实测弯矩—轴向位移变化曲线见图 7-5，图中显示试件 DPY7 - 1、DPY7 - 2 和 DPY7 - 3 对应临界失稳破坏时弯矩加载点最大弯矩实测值分别为 219. 98 kN · m、307. 49 kN · m 和 245. 19 kN · m，对应实测轴压力分别为 1 640 kN、1 487 kN 和 1 567 kN；所有试件达到压弯临界承载力之前，前期弯矩和轴向位移已呈非线性关系，达到最大弯矩时，试件均发生瞬时突然的整体失稳，随之试件压弯承载力急剧下降；试件 DPY7 - 1、DPY7 - 2 和 DPY7 - 3 在实测轴压力下计算得到的弯矩加载点弹性极限弯矩分别为 184. 00 kN · m、193. 74 kN · m 和 188. 65 kN · m，均小于弯矩加载点最大弯矩实测值,结合试验现象反映该系列试件均发生弹塑性整体失稳破坏。

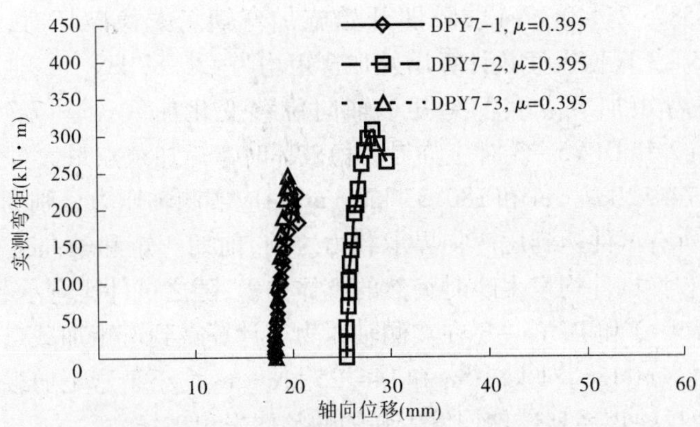

图7-5 试件DPY7系列弯矩加载点实测弯矩—轴向位移变化曲线

(4)试件DPY7A系列($\lambda=60,\phi250\times8$)。

试件DPY7A系列试件主要变换了端部构造,首先施加轴压力至恒定轴压比μ(DPY7A-1、DPY7A-2和DPY7A-3分别为0.395(1 802 kN)、0.44(2 025 kN)和0.49(2 248 kN)),随即开始施加弯矩。失稳破坏时,试件DPY7A-1、DPY7A-2和DPY7A-3根据表读数计算出外加弯矩分别为358.98 kN·m、358.98 kN·m和378.82 kN·m;通过应变片测试数据计算得到试件弯矩加载点实测弯矩—轴向位移变化曲线见图7-6,图中显示试件DPY7A-1、DPY7A-2和DPY7A-3对应临界失稳破坏时弯矩加载点最大弯矩实测值分别为167.55 kN·m、157.63 kN·m和131.34 kN·m,对应实测轴压力分别为1 626 kN、2 022 kN和1 937 kN;所有试件达到压弯临界承载力之前,前期弯矩和轴向位移已呈非线性关系,达到最大弯矩时,试件均发生瞬时突然的整体失稳,随之试件压弯承载力急剧下降;试件DPY7A-1、DPY7A-2和DPY7A-3在实测轴压力下计算得到的弯矩加载点弹性极限弯矩分别为185.00 kN·m、159.78 kN·m和165.19 kN·m,均大于弯矩加载点最大弯矩实测值。结合试验现象反映该系列试件均弹塑性整体失稳破坏。

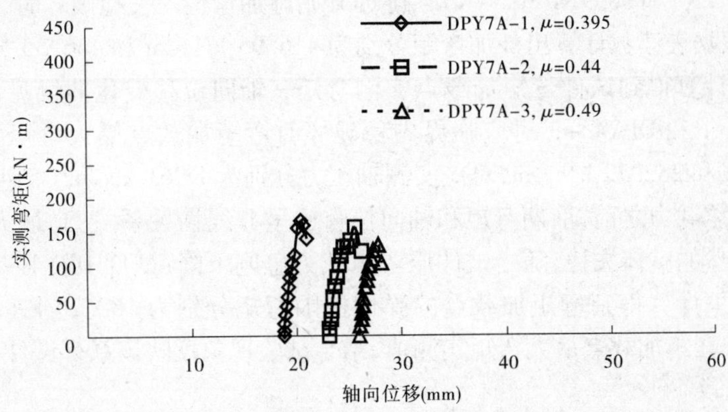

图7-6 试件DPY7A系列弯矩加载点实测弯矩—轴向位移变化曲线

(5)试件 DPY5 系列($\lambda=45,\phi300\times6$)。

对试件 DPY5 系列试件，首先施加轴压力至恒定轴压比 μ(DPY5 - 1、DPY5 - 2 和 DPY5 - 3均为 0.587(2 440 kN))，随即开始施加弯矩。失稳破坏时，试件 DPY5 - 1、DPY5 - 2和 DPY5 - 3 根据表读数计算出外加弯矩均为426.87 kN · m；通过应变片测试数据计算得到试件弯矩加载点实测弯矩—轴向位移变化曲线见图 7-7，图中显示试件 DPY5 - 1、DPY5 - 2 和 DPY5 - 3 对应临界失稳破坏时弯矩加载点最大弯矩实测值分别为 179.01 kN · m、174.52 kN · m 和 180.53 kN · m，对应实测轴压力分别为 2 383 kN、2 395 kN 和 2 275 kN；所有试件达到压弯临界承载力之前，前期弯矩和轴向位移已呈非线性关系，达到最大弯矩时，试件均发生瞬时突然的整体失稳，随之试件压弯承载力急剧下降；试件 DPY5 - 1、DPY5 - 2 和 DPY5 - 3 在实测轴压力下计算得到弯矩加载点的弹性极限弯矩分别为 137.72 kN · m、136.81 kN · m 和 146.25 kN · m，均小于弯矩加载点最大弯矩实测值，结合试验现象反映该系列试件均发生弹塑性整体失稳破坏。

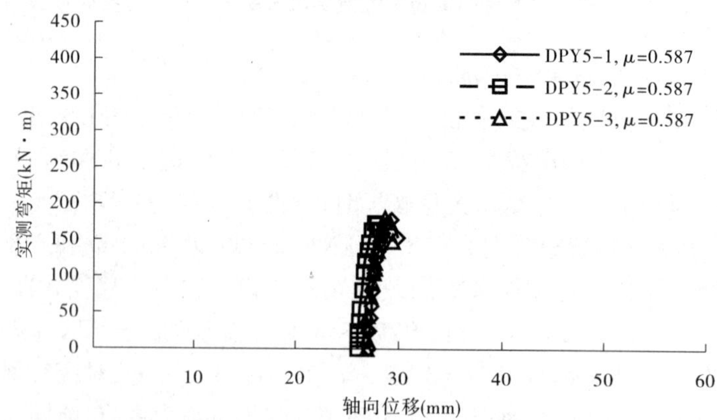

图 7-7　试件 DPY5 系列弯矩加载点实测弯矩—轴向位移变化曲线

(6)试件 DPY4 系列($\lambda=45,\phi250\times8$)。

对试件 DPY4 系列试件，首先施加轴压力至恒定轴压比 μ(DPY4 - 1、DPY4 - 3 分别为0.44(2 025 kN)和0.39(1 802 kN))，随即开始施加弯矩。失稳破坏时，试件 DPY4 - 1 和 DPY4 - 3 根据表读数计算出外加弯矩分别为416.95 kN · m 和466.55 kN · m；通过应变片测试数据计算得到试件弯矩加载点实测弯矩—轴向位移变化曲线见图 7-8，图中显示试件 DPY4 - 1 和 DPY4 - 3 对应临界失稳破坏时弯矩加载点最大弯矩实测值分别为 230.52 kN · m 和282.72 kN · m，对应实测轴压力分别为1 961 kN 和1 514 kN；所有试件达到压弯临界承载力之前，前期弯矩和轴向位移已呈非线性关系，达到最大弯矩时，试件均发生瞬时突然的整体失稳，随之试件压弯承载力急剧下降；试件 DPY4 - 1 和 DPY4 - 3 在实测轴压力下计算得到弯矩加载点的弹性极限弯矩分别为 168.20 kN · m 和 197.46 kN · m，均小于弯矩加载点最大弯矩实测值，结合试验现象反映该系列试件均发生弹塑性整体失稳破坏。

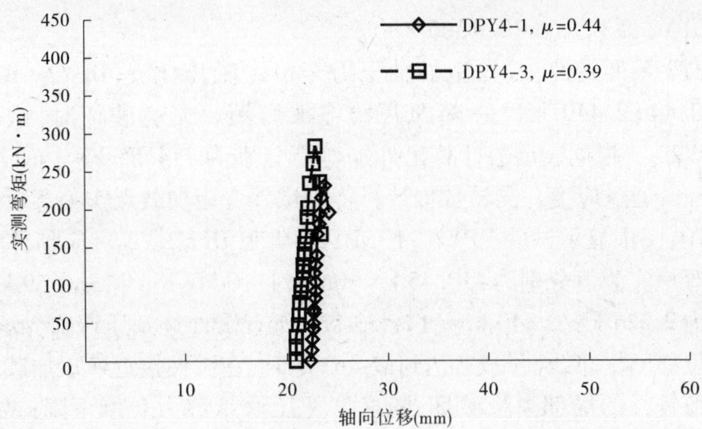

图 7-8　试件 DPY4 系列弯矩加载点实测弯矩—轴向位移变化曲线

7.2.1.2　局部失稳试件

(1)试件 DPY6 系列($\lambda=45,\phi350\times6$)。

对试件 DPY6 系列试件,首先施加轴压力至恒定轴压比 μ(DPY6-1、DPY6-2 和 DPY6-3均为 0.59(2 887 kN)),随即开始施加弯矩。失稳破坏时,试件 DPY6-1、DPY6-2和 DPY6-3 根据表读数计算出外加弯矩分别为 416.95 kN·m、466.55 kN·m 和 456.63 kN·m;通过应变片测试数据计算得到试件弯矩加载点实测弯矩—轴向位移变化曲线见图 7-9,图中显示试件 DPY6-1、DPY6-2 和 DPY6-3 对应临界失稳破坏时弯矩加载点最大弯矩实测值分别为 181.25 kN·m、172.49 kN·m 和 193.78 kN·m,对应实测轴压力分别为 2 706 kN、2 798 kN 和 2 656 kN;所有试件达到压弯临界承载力之前,前期弯矩和轴向位移已呈非线性关系,达到最大弯矩时,在试件接近弯矩加载端部均发生持时相对整体失稳较长的局部失稳破坏,随之试件压弯承载力急剧下降;试件 DPY6-1、DPY6-2 和 DPY6-3 在实测轴压力下计算得到弯矩加载点的弹性极限弯矩分别为 194.08 kN·m、185.73 kN·m 和 198.73 kN·m,均大于弯矩加载点最大弯矩实测值,结合试验现象反映该系列试件均发生弹塑性局部失稳破坏。

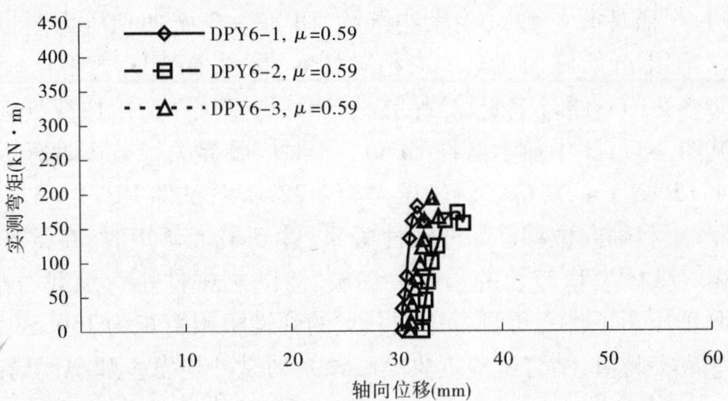

图 7-9　试件 DPY6 系列弯矩加载点实测弯矩—轴向位移变化曲线

(2)试件 DPY2 系列($\lambda=30,\phi300\times8$)。

对试件 DPY2 系列试件,首先施加轴压力至恒定轴压比 μ(DPY2－1、DPY2－2 和 DPY2－3均为 0.44(2 440 kN)),随即开始施加弯矩。失稳破坏时,试件 DPY2－1、DPY2－2和 DPY2－3 根据表读数计算出外加弯矩分别为 714.55 kN·m、714.55 kN·m 和 704.63 kN·m;通过应变片测试数据计算得到试件弯矩加载点实测弯矩—轴向位移变化曲线见图 7-10,图中显示试件 DPY2－1、DPY2－2 和 DPY2－3 对应临界失稳破坏时弯矩加载点最大弯矩实测值分别为 410.45 kN·m、421.10 kN·m 和 386.69 kN·m,对应实测轴压力分别为 2 276 kN、2 240 kN 和 2 433 kN;所有试件达到压弯临界承载力之前,前期弯矩和轴向位移已呈非线性关系,达到最大弯矩时,在试件接近弯矩加载端部均发生持时相对整体失稳较长的局部失稳破坏,随之试件压弯承载力急剧下降;试件 DPY2－1、DPY2－2和 DPY2－3 在实测轴压力下计算得到弯矩加载点的弹性极限弯矩分别为 260.21 kN·m、263.10 kN·m 和 247.43 kN·m,均小于弯矩加载点最大弯矩实测值,结合试验现象反映该系列试件均发生弹塑性局部失稳破坏。

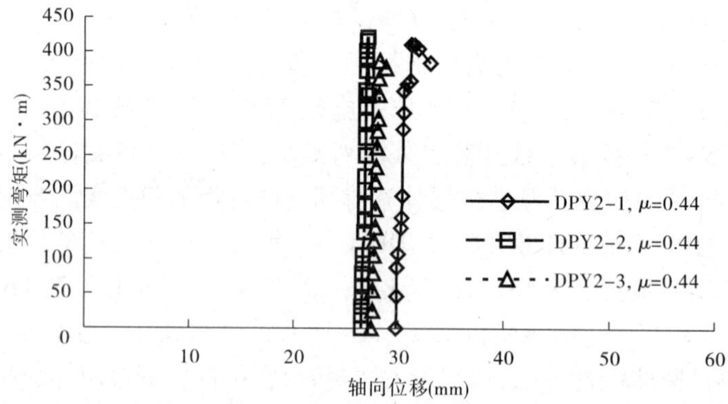

图7-10　试件 DPY2 系列弯矩加载点实测弯矩—轴向位移变化曲线

(3)试件 DPY1 系列($\lambda=30,\phi250\times8$)。

对试件 DPY1 系列试件,试件 DPY1－1 和 DPY1－2 在施加轴压力至恒定轴压比 μ 过程中出现异常(过早破坏),导致试验无法继续,DPY1－3 施加轴压力至恒定轴压比 $\mu=0.50$(2 248 kN),随即开始施加弯矩。失稳破坏时,试件 DPY1－3 根据表读数计算出外加弯矩为 545.91 kN·m;通过应变片测试数据计算得到试件弯矩加载点实测弯矩—轴向位移变化曲线见图 7-11,图中显示试件 DPY1－3 对应临界失稳破坏时弯矩加载点最大弯矩实测值为 244.15 kN·m,对应实测轴压力为 2 227 kN;试件 DPY1－3 达到压弯临界承载力之前,前期弯矩和轴向位移已呈非线性关系,达到最大弯矩时,在试件接近弯矩加载端部发生持时相对整体失稳较长的局部失稳破坏,随之试件压弯承载力急剧下降;试件 DPY1－3 在实测轴压力下计算得到弯矩加载点的弹性极限弯矩为 159.58 kN·m,小于弯矩加载点最大弯矩实测值,结合试验现象反映该系列试件均发生弹塑性局部失稳破坏。

7.2.2　试件压弯临界承载力分析

由于目前相关行业规范在 Q690 钢管试件压弯承载力设计方面的内容基本空白,为

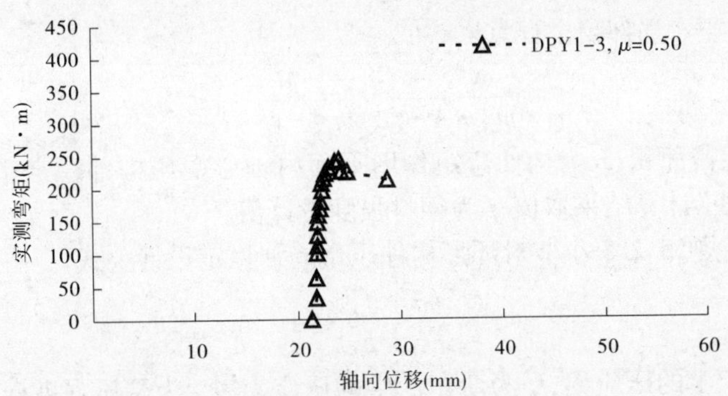

图 7-11　试件 DPY1－3 弯矩加载点实测弯矩—轴向位移变化曲线

此参照《钢规》压弯构件强度与整体稳定设计公式、《塔规》与美国《杆规》压弯构件局部稳定设计公式进行验算，验证现行规范相关设计公式用于指导 Q690 钢管压弯构件工程设计的可行性。

7.2.2.1　压弯整体稳定规范设计公式

《钢规》第 5 章 5.2 节对压弯构件的相关计算内容如下：

弯矩作用平面内稳定设计公式

$$\frac{N}{\varphi A}+\frac{\beta_m M}{\gamma W_1\left(1-0.8\frac{N}{N'_E}\right)}\leqslant f \tag{7-1}$$

式中：A 为构件毛截面积；φ 为构件弯矩作用平面内轴压构件稳定系数，稳定系数按“逆算单元长度法”计算结果取值；γ 为构件截面塑性发展系数，圆钢管取 1.15；β_m 为弯矩等效系数 $\beta_m=0.65+0.35M_2/M_1\geqslant 0.4$，其中 M_1、M_2 为试件两端部弯矩值，且 $|M_1|\geqslant|M_2|$；W_1 为构件弯矩作用平面内对较大受压纤维的毛截面模量；N'_E 为参数，$N'_E=\pi^2EI/(1.1\lambda^2)$。

7.2.2.2　压弯局部稳定规范设计公式

对于发生局部失稳试件分别按照《钢规》5.2 节对压弯构件进行强度验算和《塔规》8.2.3 小节与美国《杆规》5.2.3 小节的相关公式对压弯构件局部稳定进行验算。

(1)《钢规》5.2 节弯矩作用平面内的强度设计公式

$$\frac{N}{A_n}+\frac{M}{\gamma W_n}\leqslant f \tag{7-2}$$

式中：A_n 为构件净截面积；γ 为构件截面塑性发展系数，圆钢管取 1.15；W_n 为构件截面抗弯抵抗矩。

(2)《塔规》8.2.3 小节对环形构件压弯局部稳定计算。

①环形构件受压和受弯局部稳定强度折减系数 m_N 和 m_M 取值如下：

当 $D_0/t\leqslant 24\,100/f$(受压)或 $D_0/t\leqslant 38\,060/f$(受弯)时，$m_N=m_M=1.0$；

当 $24\,100/f\leqslant D_0/t\leqslant 76\,130/f$(受压)时，$m_N=0.75+\dfrac{6\,025}{(D_0/t)\cdot f}$；

当 $38\,060/f\leqslant D_0/t\leqslant 76\,130/f$(受弯)时，$m_M=0.7+\dfrac{11\,410}{(D_0/t)\cdot f}$。

②环形构件压弯局部稳定计算

$$\frac{N}{\varphi \cdot m_N \cdot A \cdot f}+\frac{M}{m_m \cdot W \cdot f} \leqslant 1 \tag{7-3}$$

式中:A 为构件毛截面积;φ 为构件弯矩作用平面内轴心受压构件稳定系数,稳定系数按“逆算单元长度法”计算结果取值;f 为钢材强度设计值。

(3)美国《杆规》5. 2. 3 小节对环形构件压弯局部稳定设计公式

$$\frac{f_a}{F_a}+\frac{f_b}{F_b} \leqslant 1 \tag{7-4}$$

式中:f_a 为轴压产生的压应力;f_b 为弯矩产生的压应力;F_a 为受压强度允许值;F_b 为受弯强度允许值。

F_a 取值:当 $D_0/t \leqslant 3\ 800\phi/F_y$ 时,$F_a=F_y$;当 $3\ 800\phi/F_y \leqslant D_0/t \leqslant 12\ 000\phi/F_y$ 时,$F_a=0.75F_y+\dfrac{950\phi}{D_0/t}$。

F_b 取值:当 $D_0/t \leqslant 6\ 000\phi/F_y$ 时,$F_b=F_y$;当 $6\ 000\phi/F_y \leqslant D_0/t \leqslant 12\ 000\phi/F_y$ 时,$F_b=0.70F_y+\dfrac{1\ 800\phi}{D_0/t}$。

其中,D_0 为钢管外径;t 为钢管壁厚;ϕ 为参数,当 F_a、F_b 和 F_y 单位为 MPa 时,$\phi=6.90$。

7.2.2.3 试件有效计算长度

确定计算公式稳定系数 φ 取值应依据长细比,为此应首先计算试件的有效计算长度,按照陈绍蕃教授撰写的专著《钢结构稳定设计指南》(第 2 版)中 3. 5 变截面压杆的临界荷载公式:

$$P_{cri}=\frac{\pi^2 EI_2}{4l_i^2} \times \frac{1}{\dfrac{a_i}{l_i}+\dfrac{l_i-a_i}{l_i} \cdot \dfrac{I_2}{I_1}-\dfrac{1}{\pi}\left(\dfrac{I_2}{I_1}-1\right)\sin\dfrac{\pi a_i}{l_i}} \quad (i=1,2) \tag{7-5}$$

所有试验试件计算简图见图 7-12,考虑试验方案中端部铰支座影响长度 a、b 和试件端部加劲部分长度 c,同时端部铰支座和试件端部加劲部分的刚度远大于试件本身的刚度,即近似处理:假定弯曲最大点距 b 对应支座铰接点长度为 l_1,$L=l+a+b=l_1+l_2$,$a_1=l_1-b-c$,$a_2=l_2-a-c$,$I_2/I_1=1/10$,则利用 $P_{cr1}=P_{cr2}$,计算参数及计算结果见表 7-2。

7.2.2.4 压弯整体失稳试件承载力分析

对试验中发生整体失稳试件的近弯矩加载点端部对应外加载计算值、实测计算值,参照《钢规》进行压弯构件强度和弯矩作用平面内稳定验算公式进行验算,以验证《钢规》压弯构件强度与整体稳定设计公式用于指导 Q690 钢管压弯构件工程设计的可行性,验算结果见表 7-3。其中表 7-3 中前后双数值分别对应试验外加载值和实测计算值的整体稳定验算值。

为了更清楚地显示压弯试件强度和稳定承载力验算结果的变化规律,将验算值图示化,见图 7-13。图中验算公式类别 1、2 分别代表试验外加载值和试验实测计算值(参照《钢规》压弯构件强度设计公式验算值),验算公式类别 3、4 分别代表试验实测计算值(参照《钢规》压弯构件整体稳定设计公式验算值(稳定系数取值不考虑残余应力))、试验实测计算值(参照《钢规》压弯构件整体稳定设计公式验算值(稳定系数取值考虑残余应力))。

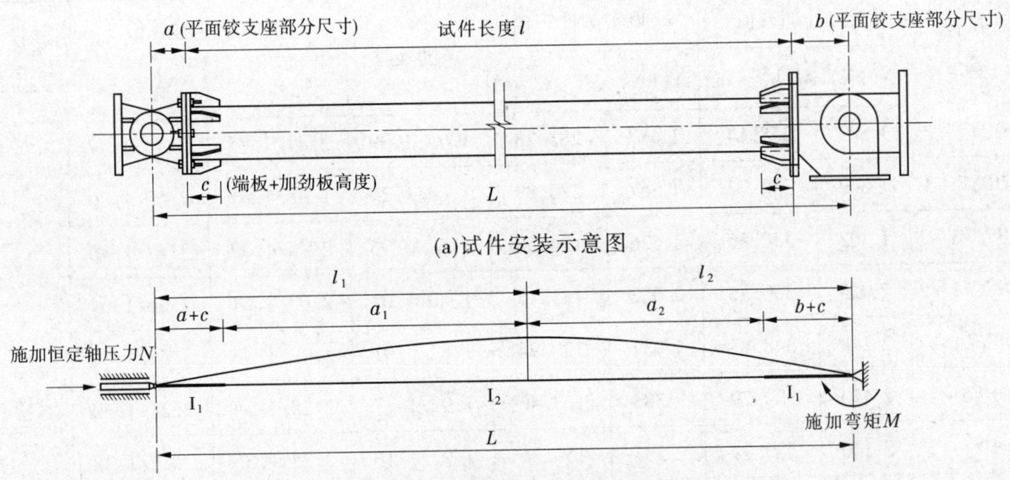

图 7-12　试验试件计算简图

表 7-2　计算参数及计算结果

试件种类	DPY1	DPY2	DPY4	DPY5	DPY6	DPY7	DPY7A	DPY8	DPY9
a(mm)	235	235	235	235	235	235	235	235	235
b(mm)	400	400	400	400	400	400	400	400	400
c(mm)	220	220	220	220	220	220	220	220	220
l(mm)	2 100	2 650	3 400	4 200	5 000	4 700	4 670	5 750	6 800
L(mm)	2 735	3 285	4 035	4 835	5 635	5 335	5 305	6 385	7 435
μ	0.955	0.974	0.986	0.992	0.995	0.994	0.994	0.996	0.998
μL(mm)	2 612.80	3 198.53	3 976.71	4 793.97	5 604.59	5 301.15	5 270.77	6 361.22	7 417.39
λ	30.52	30.76	46.45	46.11	46.08	61.92	61.57	61.19	60.98

表 7-3　试件压弯整体稳定承载力验算

试件编号	试验外加载值		试验实测计算值		强度验算	整体稳定验算值		破坏类型
	N(kN)	M(kN·m)	N(kN)	M(kN·m)		无残余	有残余	
DPY9-1	2 542	—	2 003	203.61	—/0.94	—/1.44	—/1.47	整体失稳
DPY9-2	2 568	—	2 514	197.62	—/1.04	—/1.91	—/1.94	
DPY9-3	2 536	348.06	2 274	194.67	1.41/0.98	2.52/1.59	2.56/1.62	
DPY8-1	2 472	326.10	2 055	143.04	1.72/1.02	4.66/1.83	4.70/1.87	
DPY8-2	2 472	344.63	2 100	125.37	1.78/0.97	4.17/1.68	4.22/1.72	
DPY8-3	2 472	351.87	2 111	117.90	1.81/0.95	4.02/1.62	4.06/1.66	
DPY7-1	1 802	358.14	1 640	202.66	1.74/1.14	2.54/1.60	2.56/1.62	

续表 7-3

试件编号	试验外加载值		试验实测计算值		强度验算	整体稳定验算值		破坏类型
	N(kN)	M(kN·m)	N(kN)	M(kN·m)		无残余	有残余	
DPY7 - 2	1 802	358.14	1 487	283.28	1.74/1.39	2.41/1.75	2.44/1.77	整体失稳
DPY7 - 3	1 802	330.72	1 567	225.89	1.64/1.20	2.48/1.67	2.50/1.70	
DPY7A - 1	1 802	330.56	1 626	154.28	1.64/0.96	2.44/1.37	2.47/1.40	
DPY7A - 2	2 025	330.56	2 022	145.15	1.70/1.02	2.63/1.61	2.66/1.64	
DPY7A - 3	2 248	348.83	1 937	120.94	1.82/0.91	3.49/1.48	3.52/1.51	
DPY5 - 1	2 440	389.79	2 383	163.46	1.92/1.17	2.25/1.37	2.28/1.40	
DPY5 - 2	2 440	389.79	2 395	159.36	1.92/1.16	2.24/1.35	2.27/1.38	
DPY5 - 3	2 440	389.79	2 275	164.85	1.92/1.15	2.32/1.34	2.35/1.37	
DPY4 - 1	2 025	373.55	1 961	206.53	1.85/1.23	1.96/1.32	1.99/1.34	
DPY4 - 3	1 802	417.99	1 514	253.29	1.96/1.29	1.97/1.26	1.99/1.28	

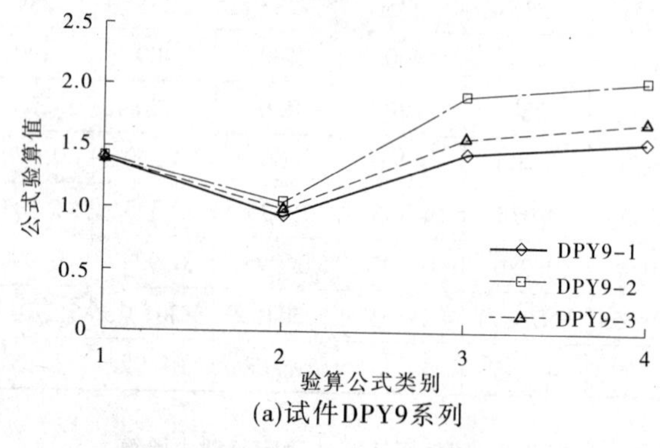

(a)试件DPY9系列

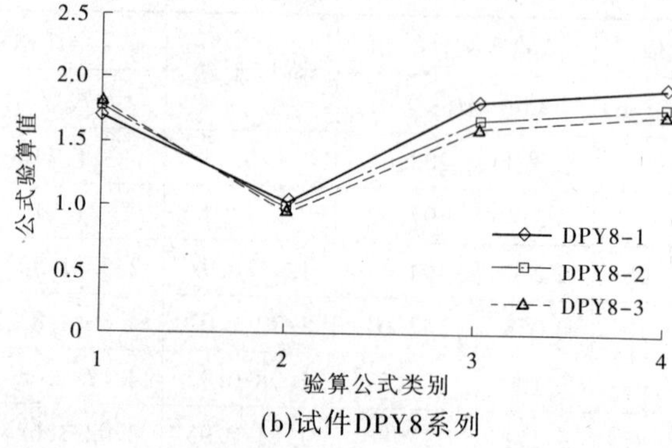

(b)试件DPY8系列

图 7-13　整体失稳试件压弯承载力设计公式验算结果对比

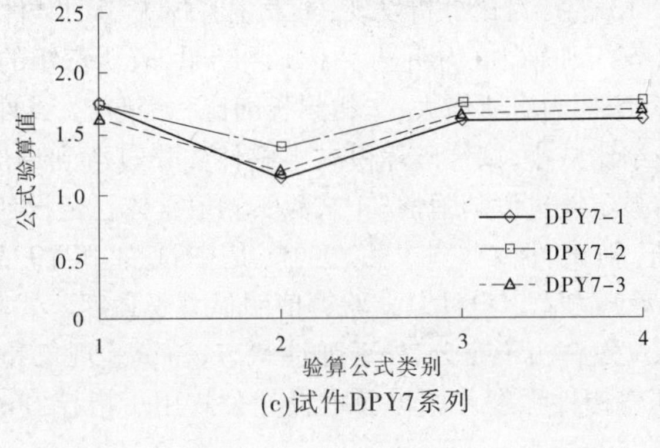

(c)试件DPY7系列

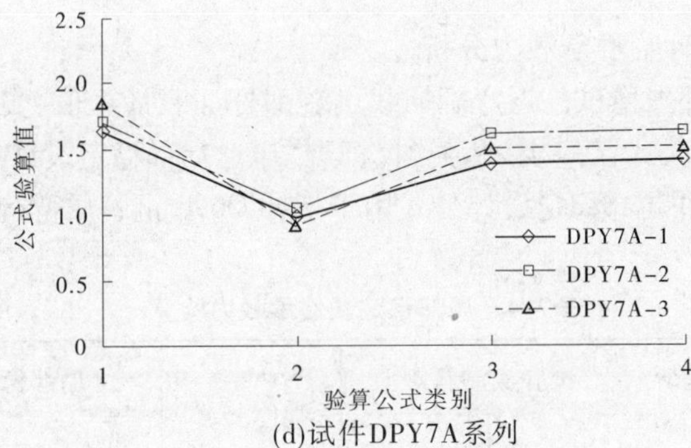

(d)试件DPY7A系列

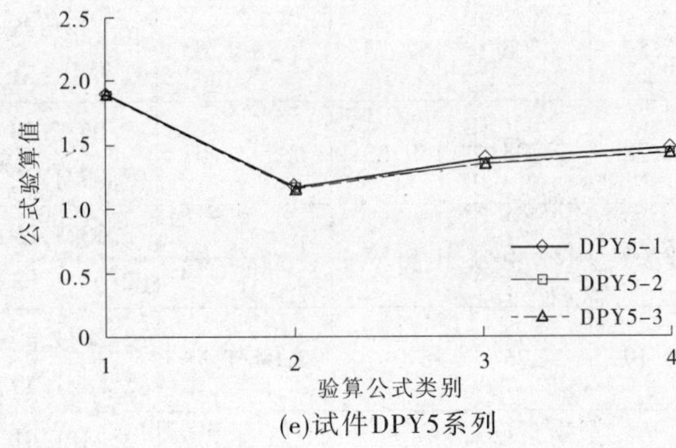

(e)试件DPY5系列

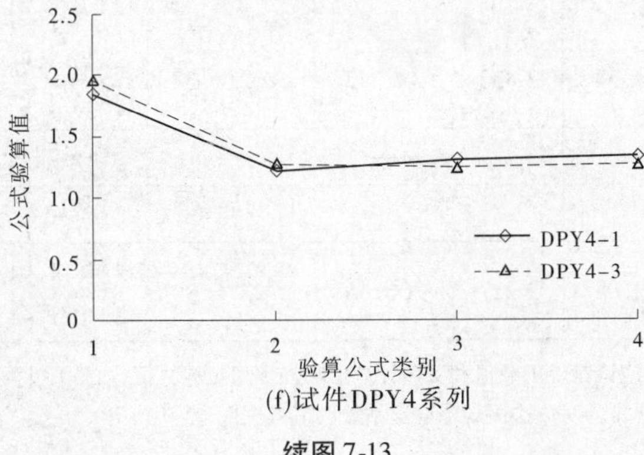

(f)试件DPY4系列

续图 7-13

通过表 7-3 和图 7-13 进行对比分析发现：①发生整体失稳的试件破坏时试件近弯矩加载端外加载计算值（弯矩和轴力）均明显大于实测结果，表明弯矩的增大使得加载架中加载传力梁与拉杆之间摩擦力有所增大；②相同长细比和径厚比，试件的抗弯承载力随轴压比增大而降低；③长细比减小，试件破坏模式由整体失稳过渡到局部失稳，而随轴压比增大，试件破坏状态由弹塑性过渡到弹性；④试验实测值整体稳定设计公式验算值均大于强度设计公式验算值，则试件由整体失稳控制，其中试件 DPY9 系列、DPY8 系列和 DPY7A 系列相应压弯承载力稳定设计公式验算值明显大于强度公式验算值，充分表明试件失稳破坏时，材料强度发挥极不充分，处于弹性状态，与试验现象和实测数据分析结论一致，验证了《钢规》压弯构件强度和整体稳定设计公式用于指导 Q690 钢管压弯构件工程设计的可行性。

7.2.2.5　局部失稳试件临界承载力分析

对试验中发生局部失稳试件近弯矩加载点端部外加载计算值、实测计算值，参照《钢规》压弯构件强度设计公式、《塔规》和美国《杆规》压弯局部稳定设计公式分别进行验算，以验证《塔规》压弯构件局部稳定设计公式用于指导 Q690 钢管压弯构件工程设计的可行性，验算结果见表 7-4。

表 7-4　局部稳定试件承载力验算

试件编号	试验外加载值		试验实测弯矩值		强度验算	局部稳定验算值		破坏类型
	N(kN)	M(kN·m)	N(kN)	M(kN·m)		中国	美国	
DPY6－1	2 887	385.87	2 706	167.74	1.58/1.02	1.93/1.28 (1.96/1.31)	1.62/1.04	局部失稳
DPY6－2	2 887	431.78	2 798	159.63	1.69/1.02	2.06/1.28 (2.09/1.32)	1.74/1.04	
DPY6－3	2 887	422.60	2 656	179.34	1.66/1.04	2.03/1.29 (2.07/1.33)	1.71/1.06	
DPY2－1	2 440	623.19	2 276	357.97	2.04/1.35	2.28/1.49 (2.28/1.49)	2.06/1.34	
DPY2－2	2 440	623.19	2 240	367.26	2.04/1.37	2.28/1.51 (2.28/1.51)	2.06/1.36	
DPY2－3	2 440	614.54	2 433	337.42	2.02/1.33	2.26/1.46 (2.26/1.47)	2.03/1.32	
DPY1－1	—	—	—	—	—	—	—	
DPY1－2	—	—	—	—	—	—	—	
DPY1－3	2 248	462.08	2 227	206.66	2.23/1.30	2.48/1.41 (2.48/1.41)	2.24/1.27	

注：表中前后双数值分别对应试验外加载值和实测计算值的局部稳定验算值，而第 1 排为对应中国规范稳定系数取值未考虑残余应力，第 2 排为对应中国规范稳定系数取值考虑残余应力。

为了更清楚地显示各种设计公式验算结果之间的差异，将试验数据代入相关规范设计公式得到验算结果，见图 7-14。其中，图 7-14 中验算公式类别 1、2 分别代表试件试验外加载值和试验实测计算值（参照《钢规》压弯构件强度设计公式验算值），验算公式类别 3～5 分别代表试件试验实测计算值（参照《塔规》局部稳定设计公式验算值（稳定系数取值不考虑残余应力））、试验实测计算值（参照《塔规》局部稳定设计公式验算值（稳定系数取值考虑残余应力））、试验实测计算值（参照美国《杆规》局部稳定验算公式验算值）。

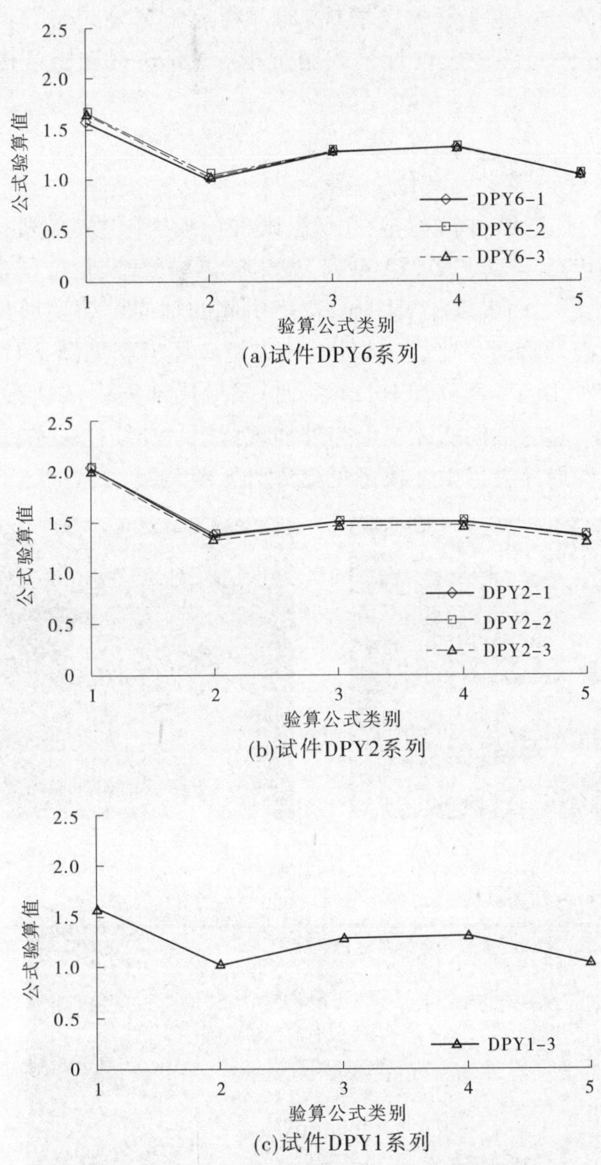

图 7-14　局部失稳试件承载力设计公式验算结果对比

通过对表 7-4 和图 7-14 分析显示：①发生局部失稳的所有试件，破坏时试件近弯矩加载端外加载计算值弯矩明显大于实测结果，轴力与实测结果相差不大；②随着长细比的减小，压弯承载力实测结果参照《钢规》压弯构件强度设计公式、《塔规》和美国《杆规》压弯构件局部稳定设计公式验算值差异越小，则破坏模式转变为强度破坏；③所有试件压弯承载力实测计算值参照《钢规》压弯构件强度设计公式、《塔规》和美国《杆规》压弯构件局部稳定设计公式验算值均大于 1.0，且试验实测值局部稳定设计公式验算值均大于强度设计公式验算值，则试件由局部失稳控制，其中试件 DPY6 系列压弯承载力实测结果参照强度设计公式与稳定设计公式验算值差别较大，其他两类构件差别较小，说明 DPY6 系列破坏为弹性局部失稳，而其他为弹塑性局部失稳，与试验现象和实测数据分析结论一致；④参照的所有设计公式验算值中，《塔规》局部稳定验算公式验算值最大，偏于安全，验证了《塔规》压弯构件局部稳定设计公式用于指导 Q690 钢管压弯构件工程设计的可行性。

7.2.3　试件压弯试验破坏模态

9 组（合计 27 根）压弯试件试验中：①6 组试件（即为 DPY9 系列、DPY8 系列、DPY7 系列、DPY7A 系列、DPY5 系列和 DPY4 系列）发生整体失稳，试验过程中前期试件弯曲程度随长细比或径厚比增大而表现相对明显，弯矩引起的轴向压缩变形与外加载弯矩呈非线性关系，整体失稳破坏瞬时发生，各试件整体失稳破坏模态见图 7-15 ~ 图 7-20；②3 组试件（即为 DPY6 系列、DPY2 系列和 DPY1 系列）发生局部失稳，试验过程中前期试件弯曲程度不明显，弯矩引起的轴向压缩变形与外加载弯矩呈非线性关系，局部失稳持时相对整体失稳较长，各试件局部失稳破坏模态见图 7-21 ~ 图 7-23。

(a) DPY9 - 1

(b) DPY9 - 2

(c) DPY9 - 3

图 7-15　试件 DPY9 系列整体失稳破坏模态

(a) DPY8 - 1

(b) DPY8 - 2

(c) DPY8 - 3

图 7-16　试件 DPY8 系列整体失稳破坏模态

(a) DPY7 - 1

(b) DPY7 - 2

(c) DPY7 - 3

图 7-17　试件 DPY7 系列整体失稳破坏模态

(a) DPY7A - 1

(b) DPY7A - 2

(c) DPY7A - 3

图 7-18　试件 DPY7A 系列整体失稳破坏模态

(a) DPY5 - 1

(b) DPY5 - 2

(c) DPY5 - 3

图 7-19　试件 DPY5 系列整体失稳破坏模态

(a) DPY4 - 1

(b) DPY4 - 2

(c) DPY4 - 3

图 7-20　试件 DPY4 系列整体失稳破坏模态

(a) DPY6 - 1

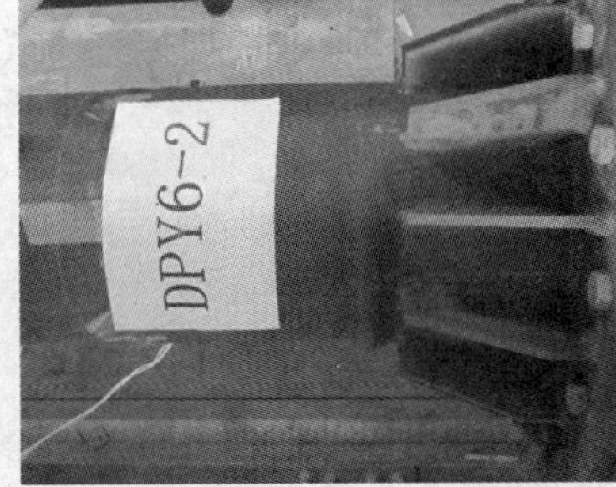

(b) DPY6 - 2

图 7-21　试件 DPY6 系列局部失稳破坏模态

(c) DPY6 - 3

续图 7-21

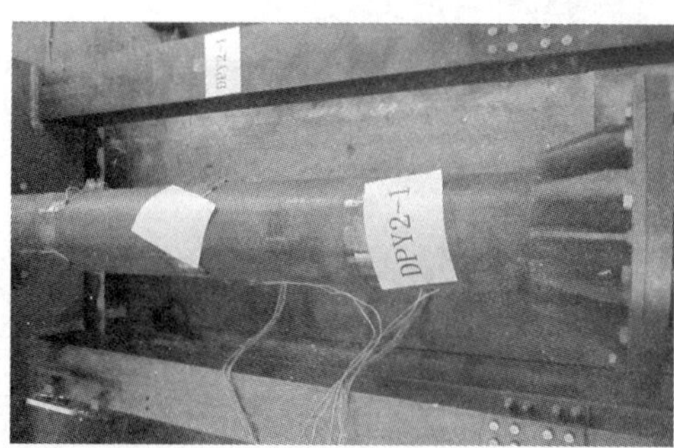

(a) DPY2 - 1

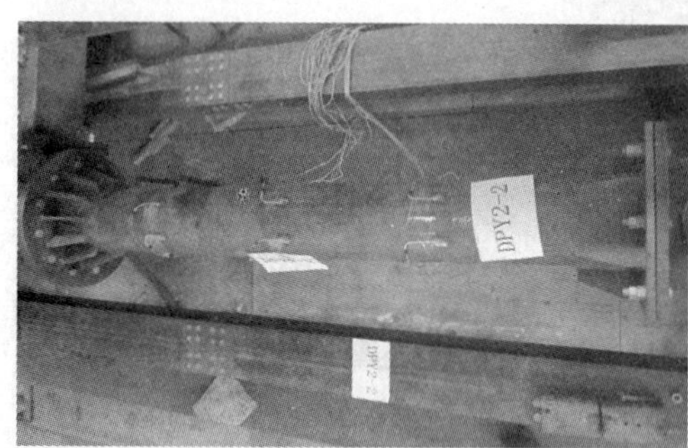

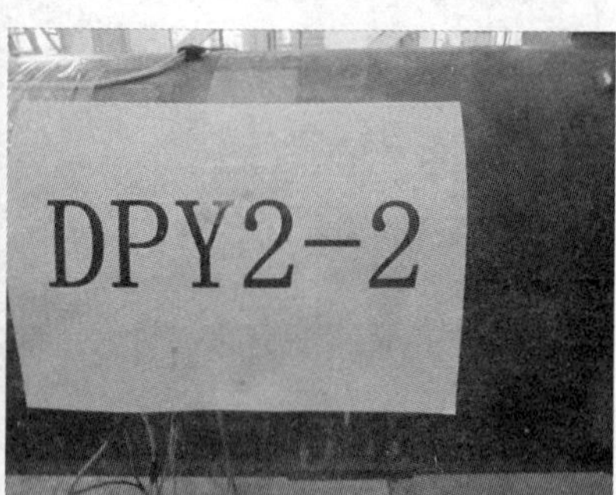

(b) DPY2 - 2

(c) DPY2 - 3

图 7-22　试件 DPY2 系列局部失稳破坏模态

(a) DPY1 - 1(轴向加载过程中提前破坏)

(b) DPY1 - 2(轴向加载过程中提前破坏)

(c) DPY1 - 3

图 7-23　试件 DPY1 系列局部失稳破坏模态

7.3　本章小结

本章重点对 $\phi 250\times 8$、$\phi 300\times 8$、$\phi 350\times 8$ 三种截面形式，设计长细比为 60、45、30 的 Q690 钢管 9 组 27 根试件进行压弯性能试验研究，通过对试验现象和测试数据进行分析，可以得出以下结论与建议：

(1)所有压弯试件中，试件破坏之前实测弯矩—轴向位移呈非线性，弯曲变形不明显；整体失稳破坏发生瞬时突然，随之试件承载力急剧下降，而局部失稳破坏持时相对较长，随之试件承载力下降趋势平缓。

(2)随着长细比的减小,试件破坏模式由整体失稳过渡到局部失稳;随着轴压比的增大,试件破坏状态由弹塑性过渡为弹性。

(3)所有发生整体失稳试件参照《钢规》压弯构件强度和整体稳定设计公式对试件压弯承载力实测结果进行验算,整体稳定设计公式验算值大于强度设计公式验算值,则试件由整体失稳控制,与试验现象和实测数据分析结论吻合,验证了《钢规》压弯构件强度和整体稳定设计公式用于指导 Q690 钢管压弯构件工程设计的可行性。

(4)所有发生局部失稳试件参照《钢规》强度设计公式、《塔规》和美国《杆规》局部稳定设计公式进行验算,《塔规》局部稳定设计公式验算值最大,偏于安全,验证了《塔规》压弯构件局部稳定设计公式用于指导 Q690 钢管压弯构件工程设计的可行性。

第 8 章　Q690 钢管压弯性能有限元分析

基于第 6 章采用大型有限元分析商业软件 ABAQUS 具有的优势,本章采用 ABAQUS 进行压弯构件稳定非线性屈曲分析。

8.1　有限元分析模型

8.1.1　有限元模型的建立

8.1.1.1　试件几何模型

试件几何模型包括两部分:①模拟试验的试件尺寸按表 7-2 取值;②圆钢管主体部分采用 4 节点双曲壳单元,加载与固定边界使用的超强钢板采用 8 节点线性实体单元。

8.1.1.2　试件材性取值

试件材料模型包括有:①圆钢管管材相关参数按照试验测试计算结果取值,弹性模量和屈服强度见表 8-1(注:表中数据按照试件外施加轴压载荷过程中材料处于弹性状态,由所有应变片测试数据的平均值计算所得),Q690 高强钢材取双折线弹塑性本构模型(有限元软件模拟中对理想弹塑性本构的处理方式);②构件端部超强钢板为消除其在荷载作用下产生的变形对主体钢管计算结果的影响,将刚性板弹性模量设为 2.06×10^{10} N/mm^2,这样在计算荷载作用下,由于其变形很小,对主体钢管计算结果影响可以忽略不计。

表 8-1　试验测试弹性模量 E 和条件屈服点 f_y 取值

试件种类	DPY1	DPY2	DPY4	DPY5	DPY6	DPY7A	DPY7	DPY8	DPY9
$E(\times10^5$ N/mm$^2)$	—	1.824	1.930	2.048	1.966	1.872	1.970	1.700	1.890
	—	1.876	1.960	2.026	1.828	1.817	2.107	1.770	1.755
	1.873	1.890	1.960	1.856	1.784	1.784	1.880	2.030	1.856
f_y(N/mm^2)	745								

8.1.1.3　模型边界条件和加载方式

(1)边界约束条件:对应试验弯矩施加端,对加载梁过钢管圆心的主线位置所有点的所有位移和绕转轴之外的两个转动进行约束;对应轴力加载端,将钢板上过钢管圆心的主线上点对除试件轴向位移外的两个位移和绕转轴之外的两个转动进行约束。

(2)加载方式:首先在对应轴力加载端主线上对应钢管圆心点按照设定轴压比施加恒定轴压力,随后在试验弯矩施加端加载,梁近似试验加载部位采取位移加载模式加载。

试件有限元分析模型见图 8-1。

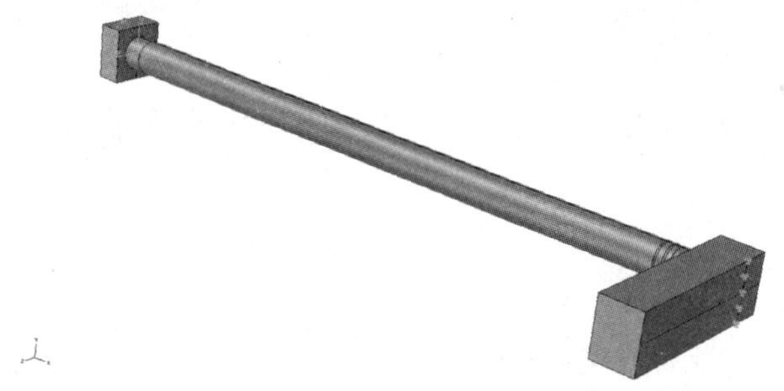

图 8-1　试件有限元分析模型

8.1.2　初始缺陷的引入与处理措施

(1)整体几何缺陷:由于本次试验是先施加轴向力到恒定轴压比,再在弯矩加载端施加弯矩,弯矩势必会引起试件在弯矩面内弯曲,为此无须另外引入整体几何缺陷。

(2)局部几何缺陷取值:由于国内规范对钢管构件初始几何缺陷允许误差规定的数值均与钢管径厚比没有直接联系,为此本文按照 AISC 规范关于圆柱壳几何缺陷幅值的规定对所有构件引入了局部几何缺陷,考虑实际工程中,随圆柱壳径厚比增大,局部几何缺陷也随之增大,局部初始几何缺陷规定如下:

$$\frac{\overline{\omega}}{t} = \frac{1}{16.5}\sqrt{\frac{r}{t}}$$

式中:$\overline{\omega}$ 为局部初始缺陷幅值;t 为钢管壁厚;r 为钢管外半径。

试件端部连接刚度变化大,受力过程中应力集中现象明显,在此区域附近设置局部几何缺陷更为不利,有限元模拟结果更可靠。为此本书引入局部几何缺陷模式见图 6-2,缺陷幅值计算结果见表 8-2。

表 8-2　局部几何缺陷计算结果

试件种类	DPY1	DPY2	DPY4	DPY5	DPY6	DPY7A	DPY7	DPY8	DPY9
r(mm)	125	150	125	150	175	125	125	150	175
t(mm)	8	8	8	6	6	8	8	6	6
$\overline{\omega}$(mm)	1.917	2.099	1.917	1.818	1.964	1.917	1.917	1.818	1.964

(3)初始残余应力分布规律:选取第 3 章得出初始残余应力分布模式,见图 6-3。

8.2　压弯试验试件压弯性能模拟结果分析

8.2.1　弯矩与轴向位移关系

针对压弯性能试验的 9 组 24 根试验试件(其中出现异常的 3 根未模拟),引入的初始缺陷考虑了四种工况:Ⅰ无缺陷、Ⅱ局部几何缺陷、Ⅲ初始残余应力、Ⅳ局部几何缺陷 + 初始残余应力,进行了有限元数值模拟,根据数值模拟结果加以分析。为了与所有试件试验结果进行直接比较,有限元模拟结果也采取轴向位移变化来作图,其中弯矩对应弯矩加载点弯矩。

8.2.1.1　整体失稳试件

(1)试件 DPY9 系列($\lambda=60,\phi350\times6$)。

试件 DPY9－1 首先施加试验实测轴压力 2 003 kN,然后开始逐级施加弯矩,有限元模拟和试验实测弯矩—轴向位移曲线见图 8-2(a),试件加载至失稳破坏之前,数值模拟和试验实测计算弯矩—轴向变形都呈非线性,但不明显,这反映了试件由于先期施加了较大的轴压力,先期弯矩施加过程中弯曲程度不明显;而失稳破坏发生后,承载力急剧下降;试件模拟轴压刚度相对试验实测值明显大,而抗弯刚度与试验值偏差较小;试件在Ⅰ、Ⅱ、Ⅲ和Ⅳ缺陷工况下模拟得到的弯矩分别为 161.21 kN·m、161.03 kN·m、149.21 kN·m 和 148.74 kN·m,较试验实测弯矩计算值 215.80 kN·m 分别小 25.3%、25.4%、30.9%和 31.1%,差异分析反映出残余应力存在一定的影响,而局部几何缺陷影响极小。

试件 DPY9－2 首先施加试验实测轴压力 2 514 kN,然后开始逐级施加弯矩,有限元模拟和试验实测弯矩—轴向位移曲线见图 8-2(b),试件加载至失稳破坏之前,数值模拟和试验实测计算弯矩—轴向变形都呈非线性,但不明显,这反映了试件由于先期施加了较大的轴压力,先期弯矩施加过程中弯曲程度不明显;而失稳破坏发生后,承载力急剧下降;试件模拟轴压刚度相对试验实测值明显大,而抗弯刚度与试验值偏差较小;试件在Ⅰ、Ⅱ、Ⅲ和Ⅳ缺陷工况下模拟得到的弯矩分别为 141.72 kN·m、141.42 kN·m、129.71 kN·m 和 129.33 kN·m,较试验实测弯矩计算值 209.45 kN·m 分别小 32.3%、32.5%、38.1%和 38.3%,差异分析反映出残余应力存在一定的影响,而局部几何缺陷影响极小。

试件 DPY9－3 首先施加试验实测轴压力 2 274 kN,然后开始逐级施加弯矩,有限元模拟和试验实测弯矩—轴向位移曲线见图 8-2(c),试件加载至失稳破坏之前,数值模拟和试验实测计算弯矩—轴向变形呈非线性,但不明显,反映出试件由于先期施加了较大的轴压力,先期弯矩施加过程中弯曲程度不明显;而失稳破坏发生后,承载力急剧下降;试件模拟轴压刚度相对试验实测值明显大,而抗弯刚度与试验值偏差较小;试件在Ⅰ、Ⅱ、Ⅲ和Ⅳ缺陷工况下模拟得到的弯矩分别为 123.79 kN·m、124.37 kN·m、111.55 kN·m 和 111.97 kN·m,较试验实测弯矩计算值 206.33 kN·m 分别小 40.0%、39.7%、45.9%和 45.7%,差异分析反映出残余应力存在一定的影响,而局部几何缺陷影响极小。

(2)试件 DPY8 系列($\lambda=60,\phi300\times6$)。

试件 DPY8－1 首先施加试验实测轴压力 2 055 kN,然后开始逐级施加弯矩,有限元模拟和试验实测弯矩—轴向位移曲线见图 8-3(a),试件加载至失稳破坏之前,数值模拟和试验实测计算弯矩—轴向变形呈非线性,但不明显,反映出试件由于先期施加了较大的轴压力,先期弯矩施加过程中弯曲程度不明显;而失稳破坏发生后,承载力急剧下降;试件模拟轴压刚度相对试验实测值明显大,而抗弯刚度与试验值偏差较小;试件在Ⅰ、Ⅱ、Ⅲ和Ⅳ缺陷工况下模拟得到的弯矩分别为 56.66 kN·m、58.17 kN·m、50.65 kN·m 和 50.87 kN·m,较试验实测弯矩计算值 151.11 kN·m 分别小 62.5%、61.5%、66.5%和 66.3%,差异分析反映出残余应力存在一定的影响,而局部几何缺陷基本无影响。

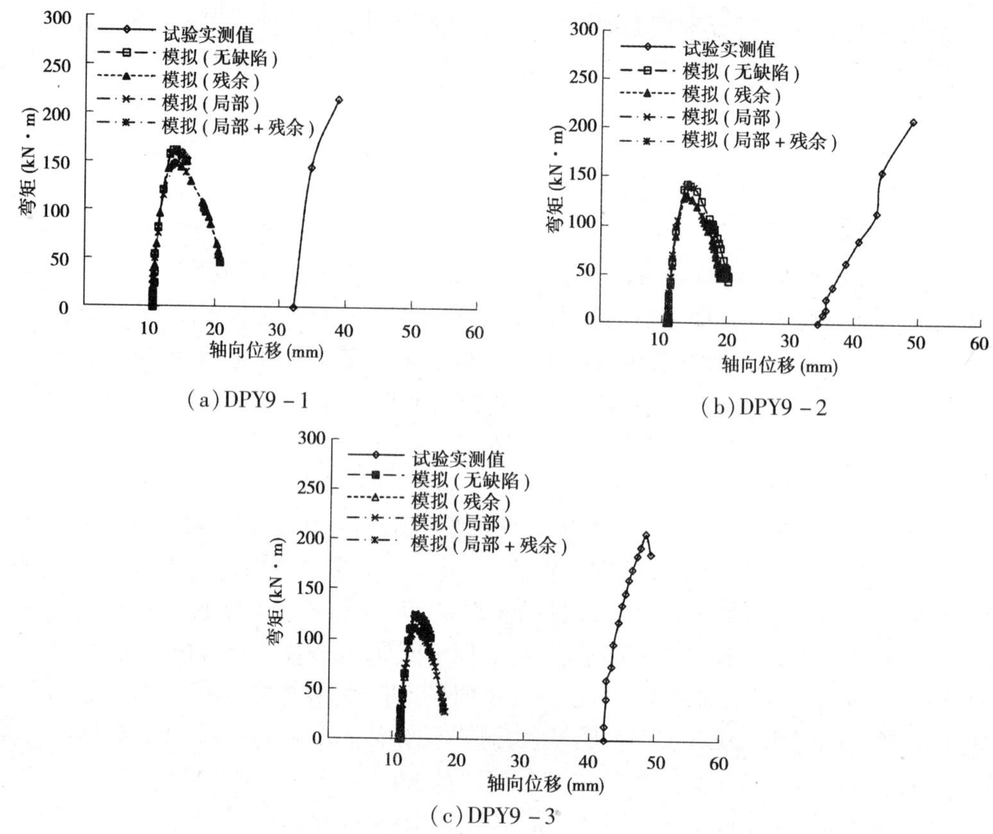

(a) DPY9－1　　(b) DPY9－2

(c) DPY9－3

图 8-2　试件 DPY9 系列有限元模拟与试验实测弯矩—轴向位移曲线

试件 DPY8－2 首先施加试验实测轴压力 2 100 kN，然后开始逐级施加弯矩，有限元模拟和试验实测弯矩—轴向位移曲线见图 8-3(b)，试件加载至失稳破坏之前，数值模拟和试验实测计算弯矩—轴向变形呈非线性，但不明显，反映出试件由于先期施加了较大的轴压力，先期弯矩施加过程中弯曲程度不明显；而失稳破坏发生后，承载力急剧下降；试件模拟轴压刚度相对试验实测值明显大，而抗弯刚度与试验值偏差较小；试件在Ⅰ、Ⅱ、Ⅲ和Ⅳ缺陷工况下模拟得到的弯矩分别为 62. 93 kN · m、64. 74 kN · m、62. 93 kN · m 和 55. 87 kN · m，较试验实测弯矩计算值 134. 20 kN · m 分别小 53. 1%、51. 8%、53. 1% 和 58. 4%，差异分析反映出局部几何缺陷存在一定的影响，而残余应力影响极小。

试件 DPY8－3 首先施加试验实测轴压力 2 111 kN，然后开始逐级施加弯矩，有限元模拟和试验实测弯矩—轴向位移曲线见图 8-3(c)，试件加载至失稳破坏之前，数值模拟和试验实测计算弯矩—轴向变形呈非线性，但不明显，反映出试件由于先期施加了较大的轴压力，先期弯矩施加过程中弯曲程度不明显；而失稳破坏发生后，承载力急剧下降；试件模拟轴压刚度相对试验实测值明显大，而抗弯刚度与试验值偏差较小；试件在Ⅰ、Ⅱ、Ⅲ和Ⅳ缺陷工况下模拟得到的弯矩分别为 66. 00 kN · m、68. 25 kN · m、60. 76 kN · m 和 58. 90 kN · m，较试验实测弯矩计算值 126. 20 kN · m 分别小 47. 7%、45. 9%、51. 9% 和 53. 3%，差异分析反映出残余应力和局部几何缺陷存在一定的影响，但影响较小。

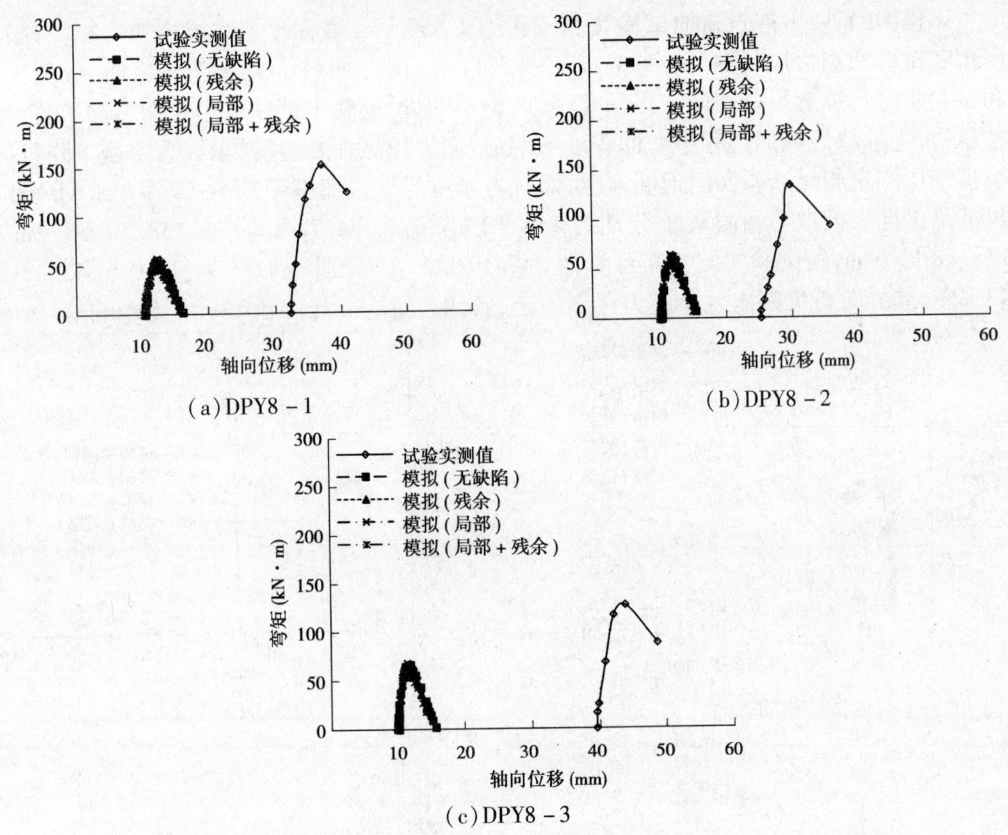

图 8-3　试件 DPY8 系列有限元模拟与试验实测弯矩—轴向位移曲线

(3) 试件 DPY7 系列（$\lambda=60,\phi250\times8$）。

试件 DPY7－1 首先施加试验实测轴压力 1 640 kN，然后开始逐级施加弯矩，有限元模拟和试验实测弯矩—轴向位移曲线见图 8-4(a)，试件加载至失稳破坏之前，数值模拟和试验实测计算弯矩—轴向变形呈非线性，但不明显，反映出试件由于先期施加了较大的轴压力，先期弯矩施加过程中弯曲程度不明显；而失稳破坏发生后，承载力急剧下降；试件模拟轴压刚度相对试验实测值明显大，而抗弯刚度与试验值偏差较小；试件在Ⅰ、Ⅱ、Ⅲ和Ⅳ缺陷工况下模拟得到的弯矩分别为 136.91 kN·m、136.90 kN·m、130.30 kN·m 和 130.30 kN·m，较试验实测弯矩计算值 219.98 kN·m 分别小 37.8%、37.8%、40.8% 和 40.8%，差异分析反映出残余应力存在一定的影响，而局部几何缺陷基本无影响。

试件 DPY7－2 首先施加试验实测轴压力 1 487 kN，然后开始逐级施加弯矩，有限元模拟和试验实测弯矩—轴向位移曲线见图 8-4(b)，试件加载至失稳破坏之前，数值模拟和试验实测计算弯矩—轴向变形呈非线性，但不明显，反映出试件由于先期施加了较大的轴压力，先期弯矩施加过程中弯曲程度不明显；而失稳破坏发生后，承载力急剧下降；试件模拟轴压刚度相对试验实测值明显大，而抗弯刚度与试验值偏差较小；试件在Ⅰ、Ⅱ、Ⅲ和Ⅳ缺陷工况下模拟得到的弯矩分别为 181.19 kN·m、181.16 kN·m、176.10 kN·m 和 176.07 kN·m，较试验实测弯矩计算值 307.49 kN·m 分别小 41.1%、41.1%、42.7% 和 42.7%，差异分析反映出残余应力存在一定的影响，而局部几何缺陷基本无影响。

试件 DPY7 - 3 首先施加试验实测轴压力 1 567 kN,然后开始逐级施加弯矩,有限元模拟和试验实测弯矩—轴向位移曲线见图 8-4(c),试件加载至失稳破坏之前,数值模拟和试验实测计算弯矩—轴向变形呈非线性,但不明显,反映出试件由于先期施加了较大的轴压力,先期弯矩施加过程中弯曲程度不明显;而失稳破坏发生后,承载力急剧下降;试件模拟轴压刚度相对试验实测值明显大,而抗弯刚度与试验值偏差较小;试件在Ⅰ、Ⅱ、Ⅲ和Ⅳ缺陷工况下模拟得到的弯矩分别为 144.72 kN · m、144.71 kN · m、138.79 kN · m 和 138.78 kN · m,较试验实测弯矩计算值 245.19 kN · m 分别小 41.0%、41.0%、43.4% 和 43.4%,差异分析反映出残余应力存在一定的影响,而局部几何缺陷基本无影响。

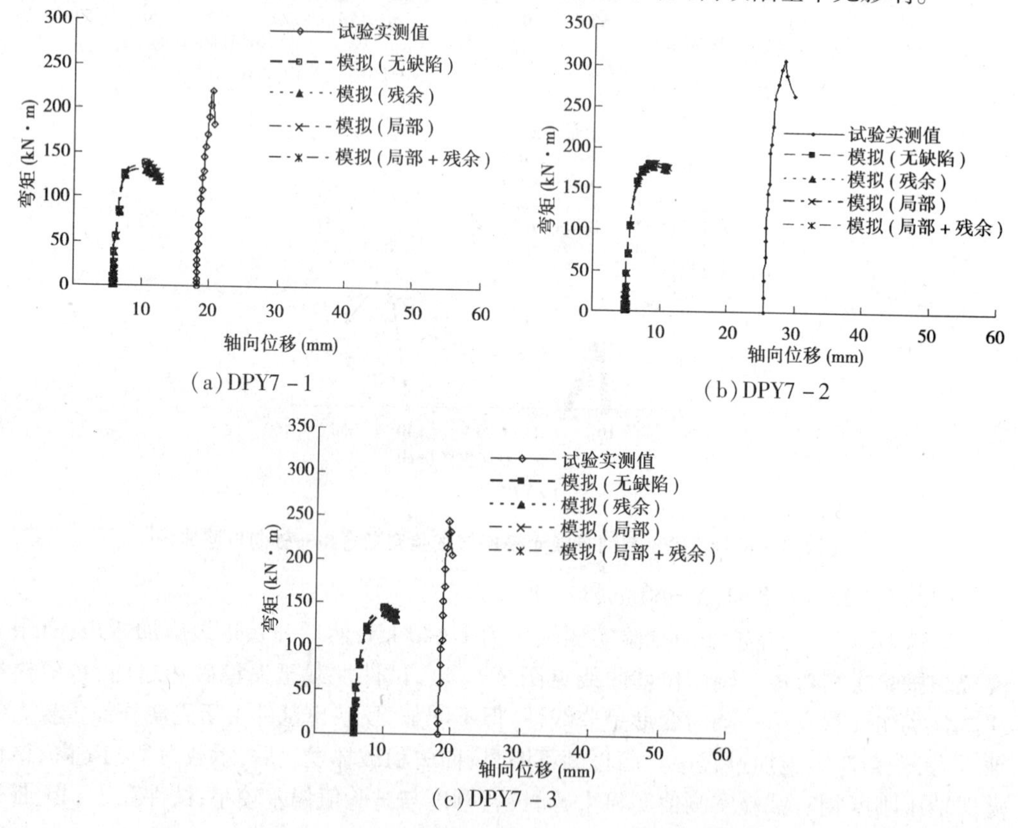

(a)DPY7 - 1　(b)DPY7 - 2　(c)DPY7 - 3

图 8-4　试件 DPY7 系列有限元模拟与试验实测弯矩—轴向位移曲线

(4)试件 DPY7A 系列($\lambda = 60$,$\phi 250 \times 8$,相对 DPY7 系列主要变换了端部构造)。

试件 DPY7A - 1 首先施加试验实测轴压力 1 626 kN,然后开始逐级施加弯矩,有限元模拟和试验实测弯矩—轴向位移曲线见图 8-5(a),试件加载至失稳破坏之前,数值模拟和试验实测计算弯矩—轴向变形呈非线性,但不明显,反映出试件由于先期施加了较大的轴压力,先期弯矩施加过程中弯曲程度不明显;而失稳破坏发生后,承载力急剧下降;试件模拟轴压刚度相对试验实测值明显大,而抗弯刚度与试验值偏差较小;试件在Ⅰ、Ⅱ、Ⅲ和Ⅳ缺陷工况下模拟得到的弯矩分别为 135.50 kN · m、135.50 kN · m、129.11 kN · m 和 129.11 kN · m,较试验实测弯矩计算值 215.80 kN · m 分别小 37.2%、37.2%、40.2% 和 40.2%,差异分析反映出残余应力存在一定的影响,而局部几何缺陷基本无影响。

试件 DPY7A - 2 首先施加试验实测轴压力 2 022 kN,然后开始逐级施加弯矩,有限元模拟和试验实测弯矩—轴向位移曲线见图 8-5(b),试件加载至失稳破坏之前,数值模拟和试验实测计算弯矩—轴向变形呈非线性,但不明显,反映出试件由于先期施加了较大的轴压力,先期弯矩施加过程中弯曲程度不明显;而失稳破坏发生后,承载力急剧下降;试件模拟轴压刚度相对试验实测值明显大,而抗弯刚度与试验值偏差较小;试件在Ⅰ、Ⅱ、Ⅲ和Ⅳ缺陷工况下模拟得到的弯矩分别为 92.71 kN·m、92.68 kN·m、86.82 kN·m 和 86.75 kN·m,较试验实测弯矩计算值 209.45 kN·m 分别小 55.7%、55.8%、58.5% 和 58.6%,差异分析反映出残余应力影响较小,而局部几何缺陷基本无影响。

试件 DPY7A－3 首先施加试验实测轴压力 1 937 kN,然后开始逐级施加弯矩,有限元模拟和试验实测弯矩—轴向位移曲线见图 8-5(c),试件加载至失稳破坏之前,数值模拟和试验实测计算弯矩—轴向变形呈非线性,但不明显,反映出试件由于先期施加了较大的轴压力,先期弯矩施加过程中弯曲程度不明显;而失稳破坏发生后,承载力急剧下降;试件模拟轴压刚度相对试验实测值明显大,而抗弯刚度与试验值偏差较小;试件在Ⅰ、Ⅱ、Ⅲ和Ⅳ缺陷工况下模拟得到的弯矩分别为 83.95 kN·m、83.95 kN·m、78.07 kN·m 和 78.33 kN·m,较试验实测弯矩计算值 206.33 kN·m 分别小 59.3%、59.3%、62.2% 和 62.0%,差异分析反映出残余应力影响较小,而局部几何缺陷基本无影响。

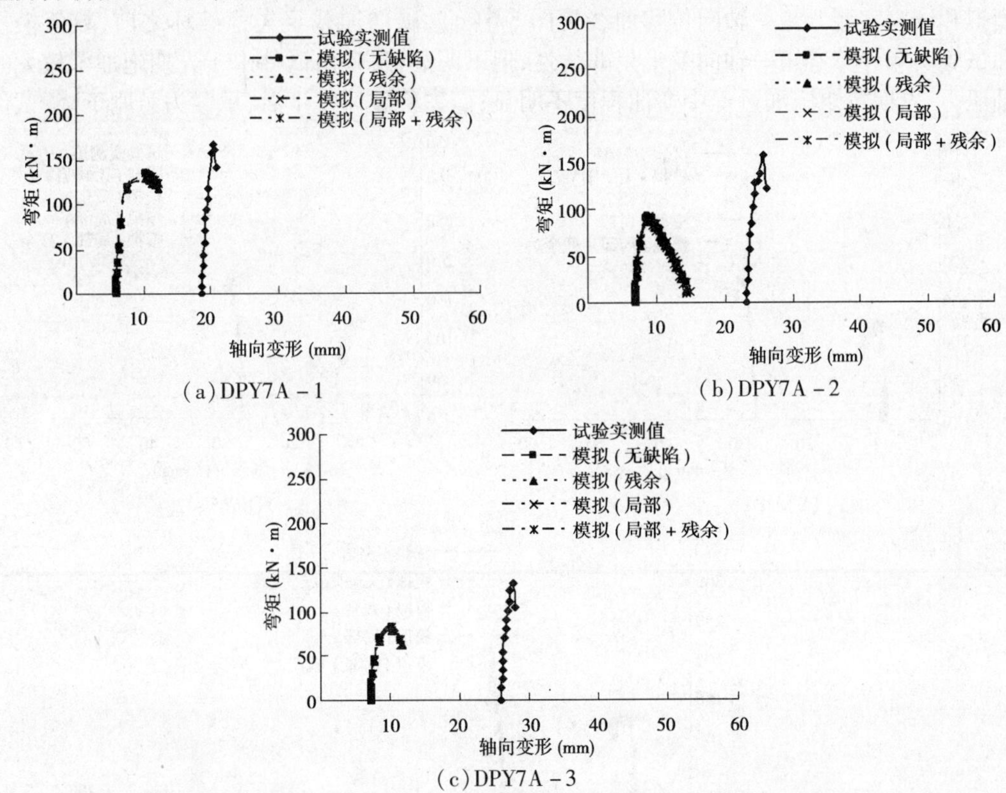

(a) DPY7A－1　(b) DPY7A－2　(c) DPY7A－3

图 8-5　试件 DPY7A 系列有限元模拟与试验实测弯矩—轴向位移曲线

(5) 试件 DPY5 系列($\lambda = 45$, $\phi300 \times 6$)。

试件 DPY5－1 首先施加试验实测轴压力 2 383 kN,然后开始逐级施加弯矩,有限元模拟和试验实测弯矩—轴向位移曲线见图 8-6(a),试件加载至失稳破坏之前,数值模拟和试验实测计算弯矩—轴向变形呈非线性,但不明显,反映出试件由于先期施加了较大的轴压力,先期弯矩施加过程中弯曲程度不明显;而失稳破坏发生后,承载力急剧下降;试件模拟轴压刚度相对试验实测值明显大,而抗弯刚度与试验值偏差较小;试件在Ⅰ、Ⅱ、Ⅲ和Ⅳ缺陷工况下模拟得到的弯矩分别为 121.83 kN · m、122.52 kN · m、117.19 kN · m 和 117.75 kN · m,较试验实测弯矩计算值 179.01 kN · m 分别小 31.9%、31.6%、34.5% 和 34.2%,差异分析反映出残余应力存在一定的影响,而局部几何缺陷基本无影响。

试件 DPY5 - 2 首先施加试验实测轴压力 2 395 kN,然后开始逐级施加弯矩,有限元模拟和试验实测弯矩—轴向位移曲线见图 8-6(b),试件加载至失稳破坏之前,数值模拟和试验实测计算弯矩—轴向变形呈非线性,但不明显,反映出试件由于先期施加了较大的轴压力,先期弯矩施加过程中弯曲程度不明显;而失稳破坏发生后,承载力急剧下降;试件模拟轴压刚度相对试验实测值明显大,而抗弯刚度与试验值偏差较小;试件在Ⅰ、Ⅱ、Ⅲ和Ⅳ缺陷工况下模拟得到的弯矩分别为 122.73 kN · m、123.53 kN · m、118.23 kN · m 和 117.13 kN · m,较试验实测弯矩计算值 174.52 kN · m 分别小 29.7%、29.2%、32.3% 和 32.9%,差异分析反映出残余应力存在一定的影响,而局部几何缺陷基本无影响。

试件 DPY5 - 3 首先施加试验实测轴压力 2 275 kN,然后开始逐级施加弯矩,有限元模拟和试验实测弯矩—轴向位移曲线见图 8-6(c),试件加载至失稳破坏之前,数值模拟和试验实测计算弯矩—轴向变形呈非线性,但不明显,反映出试件由于先期施加了较大的轴压力,先期弯矩施加过程中弯曲程度不明显;而失稳破坏发生后,承载力急剧下降;试件

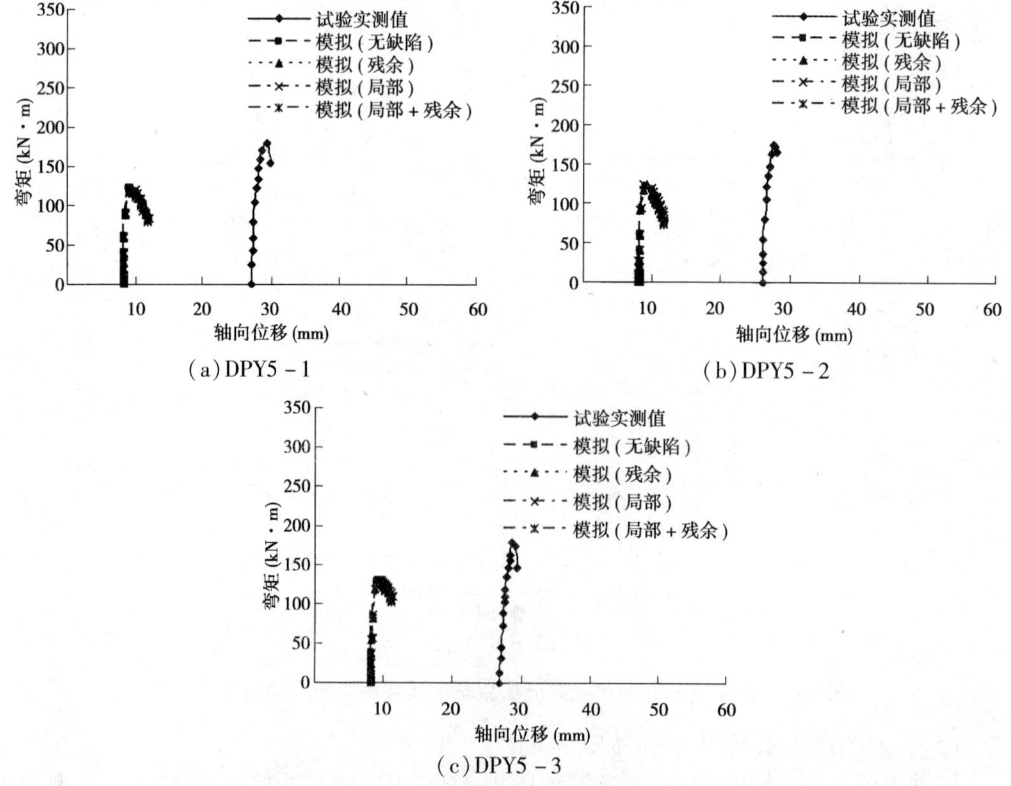

(a)DPY5 - 1

(b)DPY5 - 2

(c)DPY5 - 3

图 8-6　试件 DPY5 系列有限元模拟与试验实测弯矩—轴向位移曲线

模拟轴压刚度相对试验实测值明显大,而抗弯刚度与试验值偏差较小;试件在Ⅰ、Ⅱ、Ⅲ和Ⅳ缺陷工况下模拟得到的弯矩分别为 130.70 kN · m、131.06 kN · m、123.91 kN · m 和 123.48 kN · m,较试验实测弯矩计算值 180.53 kN · m 分别小 27.6%、27.4%、31.4% 和 31.6%,差异分析反映出残余应力存在一定的影响,而局部几何缺陷基本无影响。

(6)试件 DPY4 系列($\lambda=45$,$\phi 250\times 8$)。

试件 DPY4－1 首先施加试验实测轴压力 1 961 kN,然后开始逐级施加弯矩,有限元模拟和试验实测弯矩—轴向位移曲线见图 8-7(a),试件加载至失稳破坏之前,数值模拟和试验实测计算弯矩—轴向变形呈非线性,但不明显,反映出试件由于先期施加了较大的轴压力,先期弯矩施加过程中弯曲程度不明显;而失稳破坏发生后,承载力急剧下降;试件模拟轴压刚度相对试验实测值明显大,而抗弯刚度与试验值偏差较小;试件在Ⅰ、Ⅱ、Ⅲ和Ⅳ缺陷工况下模拟得到的弯矩分别为 185.76 kN · m、185.65 kN · m、181.47 kN · m 和 181.38 kN · m,较试验实测弯矩计算值 230.52 kN · m 分别小 19.4%、19.5%、21.3% 和 21.3%,差异分析反映出残余应力影响较小,而局部几何缺陷基本无影响。

试件 DPY4－3 首先施加试验实测轴压力 1 514 kN,然后开始逐级施加弯矩,有限元模拟和试验实测弯矩—轴向位移曲线见图 8-7(b),试件加载至失稳破坏之前,数值模拟和试验实测计算弯矩—轴向变形呈非线性,但不明显,反映出试件由于先期施加了较大的轴压力,先期弯矩施加过程中弯曲程度不明显;而失稳破坏发生后,承载力急剧下降;试件模拟轴压刚度相对试验实测值明显大,而抗弯刚度与试验值偏差较小;试件在Ⅰ、Ⅱ、Ⅲ和Ⅳ缺陷工况下模拟得到的弯矩分别为 256.20 kN · m、256.36 kN · m、251.70 kN · m 和 251.69 kN · m,较试验实测弯矩计算值 282.72 kN · m 分别小 9.4%、9.3%、11.0% 和 11.0%,差异分析反映出残余应力影响较小,而局部几何缺陷基本无影响。

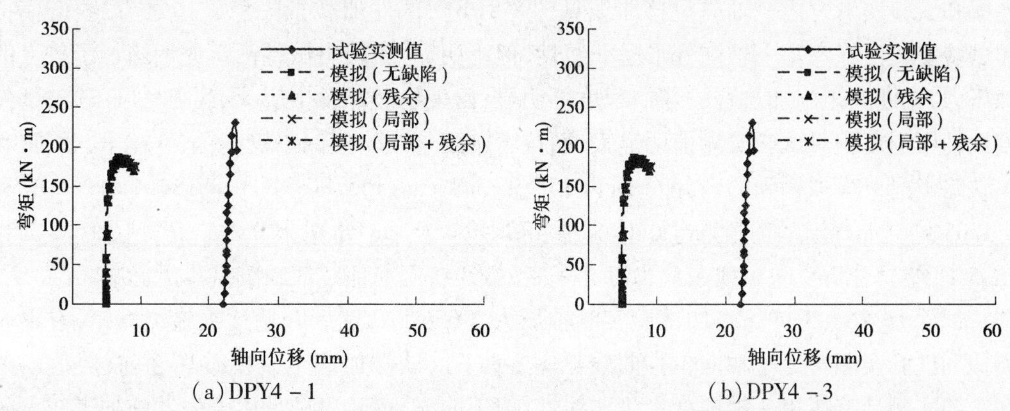

图 8-7　试件 DPY4 系列有限元模拟与试验实测弯矩—轴向位移曲线

综合以上发生整体失稳的试验试件有限元模拟与试验实测弯矩—轴向位移曲线对比分析,得出以下结论和建议:

(1)各种引入缺陷所有工况下,有限元数值模拟轴压刚度均明显大于试验实测结果(即前期施加恒定轴压力后,试验试件轴向变形大),原因在于试验施加恒定轴压力过程中,加载架连接间隙引起较大的附加变形量;施加弯矩后的压弯试件抗弯刚度数值模拟与试验实测结果吻合较好。

(2)有限元模型引入缺陷所有工况中,引入残余应力缺陷工况影响较小,而引入局部几何缺陷工况除试件 DPY8 系列有所体现外,其他均无影响,原因在于所有有限元数值模拟试件压弯性能,弯矩引起的弯曲幅值较局部缺陷幅值大,局部几何缺陷影响未体现。

(3)所有试件有限元数值模拟压弯承载力随长细比的减小而提高,且数值模拟结果与试验实测值差异越来越不明显。经分析认为差异产生的原因在于:①等效计算长度计算过程中,提取的简化计算模型考虑实际铰支座转轴为理想铰支座,与实际存在一定的偏差,导致等效计算长度偏大;②为保证模拟分析结果的可靠性,人为设置初始缺陷的最不利工况与实际试件不吻合。

8.2.1.2 局部失稳试件

(1)试件 DPY6 系列($\lambda=60$,$\phi350\times6$)。

试件 DPY6-1 首先施加试验实测轴压力 2 706 kN,然后开始逐级施加弯矩,有限元模拟和试验实测弯矩—轴向位移曲线见图 8-8(a),试件加载至失稳破坏之前,数值模拟和试验实测计算弯矩—轴向变形呈非线性,但不明显,反映出试件由于先期施加了较大的轴压力,先期弯矩施加过程中弯曲程度不明显;而失稳破坏发生后,承载力急剧下降;试件模拟轴压刚度相对试验实测值明显大,而抗弯刚度与试验值偏差较小;试件在Ⅰ、Ⅱ、Ⅲ和Ⅳ缺陷工况下模拟得到的弯矩分别为 169.60 kN·m、169.44 kN·m、158.85 kN·m 和 158.47 kN·m,较试验实测弯矩计算值 181.25 kN·m 分别小 6.4%、6.5%、12.4% 和 12.5%,差异分析反映出残余应力存在一定的影响,而局部几何缺陷基本无影响。

试件 DPY6-2 首先施加试验实测轴压力 2 798 kN,然后开始逐级施加弯矩,有限元模拟和试验实测弯矩—轴向位移曲线见图 8-8(b),试件加载至失稳破坏之前,数值模拟和试验实测计算弯矩—轴向变形呈非线性,但不明显,反映出试件由于先期施加了较大的轴压力,先期弯矩施加过程中弯曲程度不明显;而失稳破坏发生后,承载力急剧下降;试件模拟轴压刚度相对试验实测值明显大,而抗弯刚度与试验值偏差较小;试件在Ⅰ、Ⅱ、Ⅲ和Ⅳ缺陷工况下模拟得到的弯矩分别为 155.92 kN·m、155.80 kN·m、144.41 kN·m 和 144.05 kN·m,较试验实测弯矩计算值 172.49 kN·m 分别小 9.6%、9.7%、16.3% 和 16.5%,差异分析反映出残余应力存在一定的影响,而局部几何缺陷基本无影响。

试件 DPY6-3 首先施加试验实测轴压力 2 656 kN,然后开始逐级施加弯矩,有限元模拟和试验实测弯矩—轴向位移曲线见图 8-8(c),试件加载至失稳破坏之前,数值模拟和试验实测计算弯矩—轴向变形呈非线性,但不明显,反映出试件由于先期施加了较大的轴压力,先期弯矩施加过程中弯曲程度不明显;而失稳破坏发生后,承载力急剧下降;试件模拟轴压刚度相对试验实测值明显大,而抗弯刚度与试验值偏差较小;试件在Ⅰ、Ⅱ、Ⅲ和Ⅳ缺陷工况下模拟得到的弯矩分别为 181.97 kN·m、181.53 kN·m、171.71 kN·m 和 168.88 kN·m,较试验实测弯矩计算值 193.78 kN·m 分别小 6.1%、6.3%、11.4% 和 12.8%,差异分析反映出残余应力存在一定的影响,而局部几何缺陷影响极小。

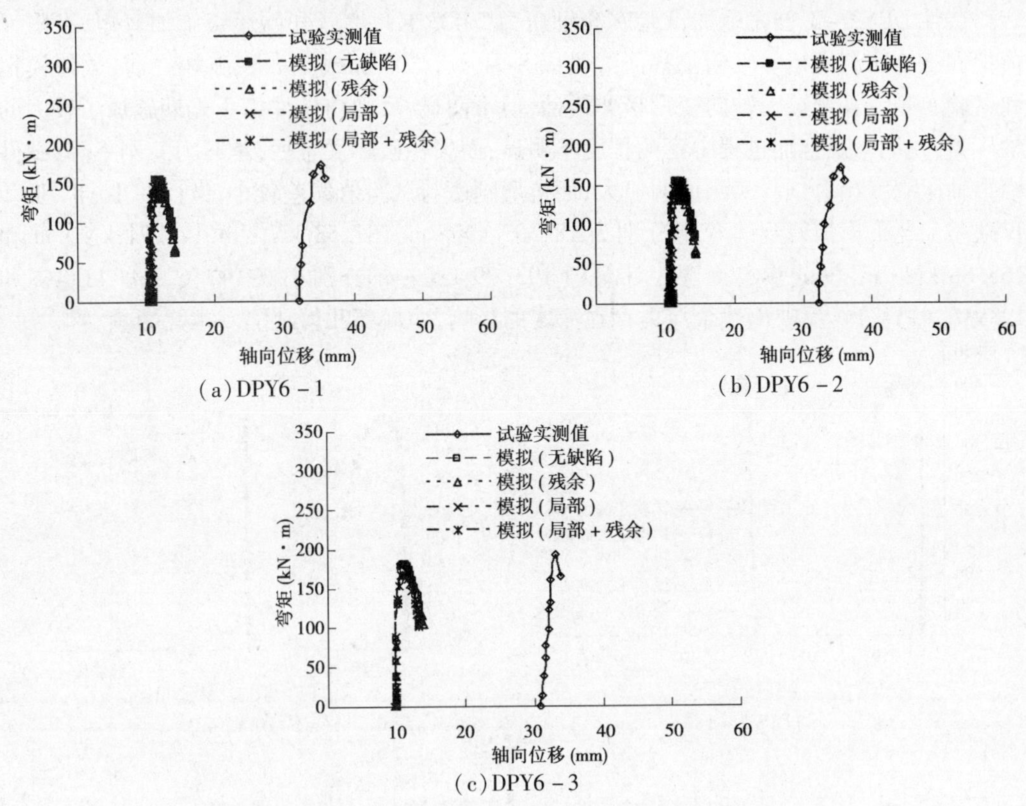

图 8-8　试件 DPY6 系列有限元模拟与试验实测弯矩—轴向位移曲线

(2)试件 DPY2 系列($\lambda=30,\phi300\times8$)。

试件 DPY2－1 首先施加试验实测轴压力 2 276 kN,然后开始逐级施加弯矩,有限元模拟和试验实测弯矩—轴向位移曲线见图 8-9(a),试件加载至失稳破坏之前,数值模拟和试验实测计算弯矩—轴向变形呈非线性,但不明显,反映出试件由于先期施加了较大的轴压力,先期弯矩施加过程中弯曲程度不明显;而失稳破坏发生后,承载力急剧下降;试件模拟轴压刚度相对试验实测值明显大,而抗弯刚度与试验值偏差较小;试件在Ⅰ、Ⅱ、Ⅲ和Ⅳ缺陷工况下模拟得到的弯矩分别为 407.09 kN·m、406.06 kN·m、403.31 kN·m 和 400.22 kN·m,较试验实测弯矩计算值 410.45 kN·m 分别小 0.8%、1.1%、1.7% 和 2.5%,差异分析反映出残余应力和局部几何缺陷影响极小。

试件 DPY2－2 首先施加试验实测轴压力 2 240 kN,然后开始逐级施加弯矩,有限元模拟和试验实测弯矩—轴向位移曲线见图 8-9(b),试件加载至失稳破坏之前,数值模拟和试验实测计算弯矩—轴向变形呈非线性,但不明显,反映出试件由于先期施加了较大的轴压力,先期弯矩施加过程中弯曲程度不明显;而失稳破坏发生后,承载力急剧下降;试件模拟轴压刚度相对试验实测值明显大,而抗弯刚度与试验值偏差较小;试件在Ⅰ、Ⅱ、Ⅲ和Ⅳ缺陷工况下模拟得到的弯矩分别为 415.35 kN·m、414.26 kN·m、411.95 kN·m 和 408.89 kN·m,较试验实测弯矩计算值 421.10 kN·m 分别小 1.4%、1.6%、2.2% 和 2.9%,差异分析反映出残余应力存在一定的影响,而局部几何缺陷基本无影响。

试件 DPY2 -3 首先施加试验实测轴压力 2 433 kN,然后开始逐级施加弯矩,有限元模拟和试验实测弯矩—轴向位移曲线见图 8-9(c),试件加载至失稳破坏之前,数值模拟和试验实测计算弯矩—轴向变形呈非线性,但不明显,反映出试件由于先期施加了较大的轴压力,先期弯矩施加过程中弯曲程度不明显;而失稳破坏发生后,承载力急剧下降;试件模拟轴压刚度相对试验实测值明显大,而抗弯刚度与试验值偏差较小;试件在Ⅰ、Ⅱ、Ⅲ和Ⅳ缺陷工况下模拟得到的弯矩分别为 181.97 kN·m、181.53 kN·m、171.71 kN·m 和 168.88 kN·m,较试验实测弯矩计算值 193.79 kN·m 分别小 6.1%、6.3%、11.4% 和 12.9%,差异分析反映出残余应力存在一定的影响,而局部几何缺陷基本无影响。

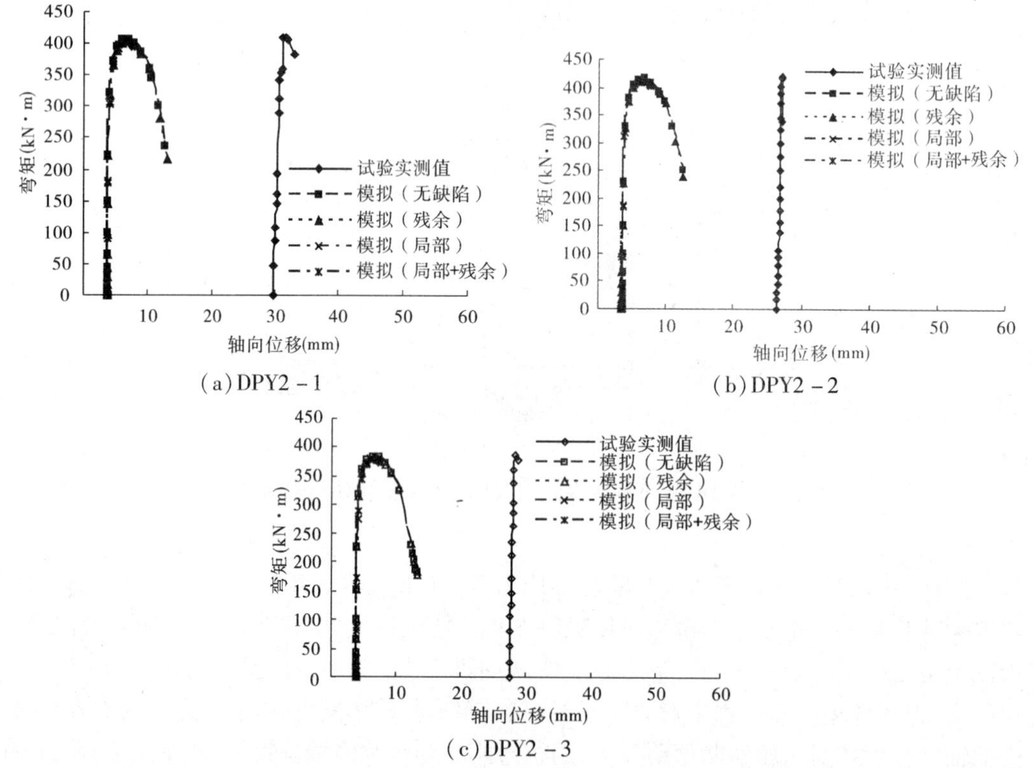

图 8-9　试件 DPY2 系列有限元模拟与试验实测弯矩—轴向位移曲线

(3)试件 DPY1 系列($\lambda=30,\phi250\times8$)。

试件 DPY1 -1 和 DPY1 -2 在试验中,首先施加轴压力至设定轴压比过程中出现异常(提前破坏),为此未进行数值模拟。

试件 DPY1 -3 首先施加试验实测轴压力 2 227 kN,然后开始逐级施加弯矩,有限元模拟和试验实测弯矩—轴向位移曲线见图 8-10,试件加载至失稳破坏之前,数值模拟和试验实测计算弯矩—轴向变形呈非线性,但不明显,反映出试件由于先期施加了较大的轴压力,先期弯矩施加过程中弯曲程度不明显;而失稳破坏发生后,承载力急剧下降;试件模拟轴压刚度相对试验实测值明显大,而抗弯刚度与试验值偏差较小;试件在Ⅰ、Ⅱ、Ⅲ和Ⅳ缺陷工况下模拟得到的弯矩分别为 241.21 kN·m、241.09 kN·m、237.66 kN·m 和 237.30 kN·m,较试验实测弯矩计算值 244.15 kN·m 分别小 1.2%、1.3%、2.7% 和 2.8%,差异

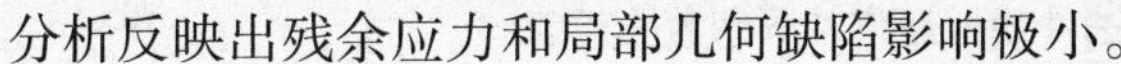
分析反映出残余应力和局部几何缺陷影响极小。

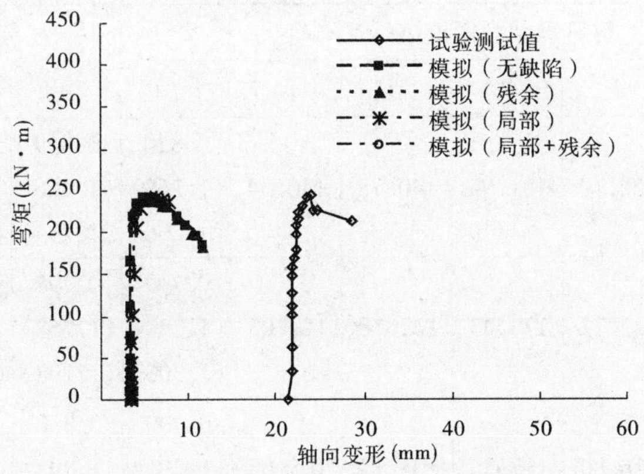

图 8-10　试件 DPY1－3 有限元模拟与试验实测弯矩—轴向位移曲线

综合以上发生局部失稳的试验试件有限元模拟与试验实测弯矩—轴向位移曲线对比分析，得出以下结论和建议：

(1)各种引入缺陷所有工况下，有限元数值模拟轴压刚度均明显大于试验实测结果（即前期施加恒定轴压力后，试验试件轴向变形大），原因在于试件在施加轴压力过程中加载架连接间隙引起较大的附加变形量；而施加弯矩后的抗弯刚度大致相同。

(2)有限元模型引入缺陷所有工况中，残余应力缺陷和局部几何缺陷工况均影响极小，设计中可以忽略其影响。

(3)所有试件有限元数值模拟压弯承载力随长细比减小而提高，数值模拟结果与试验实测值趋向一致。

8.2.2　试件压弯临界承载力对比分析

8.2.2.1　整体失稳试件

对试验中发生整体失稳试件模拟得到的试件近弯矩加载点端部压弯临界承载力（轴压力和弯矩），参照《钢规》压弯构件强度和整体稳定设计公式进行验算，以验证《钢规》压弯构件强度与整体稳定设计公式用于指导 Q690 钢管压弯构件工程设计的可行性和按第 4 章确定的稳定系数取值的合理性，验算结果见表 8-3。其中表中中国规范验算值非括号内、第 2 排括号内和第 3 排括号内数值分别对应强度设计公式验算值、整体稳定设计公式验算值（稳定系数取值不考虑残余应力）和整体稳定设计公式验算值（稳定系数取值考虑残余应力）。

为了更清楚地对比分析引入缺陷不同工况模拟结果，参照《钢规》压弯构件强度和整体稳定设计公式验算结果的差异与规律，将表 8-3 验算结果进行图示化，见图 8-11。验算结果类别 1、2、3、4 分别代表 Ⅰ、Ⅱ、Ⅲ、Ⅳ参照中国现行《钢规》压弯构件强度设计公式验算值；5、6、7、8 分别代表 Ⅰ、Ⅱ、Ⅲ、Ⅳ参照中国现行《钢规》压弯构件整体稳定设计公式验算值（稳定系数取不考虑残余应力）；9、10、11、12 分别代表 Ⅰ、Ⅱ、Ⅲ、Ⅳ参照中国现行《钢规》压弯构件整体稳定设计公式验算值（稳定系数取考虑残余应力）。

表 8-3 试验整体失稳试件模拟压弯临界承载力验算

试件编号	模拟轴力(kN)	抗弯承载力模拟值(kN·m)				中国规范验算值				破坏类型
		Ⅰ	Ⅱ	Ⅲ	Ⅳ	Ⅰ	Ⅱ	Ⅲ	Ⅳ	
DPY9－1	2 003	152.10	151.94	140.78	140.34	0.820 (1.268) (1.296)	0.819 (1.266) (1.295)	0.793 (1.228) (1.256)	0.792 (1.227) (1.255)	整体失稳
DPY9－2	2 514	133.72	133.43	122.38	122.03	0.799 (1.270) (1.300)	0.798 (1.268) (1.298)	0.772 (1.228) (1.258)	0.771 (1.227) (1.256)	整体失稳
DPY9－3	2 274	116.80	117.35	105.25	105.65	0.799 (1.291) (1.323)	0.800 (1.292) (1.324)	0.771 (1.246) (1.278)	0.772 (1.248) (1.280)	整体失稳
DPY8－1	2 055	52.93	54.34	47.32	47.52	0.724 (1.247) (1.280)	0.729 (1.255) (1.288)	0.706 (1.209) (1.243)	0.707 (1.210) (1.244)	整体失稳
DPY8－2	2 100	58.79	60.48	58.79	52.19	0.755 (1.280) (1.314)	0.761 (1.289) (1.324)	0.755 (1.279) (1.313)	0.734 (1.239) (1.273)	整体失稳
DPY8－3	2 111	61.66	63.76	56.76	55.02	0.768 (1.290) (1.325)	0.774 (1.301) (1.336)	0.752 (1.260) (1.295)	0.746 (1.250) (1.284)	整体失稳
DPY7－1	1 640	126.13	126.13	120.04	120.04	0.860 (1.248) (1.272)	0.860 (1.247) (1.271)	0.838 (1.219) (1.243)	0.838 (1.219) (1.243)	整体失稳
DPY7－2	1 487	166.92	166.90	162.24	162.20	0.971 (1.279) (1.300)	0.971 (1.277) (1.299)	0.954 (1.259) (1.280)	0.954 (1.259) (1.280)	整体失稳
DPY7－3	1 567	133.32	133.32	127.86	127.85	0.868 (1.249) (1.272)	0.868 (1.248) (1.270)	0.848 (1.223) (1.246)	0.848 (1.223) (1.246)	整体失稳
DPY7A－1	1 626	124.78	124.77	118.89	118.89	0.852 (1.239) (1.263)	0.852 (1.238) (1.262)	0.830 (1.210) (1.234)	0.830 (1.210) (1.234)	整体失稳
DPY7A－2	2 022	85.37	85.34	79.95	79.88	0.805 (1.283) (1.313)	0.805 (1.282) (1.312)	0.786 (1.253) (1.282)	0.785 (1.252) (1.282)	整体失稳
DPY7A－3	1 937	77.31	77.30	71.89	72.13	0.755 (1.229) (1.257)	0.755 (1.228) (1.256)	0.736 (1.197) (1.225)	0.736 (1.198) (1.226)	整体失稳

续表 8-3

试件编号	模拟轴力(kN)	抗弯承载力模拟值(kN·m)				中国规范验算值				破坏类型
		Ⅰ	Ⅱ	Ⅲ	Ⅳ	Ⅰ	Ⅱ	Ⅲ	Ⅳ	
DPY5－1	2 383	111.24	111.87	107.01	107.52	1.002 (1.175) (1.205)	1.004 (1.176) (1.206)	0.988 (1.158) (1.188)	0.990 (1.160) (1.190)	整体失稳
DPY5－2	2 395	112.07	112.80	107.96	106.95	1.007 (1.178) (1.209)	1.010 (1.180) (1.210)	0.994 (1.162) (1.192)	0.991 (1.158) (1.189)	整体失稳
DPY5－3	2 275	119.35	119.68	113.15	112.75	0.999 (1.174) (1.202)	1.000 (1.174) (1.210)	0.979 (1.149) (1.178)	0.978 (1.148) (1.177)	整体失稳
DPY4－1	1 961	166.42	166.32	162.58	162.50	1.085 (1.175) (1.198)	1.085 (1.174) (1.197)	1.071 (1.160) (1.183)	1.071 (1.160) (1.183)	整体失稳
DPY4－3	1 514	229.53	229.68	225.50	225.49	1.205 (1.187) (1.205)	1.205 (1.186) (1.204)	1.190 (1.173) (1.191)	1.190 (1.173) (1.191)	整体失稳

通过对表 8-3 和图 8-11 进行对比分析可知：①发生整体失稳的试件所有引入缺陷工况的模拟结果参照同一设计公式验算值差别极小，初始残余应力和局部几何缺陷对试件压弯性能的影响甚微；②试验发生整体失稳的试件所有引入缺陷工况的模拟压弯临界承载力参照《钢规》整体稳定设计公式的验算值，除试件 DPY4－3 参照《钢规》整体稳定设计公式(稳定系数取值不考虑残余应力)的验算值外，其余均大于对应强度设计公式验算值，则试件由整体失稳控制，其中试件 DPY9 系列、DPY8 系列和 DPY7A 系列相应整体稳定设计公式验算值明显大于强度设计公式验算值，表明试件失稳破坏时，材料强度发挥极不充分，处于弹性状态，与试验现象和实测数据分析结论吻合，进一步验证了《钢规》压弯构件强度与整体稳定设计公式用于指导 Q690 钢管压弯构件工程设计的可行性。

8.2.2.2　局部失稳试件

对试验中发生整体失稳试件模拟得到的试件近弯矩加载点端部压弯临界承载力(轴压力和弯矩)，参照《钢规》压弯构件强度设计公式、《塔规》和美国《杆规》环形构件压弯局部稳定设计公式分别进行验算，以验证相关规范压弯构件设计公式用于指导 Q690 钢管压弯构件工程设计的可行性，验算结果见表 8-4。

为了更清楚地对比分析引入缺陷不同工况模拟结果，参照《钢规》压弯构件强度设计公式、《塔规》局部稳定设计公式和美国《杆规》局部稳定设计公式验算值的差异与规律，将表 8-4 验算值进行图示化，见图 8-12。验算结果类别 1、2、3、4 分别代表Ⅰ、Ⅱ、Ⅲ、Ⅳ参照《钢规》压弯构件强度设计公式验算值；5、6、7、8分别代表Ⅰ、Ⅱ、Ⅲ、Ⅳ参照《塔规》局

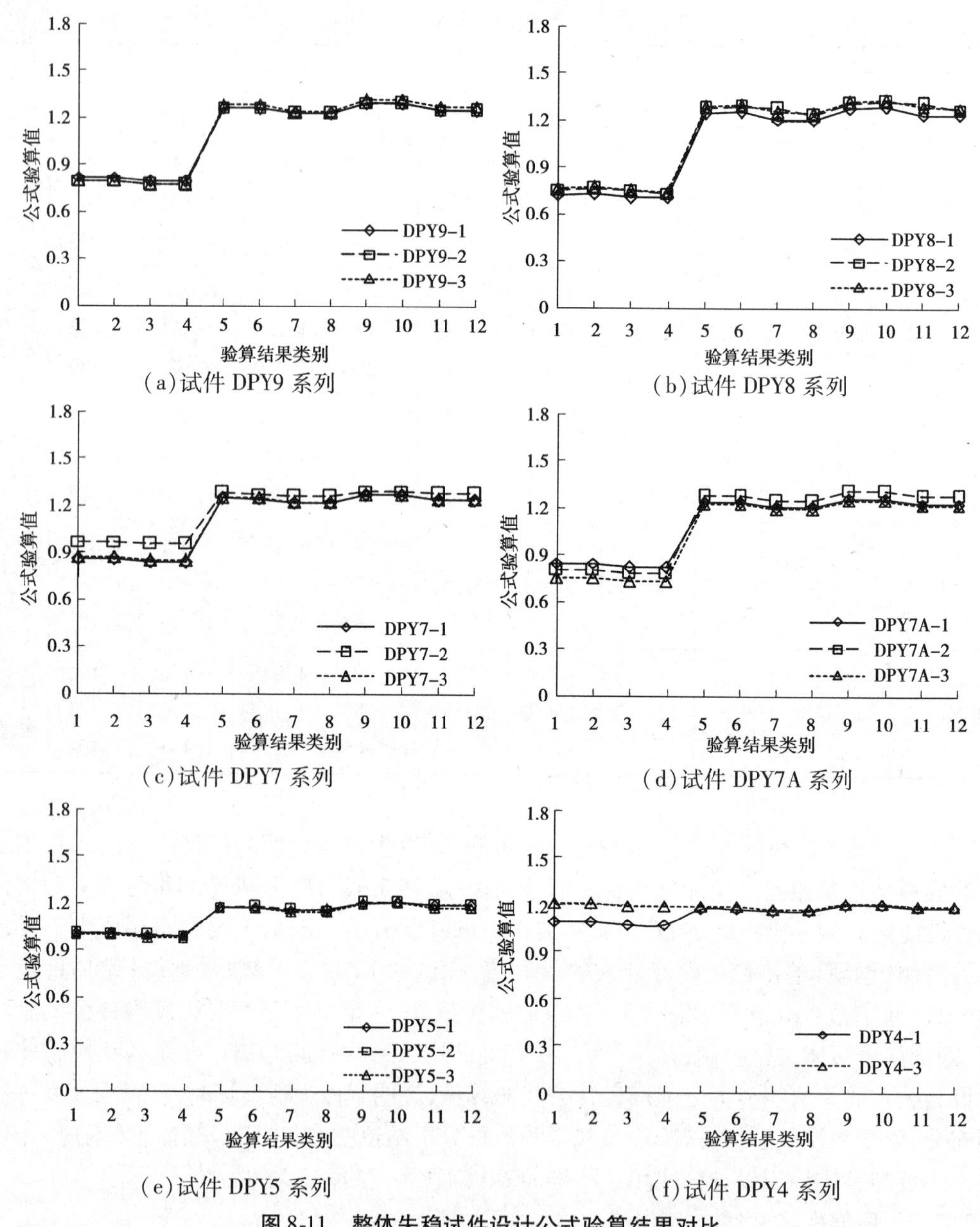

(a)试件 DPY9 系列　(b)试件 DPY8 系列

(c)试件 DPY7 系列　(d)试件 DPY7A 系列

(e)试件 DPY5 系列　(f)试件 DPY4 系列

图 8-11　整体失稳试件设计公式验算结果对比

部稳定设计公式验算值(稳定系数取值不考虑残余应力);9、10、11、12 分别代表Ⅰ、Ⅱ、Ⅲ、Ⅳ参照《塔规》局部稳定设计公式验算值(稳定系数取值考虑残余应力);13、14、15、16 分别代表Ⅰ、Ⅱ、Ⅲ、Ⅳ参照美国《杆规》局部稳定设计公式验算值。

通过对表 8-4 和图 8-12 进行对比分析可知:①发生局部失稳的试件所有引入缺陷工况的模拟结果参照同一设计公式验算值差别极小,初始残余应力和局部几何缺陷对试件压弯性能影响甚微;②随着长细比减小,压弯承载力模拟计算值按照《钢规》压弯构件强度 设计公式、《塔规》和美国《杆规》压弯构件局部稳定设计公式验算值差别减小,试件破

表 8-4　试验局部失稳试件模拟压弯临界承载力验算

试件编号	模拟轴力(kN)	抗弯承载力模拟值(kN·m)				公式验算值				破坏类型
		Ⅰ	Ⅱ	Ⅲ	Ⅳ	Ⅰ	Ⅱ	Ⅲ	Ⅳ	
DPY6 - 1	2 706	156.96	156.81	147.01	146.79	0.994 (1.247) (1.280) (1.012)	0.994 (1.247) (1.279) (1.011)	0.970 (1.220) (1.252) (0.987)	0.970 (1.220) (1.252) (0.987)	局部失稳
DPY6 - 2	2 798	144.30	144.19	133.65	133.31	0.985 (1.240) (1.274) (1.001)	0.985 (1.240) (1.273) (1.001)	0.960 (1.271) (1.244) (0.975)	0.959 (1.210) (1.243) (0.974)	局部失稳
DPY6 - 3	2 656	168.40	168.00	158.91	156.29	1.009 (1.264) (1.295) (1.029)	1.008 (1.262) (1.294) (1.028)	0.987 (1.237) (1.269) (1.005)	0.981 (1.230) (1.262) (0.998)	局部失稳
DPY2 - 1	2 276	355.05	354.15	351.74	349.05	1.345 (1.482) (1.483) (1.336)	1.343 (1.479) (1.480) (1.334)	1.337 (1.473) (1.473) (1.328)	1.330 (1.465) (1.466) (1.321)	局部失稳
DPY2 - 2	2 240	362.24	361.29	359.28	356.61	1.355 (1.495) (1.496) (1.348)	1.353 (1.493) (1.493) (1.345)	1.348 (1.487) (1.488) (1.340)	1.341 (1.479) (1.480) (1.333)	局部失稳
DPY2 - 3	2 433	335.62	331.59	331.71	329.32	1.328 (1.459) (1.460) (1.315)	1.318 (1.447) (1.448) (1.305)	1.319 (1.447) (1.448) (1.305)	1.313 (1.441) (1.442) (1.299)	局部失稳
DPY1 - 3	2 227	204.17	204.07	201.16	200.86	1.289 (1.400) (1.401) (1.260)	1.288 (1.400) (1.400) (1.260)	1.278 (1.387) (1.388) (1.249)	1.277 (1.386) (1.387) (1.248)	局部失稳

注：表中公式验算结果中第 1 排为《钢规》强度设计公式验算值，第 2 排为《塔规》局部稳定设计公式验算值（稳定系数取值不考虑残余应力），第 3 排《塔规》局部稳定设计公式验算值（稳定系数取值考虑残余应力），第 4 排美国《杆规》局部稳定设计公式验算值。

坏模式由失稳破坏向强度破坏转变；③所有试件压弯承载力模拟计算值参照《钢规》压弯构件强度设计公式、《塔规》和美国《杆规》压弯构件局部稳定设计公式验算值均大于 1.0，且试验实测值局部稳定设计公式验算值均大于强度设计公式验算值，则试件由局部失稳控制，其中试件 DPY6 系列压弯承载力实测值参照强度设计公式验算值与稳定设计公式验算值差异明显，其他两类构件差异较小，证实 DPY6 系列破坏类型为弹性局部失稳，其他为弹塑性局部失稳，与试验现象和实测数据分析结论一致；④所有设计公式验算值中，《塔规》局部稳定设计公式验算值最大，偏于安全，也验证了《塔规》压弯构件局部稳定设计公式用于指导 Q690 钢管压弯构件工程设计的可行性和按第 4 章确定的稳定系数取值的合理性。

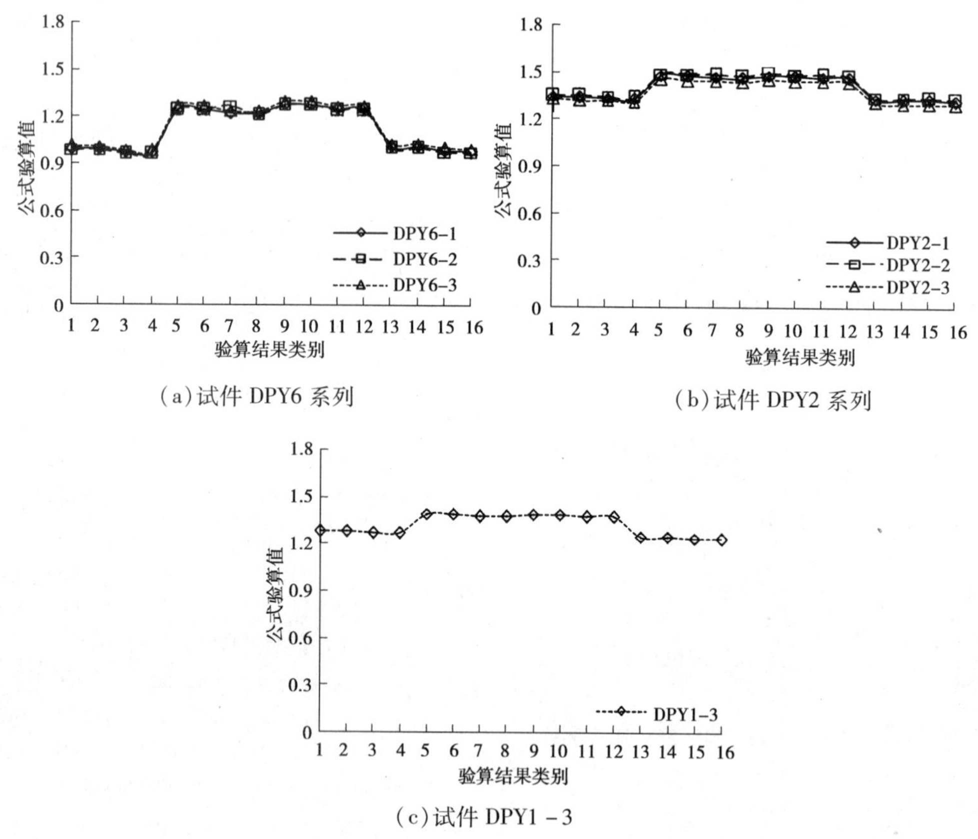

(a)试件 DPY6 系列　(b)试件 DPY2 系列

(c)试件 DPY1－3

图 8-12　局部失稳试件承载力设计公式验算结果对比

8.2.3　试件压弯失稳应力云图

试件接近压弯临界失稳对应应力云图可清楚反映各种引入缺陷工况对试件受力性能的影响规律，基于每组试件对应缺陷工况应力发展与应力分布规律差别不大，本书只给出了试件 DPY9－1 有限元模拟压弯失稳对应应力云图，见图 8-13。通过对比发现：试件引入缺陷各种工况对应力发展与应力分布规律影响极小，说明初始残余应力和局部几何缺陷对试件压弯性能影响可以不加考虑；有限元模拟所有考虑缺陷工况下，发生整体或局部失稳破坏前，所有试件弯曲程度不大，这与试验观察记录现象和试验轴压力—轴向变形曲线显示规律一致。

8.2.4　试件压弯失稳破坏模态

此外，为了研究对比有限元模拟与试验破坏模态，提取有限元模拟缺陷工况Ⅳ对应的试件(试件 DPY9)破坏模态图，见图 8-14。通过对图 8-14 进行分析进一步表明：所有试件破坏弯曲程度较试验不明显，主要在于试件轴压比过大或长细比较小，抗弯刚度较大，但结合试验和模拟结果分析，判定其中 6 组试件发生压弯整体失稳，3 组试件发生压弯局部破坏。

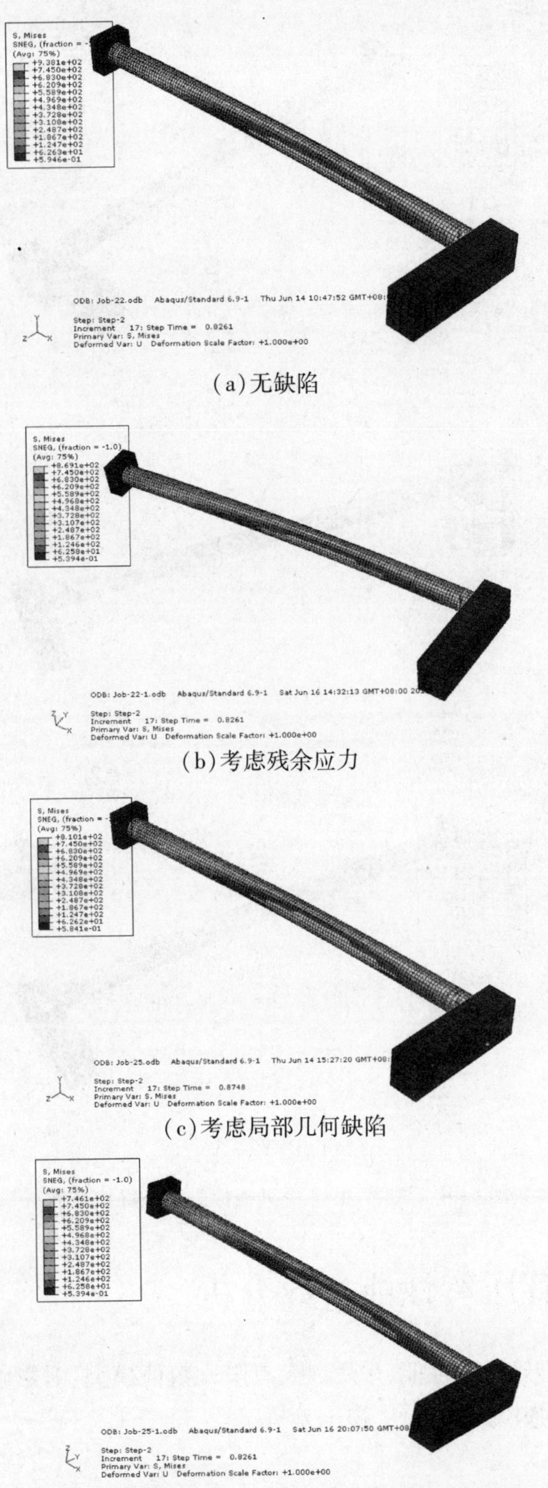

(a)无缺陷

(b)考虑残余应力

(c)考虑局部几何缺陷

(d)考虑局部几何缺陷 + 残余应力

图 8-13　试件 DPY9 - 1 模拟失稳破坏承载力峰值时应力图

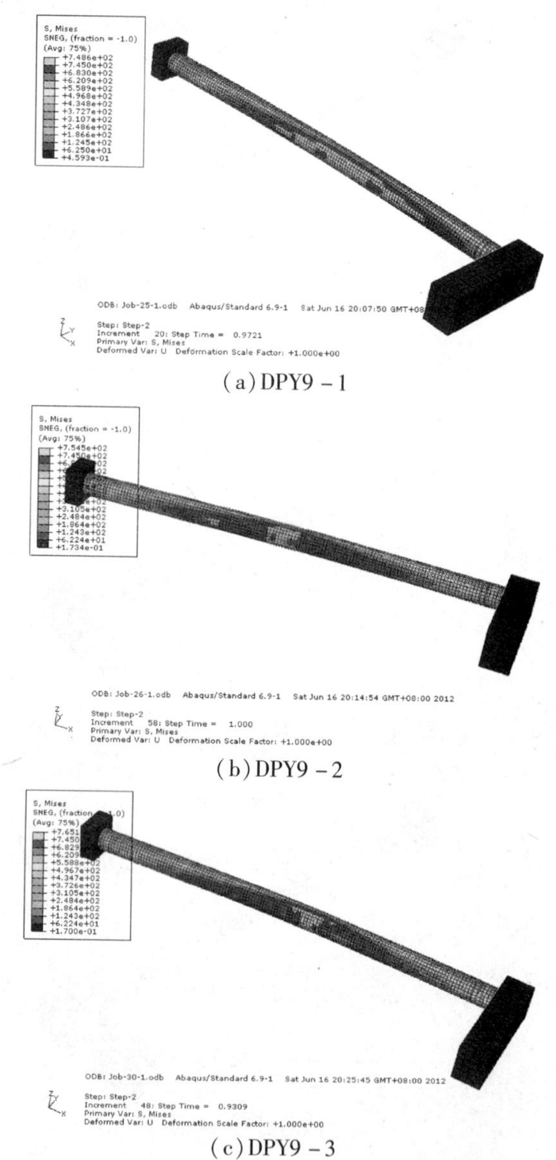

(a) DPY9 - 1

(b) DPY9 - 2

(c) DPY9 - 3

图 8-14　试件 DPY9 系列模拟失稳破坏模态图

8.3　Q690 钢管压弯性能参数分析

为了研究 Q690 钢管压弯性能，采用以上有限元数值模型，对影响构件轴压性能的参数（长细比、径厚比和轴压比）进行了模拟分析。

8.3.1　长细比

对于长细比参数变化，试件截面 $\phi350 \times 6$，钢材材性指标 $E = 2.037 \times 10^5\ \mathrm{N/mm^2}$、

$f_y = 745\ N/mm^2$（取材性试验平均值），轴压力为 2 003 kN（$\mu = 0.412$），有限元模拟了 $\lambda =$ 25、30、35、40、45、50、55、60、70、80、90、100、110、120、130 的 15 个试件，根据数值模拟结果对相关力学性能进行分析。

8.3.1.1　弯矩与轴向位移关系

对于变化长细比的试件，压弯性能有限元模拟得出的弯矩与轴向位移关系曲线见图 8-15。

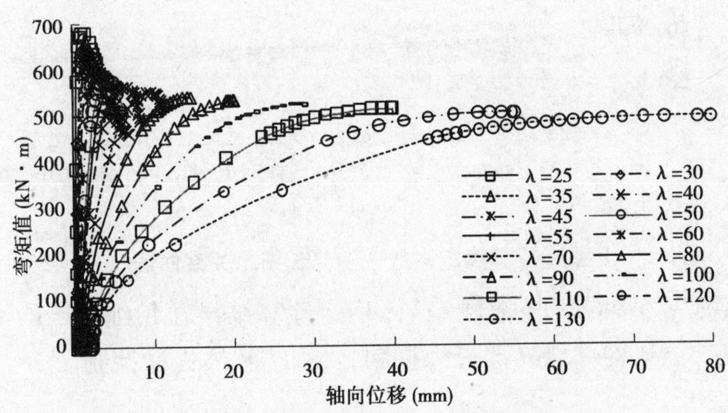

图 8-15　模拟弯矩—轴向位移关系曲线

对图 8-15 进行分析发现：试件压弯性能有限元模拟在设定恒定轴压比条件下，随着长细比的增大，抗弯临界承载力降低，失稳后承载力下降趋势平缓。

8.3.1.2　抗弯临界承载力

为了更直观地反映试件长细比变化对模拟抗弯临界承载力的影响规律，对长细比变化的 15 个试件的临界抗弯承载力与长细比关系进行了对比，见图 8-16。

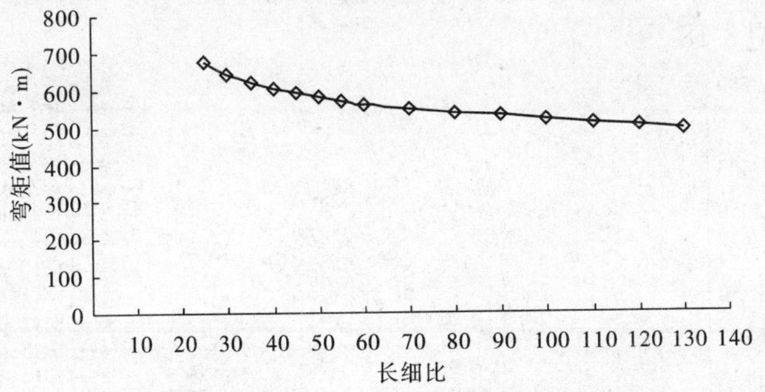

图 8-16　模拟抗弯承载力—长细比变化关系曲线

对图 8-16 进行分析发现：试件模拟在设定恒定轴压比 $\mu = 0.412$ 的条件下，随着长细比的增大，模拟抗弯承载力降低，但降低幅度减小。

8.3.1.3　设计公式验算结果对比

为了进一步研究试件长细比变化对试件破坏模式的影响，对轴压比恒定、长细比变化的 15 个试件模拟结果参照规范设计公式验算结果进行了对比，见图 8-17。

对图 8-17 进行分析可知：恒定轴压比 $\mu = 0.412$ 的条件下，长细比变化模拟结果按照

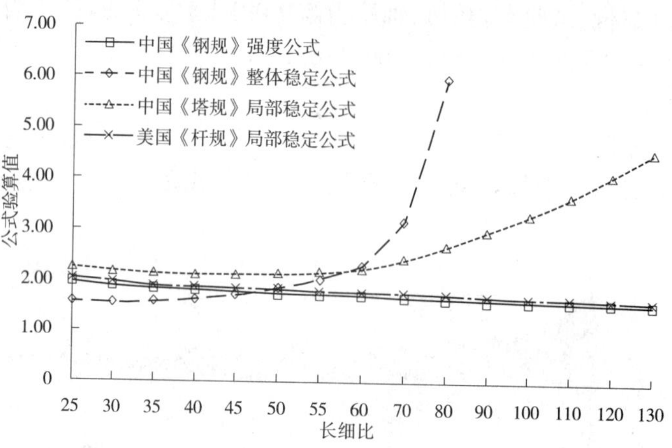

图 8-17　稳定系数—换算长细比关系曲线

《塔规》局部稳定验算值曲线和《钢规》整体稳定验算结果在长细比 55 ~ 60 存在交叉点，小于交叉点对应长细比构件以局部失稳控制，否则按整体失稳控制。

8.3.2　径厚比

对于径厚比参数变化，以试验模拟试件 $\phi350\times6$，$\lambda=60$ 为基准试件，钢材材性指标 $E=2.037\times10^5\ \text{N/mm}^2$、$f_y=745\ \text{N/mm}^2$（取材性试验平均值），轴压力为 2 003 kN（$\mu=0.412$），有限元模拟了 $t=4$、5、6、7、8、9、10、11、12、13、14、15 的 12 个试件，根据数值模拟结果对相关力学性能进行分析。

8.3.2.1　弯矩与轴向位移关系

对于变化径厚比（实际采用变化管壁厚度）的试件，压弯性能有限元模拟弯矩与轴向位移关系曲线见图 8-18。

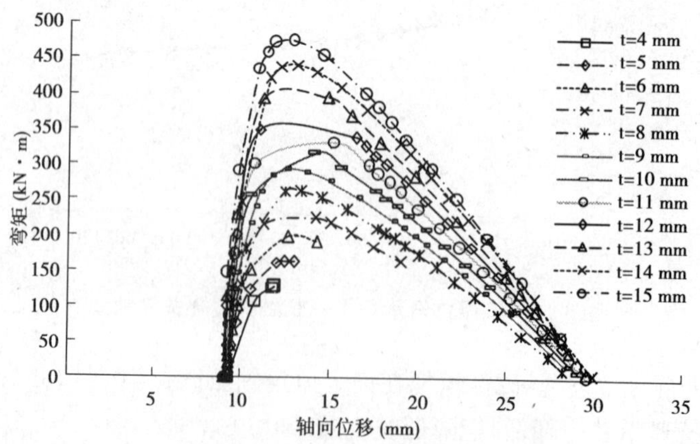

图 8-18　模拟弯矩—轴向位移变化关系曲线

对图 8-18 进行分析发现：试件压弯性能有限元模拟在设定恒定轴压比条件下，随着管壁厚度的增大（即径厚比减小），试件抗弯临界承载力提高，而破坏后承载力下降趋势更显著。

8.3.2.2　抗弯临界承载力

为了更直观地反映试件压弯性能有限元模拟在设定恒定轴压比条件下，管壁厚度变化对模拟抗弯临界承载力的影响规律，对径厚比变化的 12 个试件的抗弯临界承载力与管壁厚度关系进行了对比，见图 8-19。

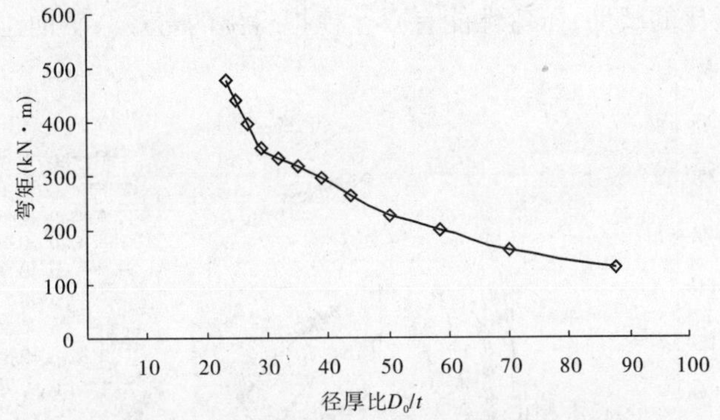

图 8-19　模拟抗弯承载力—径厚比变化关系曲线

对图 8-19 进行分析发现：试件模拟在设定恒定轴压比 $\mu = 0.412$ 的条件下，随径厚比增大，模拟抗弯临界承载力降低，但降低幅度不断减小。

8.3.2.3　设计公式验算结果对比

为了进一步研究试件径厚比变化对试件破坏状态的影响，对轴压比恒定、径厚比变化的 12 个试件模拟结果参照规范设计公式验算结果进行了对比，见图 8-20。

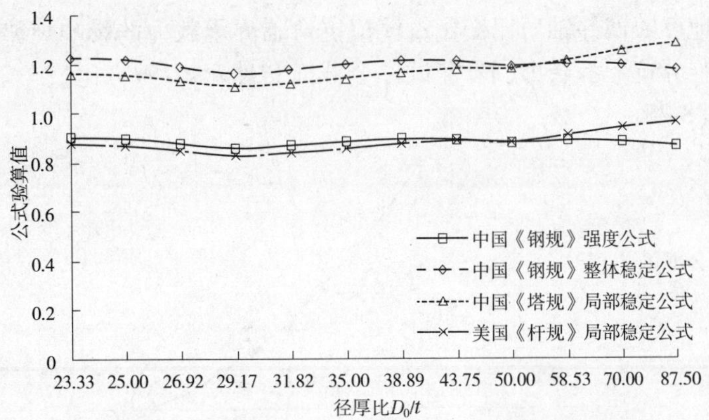

图 8-20　规范设计公式验算结果—径厚比变化关系

对图 8-20 进行分析可知：在轴压比恒定的条件下，《钢规》整体稳定设计公式和《塔规》局部稳定设计公式验算值明显大于《钢规》强度设计公式和美国《杆规》局部稳定设计公式验算值，且《钢规》整体稳定设计公式和《塔规》局部稳定设计公式验算结果存在交叉点（径厚比 50 附近），当径厚比大于交叉点时，局部失稳起控制，否则以整体失稳起控制。

8.3.3　轴压比

对于轴压比参数变化，以试验模拟试件 $\phi350 \times 6$，$\lambda = 60$ 为基准试件，钢材材性指标

$E=2.037\times10^5\ \mathrm{N/mm^2}$、$f_y=745\ \mathrm{N/mm^2}$(取材性试验平均值),有限元模拟了轴压比 $\mu=$ 0.30、0.35、0.40、0.45、0.50、0.55、0.60、0.65、0.70 的 9 个试件,根据数值模拟结果对相关力学性能进行分析。

8.3.3.1 **弯矩与轴向位移关系**

对于变化轴压比的试件,压弯性能有限元模拟得出的弯矩与轴向位移关系见图 8-21。

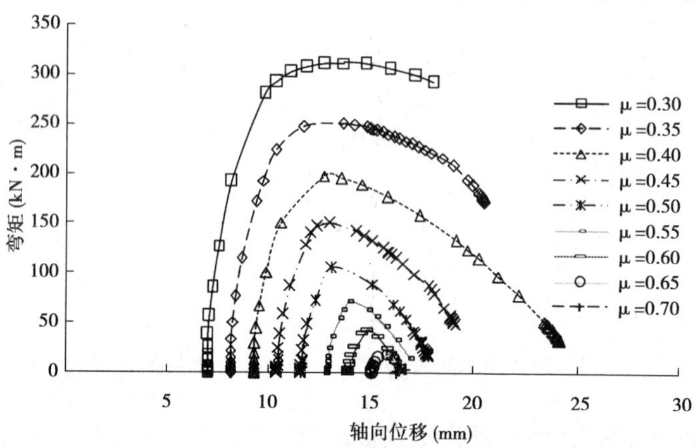

图 8-21 模拟弯矩—轴向位移关系曲线

对图 8-21 进行分析发现:随着轴压比的增大,试件抗弯承载力降低,且破坏后承载力下降趋势更明显。

8.3.3.2 **抗弯临界承载力**

为了更直观地反映试件轴压比变化对模拟抗弯临界承载力的影响规律,对轴压比变化的 9 个试件的临界抗弯承载力(M)和试件全截面塑性弯矩(M_p)比值与轴压比 μ 关系进行了对比,见图 8-22。

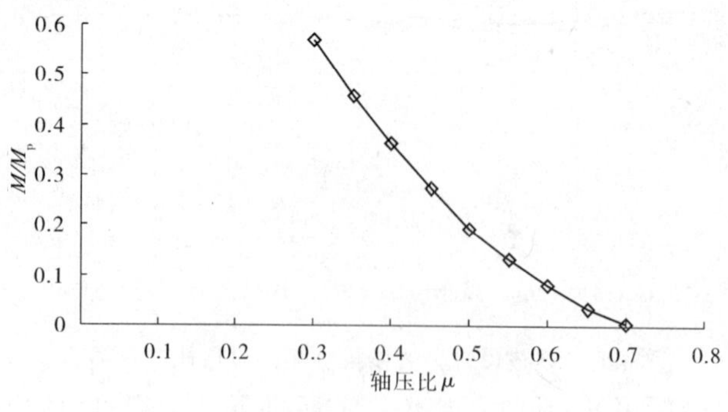

图 8-22 M/M_p—μ 关系曲线

对图 8-22 进行分析发现:随着轴压比的增大,模拟抗弯承载力降低,但降低幅度不断减小。

8.3.3.3 **设计公式验算结果对比**

为了进一步研究试件轴压比变化对试件破坏状态的影响,对长细比恒定、轴压比变化的 9 个试件模拟结果参照规范设计公式验算结果进行了对比,见图 8-23。

对图 8-23 进行分析可知:在长细比 $\lambda=60$ 的条件下,轴压比变化模拟结果按照《塔

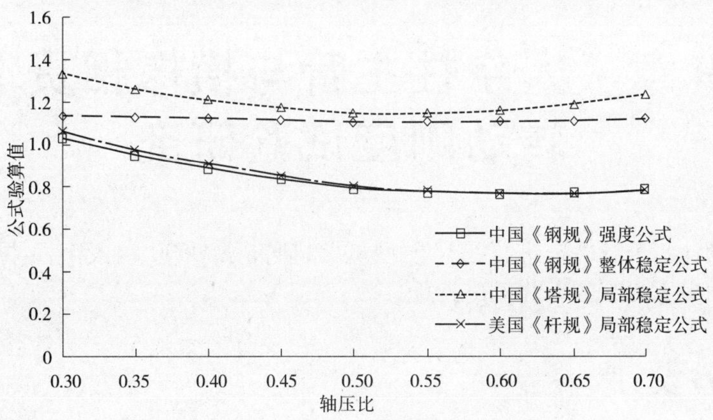

图 8-23　稳定系数—整体几何缺陷幅值关系

规》局部稳定设计公式和《钢规》整体稳定设计公式验算值均大于按照《钢规》强度设计公式和美国《杆规》局部稳定设计公式验算值，且随着轴压比的增大，差值越明显，表明试件以失稳破坏控制时材料强度发挥越不充分，即处于弹性状态。

8.4　本章小结

$\phi 250 \times 8$、$\phi 300 \times 8$、$\phi 350 \times 8$ 三种截面形式，设计长细比为 60、45、30 的 Q690 钢管 9 组 24 根试件进行压弯性能数值模拟分析，并进一步对影响构件压弯性能的参数进行了模拟分析，可以得出以下结论与建议：

(1) 初始残余应力和局部几何缺陷对试件压弯性能影响较小。

(2) 随着长细比的减小，试件破坏模式由整体失稳过渡到局部失稳；而随着轴压比的增大，试件破坏状态由塑性变为弹性。

(3) 随着径厚比的增大，试件抗弯承载力降低，且破坏后承载力下降趋势更明显。

(4) 试验整体失稳压弯试件模拟临界承载力参照《钢规》整体稳定设计公式的验算值均大于对应强度设计公式验算值，则试件由整体失稳控制，与试验现象和实测数据分析结论吻合，验证了《钢规》压弯构件强度与整体稳定设计公式对 Q690 钢管压弯构件工程设计的适用性和按第 4 章确定的稳定系数取值的合理性。

(5) 试验局部失稳压弯试件模拟临界承载力参照《钢规》压弯构件强度设计公式、《塔规》和美国《杆规》压弯构件局部稳定设计公式进行验算，《塔规》局部稳定设计公式验算值最大，偏于安全，验证了《塔规》压弯构件局部稳定设计公式对 Q690 钢管压弯构件工程设计的适用性和按第 4 章确定的稳定系数取值的合理性。

第 9 章　人字柱主管与横撑相贯节点转动刚度试验研究

本章共设计 8 个试件来进行足尺模型试验,研究了 Q690 钢人字柱主管与横撑相贯节点在不同加强方式下的转动刚度性能。

9.1　试验设计

9.1.1　试件设计

以河南省电力勘测设计院设计的某人字柱构架为依据,设计试件如下:主管与横撑型号均为Φ300 ×8,主管长度为 3 000 mm,横撑长度为 900 mm,主管与横撑之间均采用相贯节点焊接连接,主管与横撑材质均为 Q690C;本次试验采用三种加强方案,一种无加强型,各为 2 个试件,8 个相贯节点试件的规格见表 9-1。试件受力示意图见图 9-1。

表 9-1　8 个相贯节点试件的规格

试件编号	节点加强型式	加强板/环/管			
		规格	长度(mm)	数量	材性
SJ - 1	无加强型	—	—	—	—
SJ - 2		—	—	—	—
SJ - 3	瓦形板加强型	- 8 × 450 × 531	225	1	Q345B
SJ - 4		- 8 × 540 × 531	270	1	Q345B
SJ - 5	内隔环加强型	- 8 × Φ 284/Φ 220	—	2	Q345B
SJ - 6		- 8 × Φ 284/Φ 156	—	2	Q345B
SJ - 7	内套筒加强型	8 × Φ 284	225	1	Q345B
SJ - 8		8 × Φ 284	270	1	Q345B

9.1.2　试验方案

对 8 个试件分别加载至极限荷载,取得相关试验数据。对比 SJ - 3、SJ - 4 的试验数据来获得瓦形板加强方式对节点转动刚度性能的影响;对比 SJ - 5、SJ - 6 的试验数据来获得内隔环加强方式对节点转动刚度性能的影响;对比 SJ - 7、SJ - 8 的试验数据来获得内套筒加强方式对节点转动刚度性能的影响;将加强试件的试验数据与未加强试件的试验数据进行对比来获得不同加强方案对节点转动刚度的影响;分析相贯节点在整个加载

历程中的 $M \sim \theta$ 关系曲线。

相贯节点刚度试验方案见图 9-2。

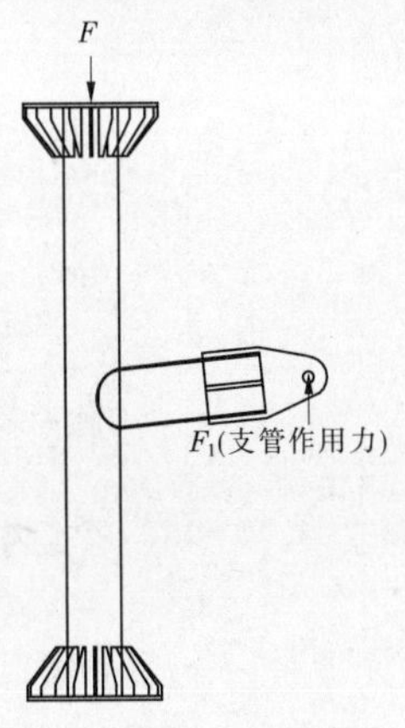

图 9-1　试件受力示意图

9.1.3　试验装置

试件柱脚与钢底座刚性连接，底座截面尺寸为 H600 mm × 890 mm(800 mm) × 22 mm × 28 mm，钢材强度等级为 Q345B，底座通过放置于其上表面压梁两端的锚栓固定于试验台面。

竖向荷载通过放置在两边加载横梁上的液压千斤顶作用于加载头上。两个千斤顶的量程均为 100 t，并联于同一套稳压装置的油路，以保证两个千斤顶上作用的荷载大小相同。

试验装置布置见图 9-3。

试件安装三维图见图 9-4。

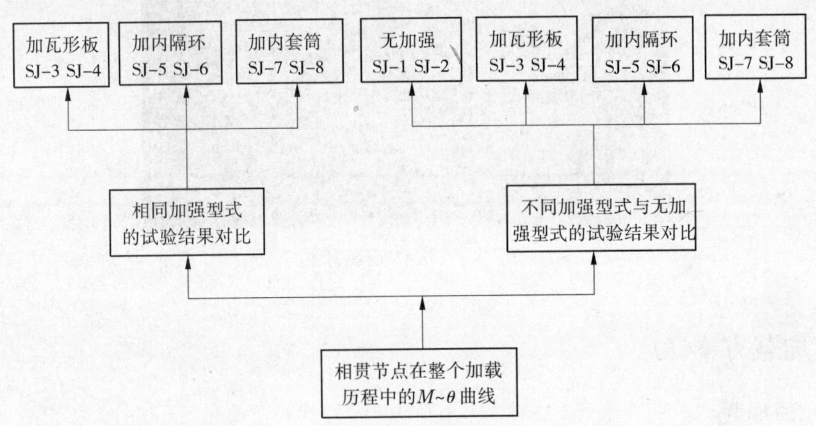

图 9-2　相贯节点刚度试验方案

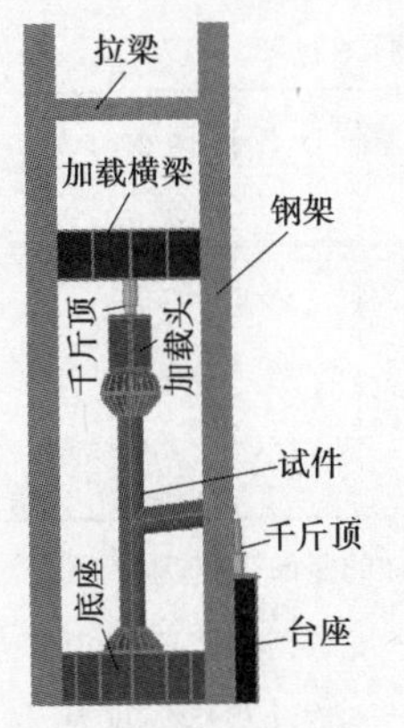

图 9-3　试验装置布置

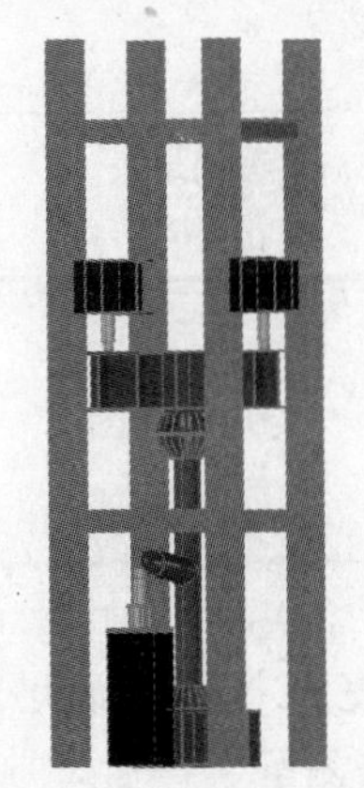

图 9-4　试件安装三维图

试件安装就位见图 9-5。

图 9-5　试件安装就位

9.1.4　加载方案

9.1.4.1　预加载

千斤顶施加竖向轴力的预加载，单独施加主管轴向力至 694 kN，预加载的加载步骤见表 9-2。

表 9-2　预加载的加载步骤

加载步骤	每级加块重(kg)	每级荷载(单个)(kN)	累计荷载(单个)(kN)	累计块重(kg)	累计荷载(两个)(kN)
1	杆加盘重 211	280.5	280.5	空杆、空盘	561
2	50	66.5	347	50	694
3	卸载				

注：单个是指 1 个千斤顶所施加的竖向荷载，两个是指 2 个千斤顶所施加的竖向荷载。

预加载完成之后，应满足以下要求：

(1) 检查测量主管轴向应变的应变片读数是否基本一致，以考察加载是否偏心。

(2) 检查各部分的连接情况(位移计、百分表的支座等)。

(3) 检查各仪器设备的工作状况(位移计、百分表是否正常读数等)。

(4) 检查螺栓是否有松动。

(5)紧固顶着地梁的支座,减小地梁的水平位移。

附:本次加载采用杠杆放大式稳压装置,系统放大倍数为 133。采用千斤顶施加竖向荷载,千斤顶的量程为 200 t。

9.1.4.2　正式加载

(1)单独施加主管轴力至 2 024 kN(轴压比为 0.4),停歇 10 min,观察稳压装置杠杆是否下降,在试验过程中要保持这个高度不变(加载过程中要保持杠杆在台座处的抬升高度为 12 cm)。正式加载主管轴向力加载步骤见表 9-3,正式加载支管竖向力加载步骤见表 9-4。

表 9-3　正式加载主管轴向力加载步骤

加载步骤	每级加块重(kg)	每级荷载(单个)(kN)	累计荷载(单个)(kN)	累计块重(kg)	累计荷载(两个)(kN)
1	杆加盘重 211	280.5	280.5	空杆、空盘	561
2	100	133	413.5	100	827
3	100	133	546.5	200	1 093
4	100	133	679.5	300	1 159
5	100	133	882.5	400	1 625
6	100	133	945.5	500	1 991
7	50	66.5	1 012	550	2 024

表 9-4　正式加载支管竖向力加载步骤

加载步骤	支管荷载(kN)
1	50
2	100
3	150
4	200
5	250
6	275
根据试验现象确定是否继续加载	

(2)保持竖向荷载不变,逐步施加支管处的集中荷载,直至试件破坏,利用传感器来控制荷载的大小。

9.1.5　测试内容

9.1.5.1　荷载测试

竖向荷载采用杠杆放大式稳压装置(见图 9-6)加载,为保证竖向荷载的大小恒定,在整个加载过程中要一直监测杠杆抬升的高度。如果杠杆抬升的高度发生变化,需要通过调整油压使杠杆抬升的高度恢复到原来的数值。

图 9-6　杠杆放大式稳压装置

9.1.5.2　位移测试

试验中采用位移计记录试件的水平位移和竖向位移,其中 WYJ－1、WYJ－2、WYJ－5 记录主管平面内侧移量;WYJ－3 记录支管竖向位移量;WYJ－4 记录支管平面外侧移量;WYJ－6 记录主管平面外侧移量;WYJ－7、WYJ－8 记录相贯处主、支管相对转动的位移量。其中,WYJ－1 表示 1 号位移计,依此类推。

位移计布置见图 9-7。

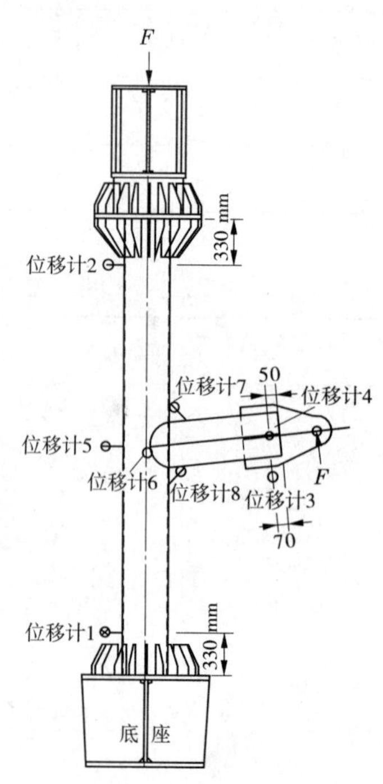

图 9-7　位移计布置

以 WYJ－7、WYJ－8 的测量结果计算主、支管的相对转角值,其几何原理见图 9-8。

如图 9-8 所示,对于 WYJ－7,安装位移计时保证 AC 的长度为 260 mm,$\angle CAB$ 为 45°,$\angle BCA$ 为主、支管的夹角,在加载过程中 AC 和 $\angle CAB$ 均保持不变,主、支管的变形引起 B 向 B'移动。因此,通过计算 $\angle BCB'$ 可得主、支管夹角的变化。试验中可直接读出 BB'的值。

$\angle BCD = 39°, B'D = BD - BB', CD = \sqrt{2}/2AC$

计算过程为

$$\tan B'CD = B'D/CD = (BD - BB')\sqrt{2}/AC$$
$$= \tan BCD - BB'\sqrt{2}/260 = \tan 39° - BB'\sqrt{2}/260$$

则

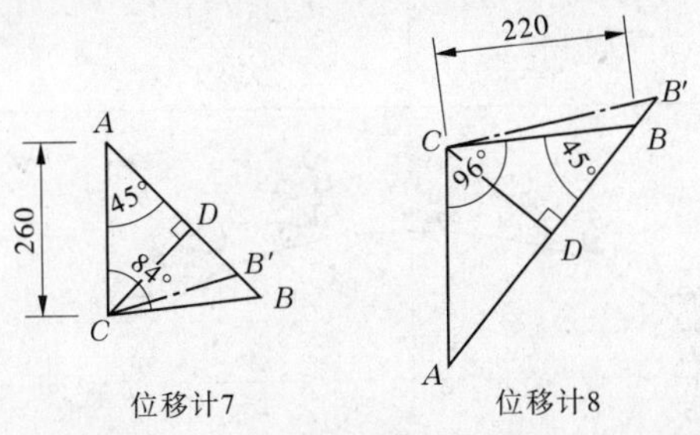

图 9-8　WYJ－7、WYJ－8 测量原理　（单位：mm）

$$\angle BCB' = 39° - \arctan B'CD$$

对于 WYJ－8，安装位移计时保证 BC 的长度为 220 mm，$\angle CAD$ 为 39°，$\angle BCA$ 为主、支管的夹角，在加载过程中 BC 和 $\angle CAD$ 均保持不变，主、支管的变形引起 B 向 B' 移动。因此，通过计算 $\angle BCB'$ 可得主、支管夹角的变化。试验中可直接读出 BB' 的值。

$$\angle CAD = 39°, B'D = BD + BB', BD = CD = BC/\sqrt{2} = 220/\sqrt{2}$$

计算过程为

$$\tan B'CD = B'D/CD = (BD + BB')/CD = 1 + BB'\sqrt{2}/220$$

则

$$\angle BCB' = \arctan B'CD - 45°$$

9.1.5.3　应力测试

采用电阻应变花对主、支管相贯处应变的发展情况进行测量，并且在主管上、下四分之一点处和支管中点处环向布置应变花以监测轴向荷载的对中情况以及主、支管管身的受力情况，应变花布置见图 9-9，主、支管相贯处应变花布置详图见图 9-10（图中数字为应变片的编号）。

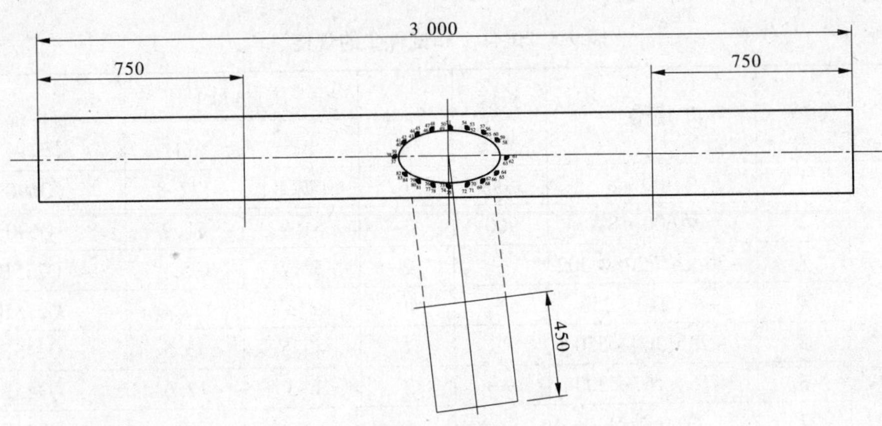

图 9-9　应变花布置　（单位：mm）

相贯处应变花的布置原则为：

（1）各应变花角点到焊缝的距离（沿焊缝外法线方向）为 25 mm。

（2）各应变花间距为沿相贯线等分布置，相邻两个四分点之间等分布置 3 个应变花。

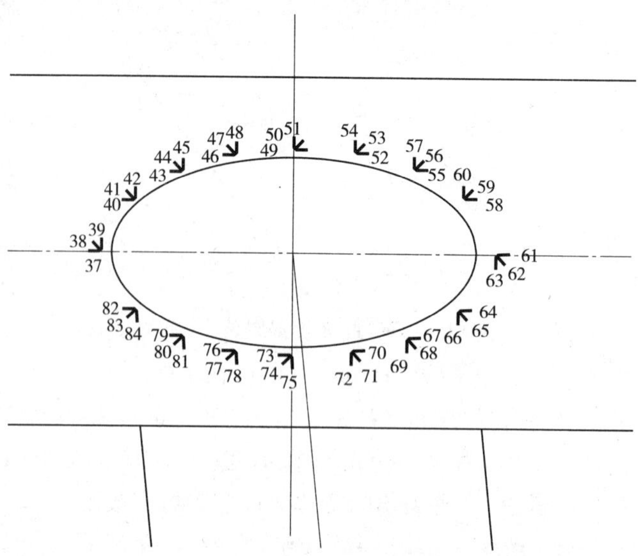

图 9-10　主、支管相贯处应变花布置详图

9.2　试验现象及试验结果

9.2.1　无加强型相贯节点(试件 1 和试件 2)

试件 1 和试件 2 的规格详见表 9-5;试件 1 和试件 2 的加工图及试件详图见图 9-11。

9.2.1.1　试件 1

试件 1 安装就位见图 9-12。

表 9-5　试件 1 和试件 2 的规格

类型	编号	规格	长度(mm)	数量	质量(kg)		钢材牌号
					单件	合计	
试件 1(试件 2)	1	Φ300×8	3 000	1	172.8	172.8	Q690
	2	Φ300×8	900	1	51.9	51.9	Q690
	3	-20×Φ720/Φ302	—	2	52.7	105.4	Q235B
	4	-8×210×250	—	40	3.3	132.0	Q235B
	5	-28×360×550	—	1	43.5	43.5	Q345B
	6	-16×167×300	—	2	6.3	12.6	Q345B
	7	Φ60 销钉	—	1	—	—	Q345B
	8	Φ21.5 孔配 M20	—	40	—	—	10.9 级高强螺栓
	试件 1 总重:518.2 kg						
	试件 2 总重:518.2 kg						

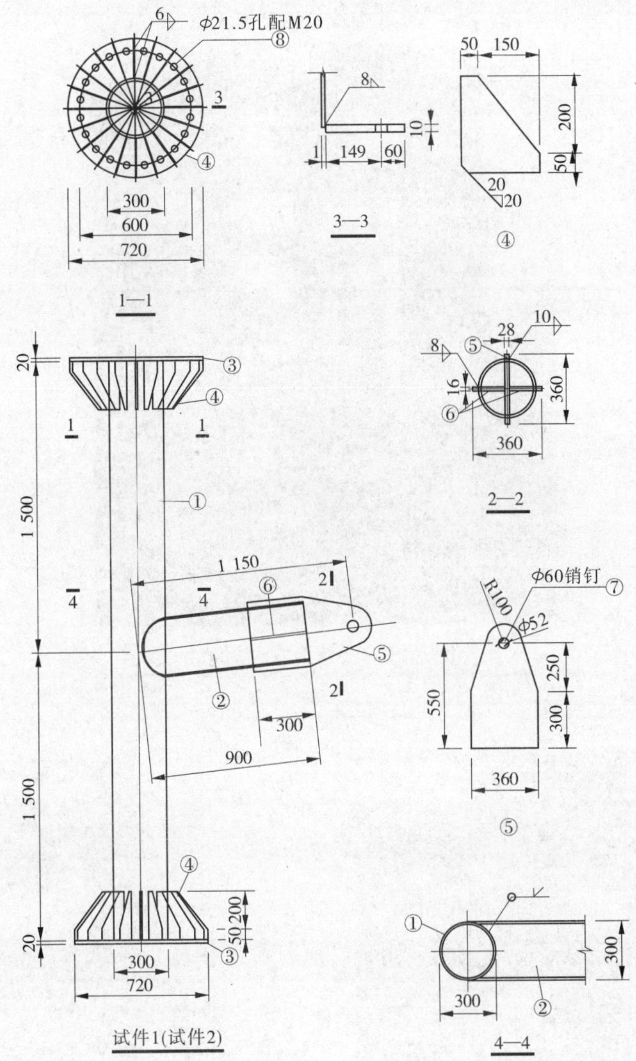

图 9-11　试件 1 和试件 2 的加工图及试件详图　（单位:mm）

试验现象:

(1)当荷载为 50 kN 时,试件暂无明显现象。

(2)当荷载为 100 kN 时,试件暂无明显现象。

(3)当荷载为 150 kN 时,试件暂无明显现象。

(4)当荷载为 200 kN 时,相贯处主管上部有轻微的凹陷变形,主管下部变形暂不明显。

(5)当荷载为 250 kN 时,支管端部向上位移开始增大,相贯处主管上部产生明显的凹陷变形,主管下部产生轻微的凸起变形(分别见图 9-13、图 9-14)。

(6)当荷载为 282 kN 时,相贯处主管上部的凹陷变形与上级荷载的相比增大了(见图 9-15),中部产生稍明显的凹陷变形(见图 9-16);相贯处下部焊缝被撕裂但未被拉断(见图 9-17);主管有轻微的弯曲变形,在平面内方向上部最大,中部次之,下部最小(见

图 9-12　试件 1 安装就位

图 9-18）。

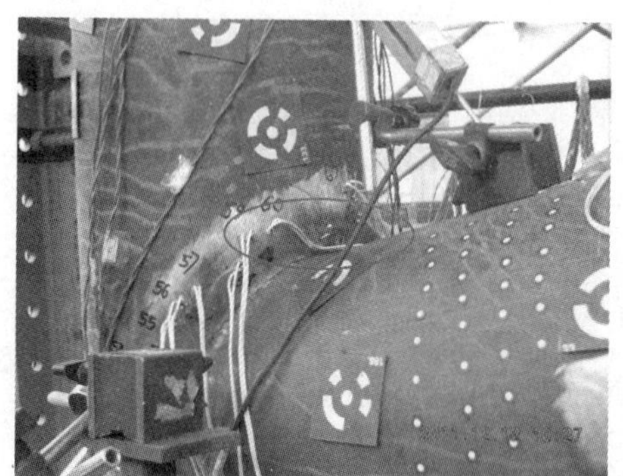

图 9-13　相贯处主管上部明显的凹陷变形

图 9-14　相贯处主管下部轻微的凸起变形

图 9-15　相贯处主管上部的凹陷变形增大

图 9-16　相贯处中部稍明显的凹陷变形

图 9-17　相贯处下部的焊缝被撕裂

图 9-18　主管有轻微的弯曲变形

试验结果：在支管荷载施加的过程中，试件 1 的 WYJ－7、WYJ－8 荷载—位移曲线见图 9-19。

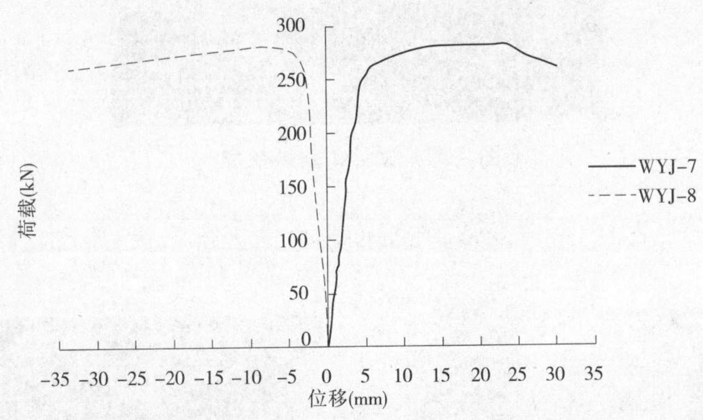

注：位移测量正负值的取值原则为位移计压缩量为正、伸长量为负。

图 9-19　试件 1 的 WYJ－7、WYJ－8 荷载—位移曲线

从图 9-19 中可以看出，相同荷载下 WYJ－7 测得的位移值较 WYJ－8 测得的位移值大，表明试件 1 相贯处主管上部的凹陷变形较下部的凸起变形大。

9.2.1.2　试件 2

试件 2 安装就位见图 9-20。

试验现象：

(1) 当荷载为 100 kN 时，试件暂无明显现象。

(2) 当荷载为 150 kN 时，试件暂无明显现象。

(3) 当荷载为 200 kN 时，相贯处主管上部有轻微的凹陷变形，主管下部的变形暂不明显。

(4) 当荷载为 250 kN 时，相贯处主管上部产生稍明显的凹陷变形，主管下部产生轻微的凸起变形（分别见图 9-21、图 9-22）。

(5) 当荷载为 286 kN 时，相贯处主管上部的凹陷变形与上级荷载的相比增大了（见图 9-23），中部产生稍明显的凹陷变形（见图 9-24）；当荷载加到 286 kN 时达到极限，相贯处下部的焊缝被拉断，断裂沿靠近支管侧焊脚，贯穿支管的下半部分，开裂未延伸至管身

图 9-20　试件 2 安装就位

(见图 9-25);主管有轻微的弯曲变形,在平面内方向上部最大,中部次之,下部最小(见图 9-26)。

图 9-21　相贯处主管上部明显的凹陷变形

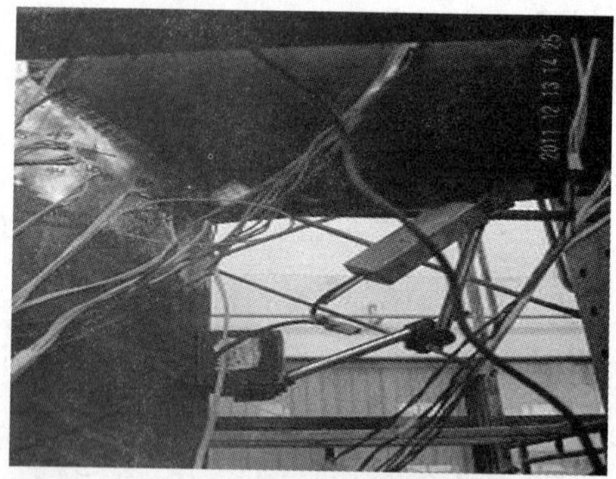

图 9-22　相贯处主管下部轻微的凸起变形

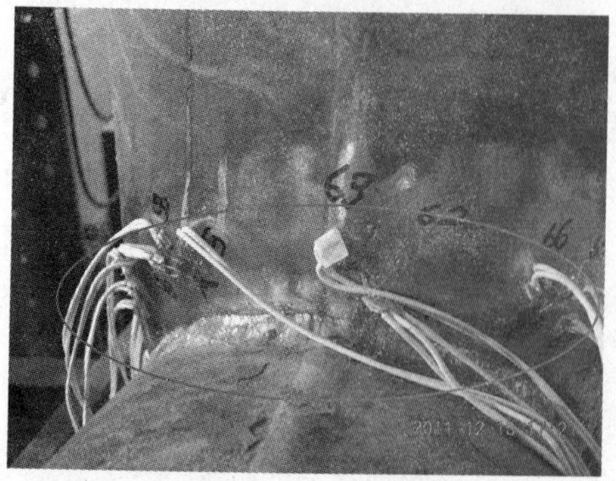

图 9-23　相贯处主管上部的凹陷变形增大

图 9-24　相贯处中部稍明显的凹陷变形

图 9-25　相贯处下部的焊缝被拉断

图 9-26　主管有轻微的弯曲变形

试验结果：在支管荷载施加的过程中，试件 2 的 WYJ－7、WYJ－8 荷载—位移曲线见图 9-27。

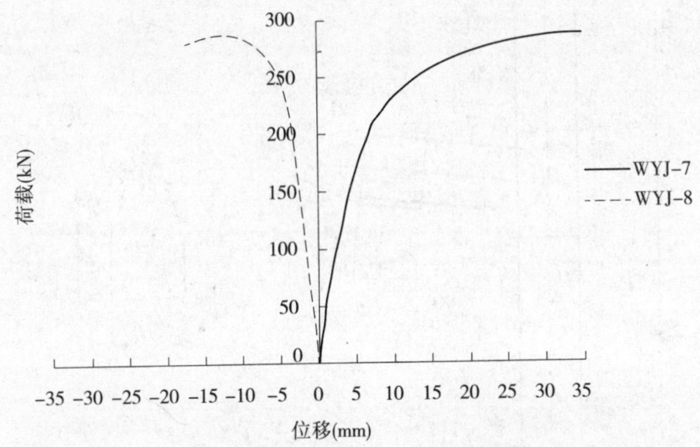

注：位移测量正负值的取值原则为位移计压缩量为正、伸长量为负。

图 9-27　试件 2 的 WYJ－7、WYJ－8 荷载—位移曲线

从图 9-27 中可以看出，相同荷载下 WYJ－7 测得的位移值较 WYJ－8 测得的位移值大，表明试件 2 相贯处主管上部的凹陷变形较下部的凸起变形大。

9.2.2　瓦形板加强型相贯节点（试件 3 和试件 4）

试件 3 和试件 4 的加工图及试件详图见图 9-28；试件 3 和试件 4 的规格详见表 9-6。

瓦形板采用角焊缝在板的四边焊接于主管上，焊脚尺寸为 8 mm，然后将支管焊接于瓦形板上。

9.2.2.1　试件 3

试件 3 安装就位见图 9-29。

试验现象：

（1）当荷载为 50 kN 时，试件暂无明显现象。

（2）当荷载为 100 kN 时，试件暂无明显现象。

（3）当荷载为 150 kN 时，试件暂无明显现象。

（4）当荷载为 200 kN 时，试件暂无明显现象。

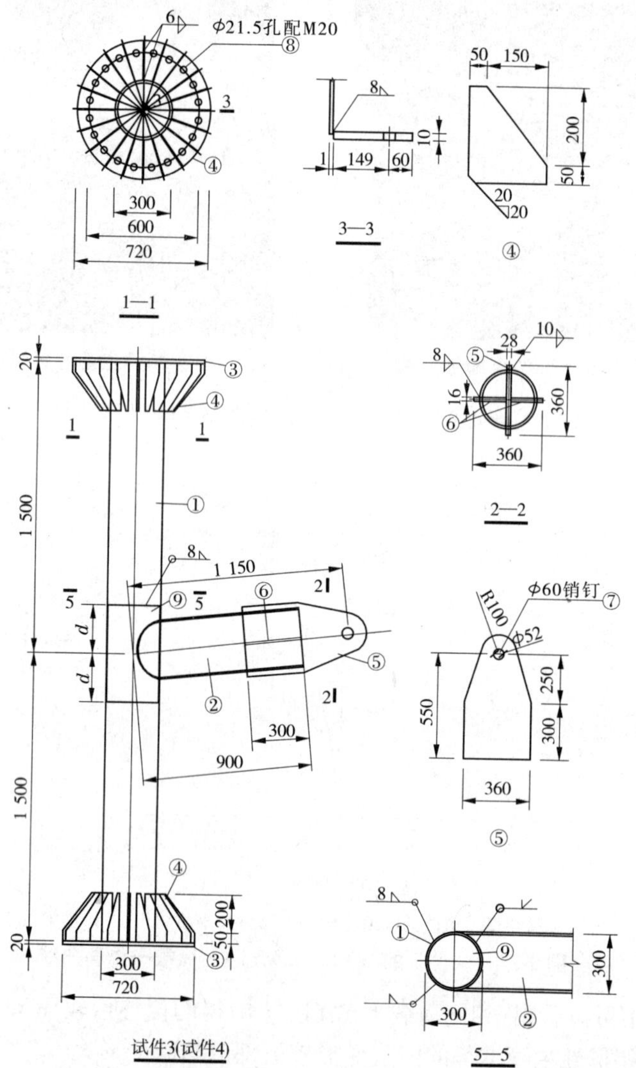

图 9-28　试件 3 和试件 4 的加工图及试件详图　（单位:mm）

(5)当荷载为 250 kN 时,相贯处主管上部产生轻微的凹陷变形,下部暂无明显变形。

(6)当荷载为 300 kN 时,相贯处主管中部产生稍微明显的凹陷变形(见图 9-30),支管端部产生明显的向上变形。

(7)当荷载为 325 kN 时,相贯处主管中部的凹陷变形较上级荷载增大,上部产生稍明显的凹陷变形(见图 9-31)。

(8)当荷载为 344 kN 时,相贯处主管上部的凹陷变形较上级荷载增大(见图 9-32),下部产生明显的凸起变形(见图 9-33),中部产生明显的凹陷变形(见图 9-34);当荷载加到 344 kN 时达到极限荷载,达到极限荷载后开始卸载,焊缝被撕裂但未被拉断,裂口沿靠近主管侧焊脚从相贯处最低点开始向上发展延伸约 15 mm,最低点处开裂最严重(见图 9-35);主管未有明显的弯曲变形。

表 9-6　试件 3 和试件 4 的规格

类型	编号	规格	长度(mm)	数量	质量(kg)		钢筋牌号
					单件	合计	
试件 3 (试件 4)	1	Φ300×8	3 000	1	172.8	172.8	Q690
	2	Φ300×8	900	1	51.9	51.9	Q690
	3	-20×Φ720/Φ302	—	2	52.7	105.4	Q235B
	4	-8×210×250	—	40	3.3	132.0	Q235B
	5	-28×360×550	—	1	43.5	43.5	Q345B
	6	-16×167×300	—	2	6.3	12.6	Q345B
	7	Φ60 销钉	—	1	—	—	Q345B
	8	Φ21.5 孔配 M20	—	40	—	—	10.9 级高强螺栓
	9 (9)	-8×450×531	225	1	15.0	15.0	Q345B
		-8×540×531	270	1	18.0	18.0	Q345B
	试件 3 总重:533.2 kg						
	试件 4 总重:536.2 kg						

图 9-29　试件 3 安装就位

试验结果:试件 3 在支管荷载的施加过程中,WYJ-7、WYJ-8 荷载—位移曲线见图 9-36。

图 9-30　相贯处主管中部稍明显的凹陷变形

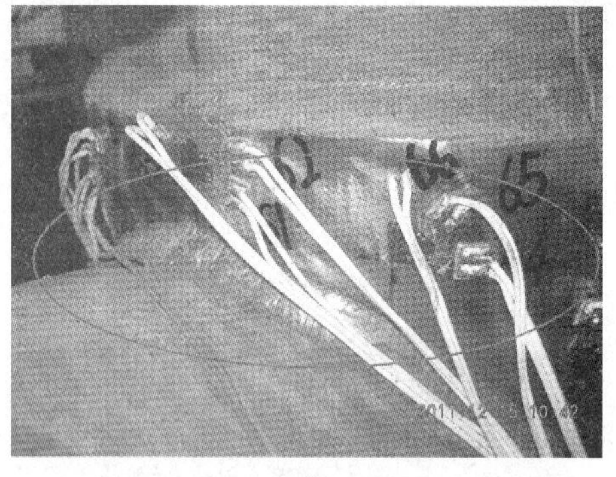

图 9-31　相贯处上部稍明显的凹陷变形

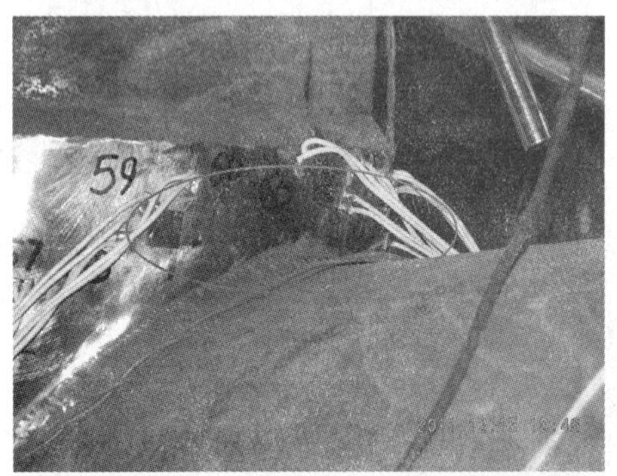

图 9-32　相贯处主管上部凹陷变形增大

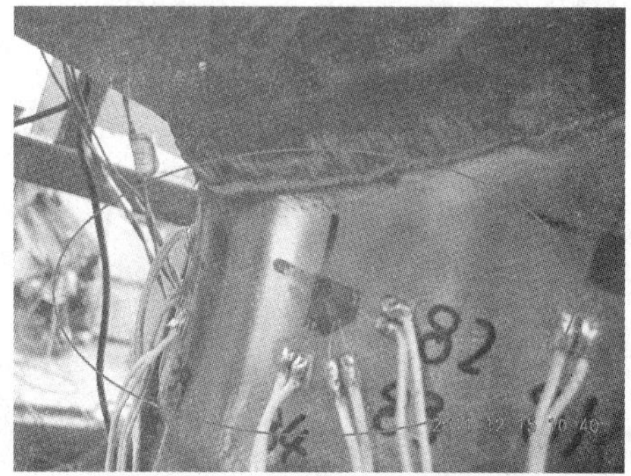

图 9-33　相贯处下部明显凸起变形

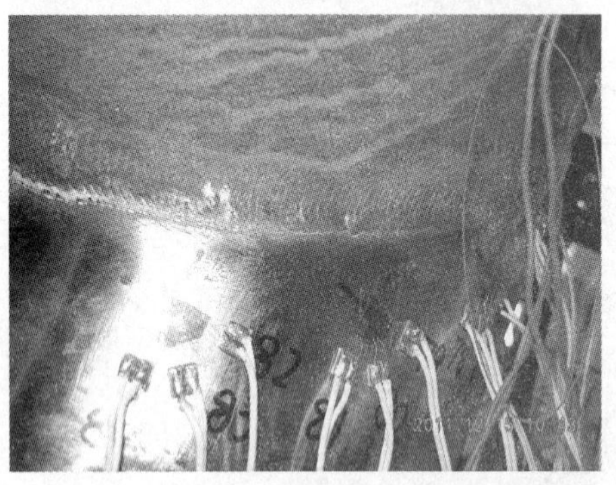

图 9-34　相贯处中部明显的凹陷变形

图 9-35　相贯处下部的焊缝被撕裂

从图 9-36 中可以看出,相同荷载下 WYJ－7 测得的位移值与 WYJ－8 测得的位移值相当,表明试件 3 相贯处主管上部的凹陷变形与下部凸起变形相当。

9.2.2.2　试件 4

试件 4 安装就位见图 9-37。

试验现象:

(1)当荷载为 50 kN 时,试件暂无明显现象。

(2)当荷载为 100 kN 时,试件暂无明显现象。

(3)当荷载为 150 kN 时,试件暂无明显现象。

(4)当荷载为 200 kN 时,相贯处主管上部有轻微的凹陷变形,下部暂无明显变化。

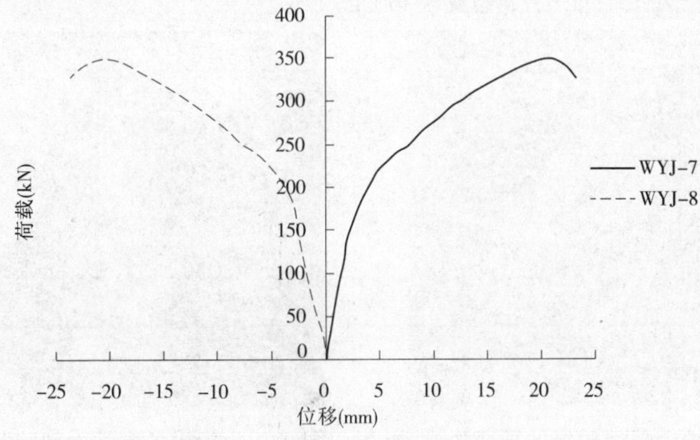

注:位移测量正负值的取值原则为位移计压缩量为正、伸长量为负。

图 9-36　试件 3 的 WYJ－7、WYJ－8 荷载—位移曲线

图 9-37　试件 4 安装就位

(5)当荷载为 250 kN 时,相贯处主管上部有稍明显的凹陷变形,下部有轻微的凸起变形。

(6)当荷载为 275 kN 时,相贯处主管上部的凹陷变形较上级荷载未明显增加(见图 9-38),下部有稍明显的凸起变形。

(7)当荷载为 300 kN 时,相贯处主管中部有稍明显的凹陷变形(见图 9-39),相贯处主管上部的凹陷变形较上级荷载增大(见图 9-40),下部产生的凸起变形与上级荷载的相比未见增大;支管端部向上位移开始增大。

(8)当荷载为 325 kN 时,相贯处主管中部的凹陷变形明显(见图 9-41),上部产生明显的凹陷变形，下部产生明显的凸起变形（见图 9-42）。

图 9-38　相贯处上部稍明显凹陷变形

图 9-39　相贯处主管中部稍明显的凹陷变形

（9）当荷载为 336 kN 时达到极限荷载；相贯处主管中部的凹陷变形较明显，上部产生明显的凹陷变形，下部产生明显的凸起变形；到极限荷载后未及时卸载，焊缝被拉断，断口沿靠近支管侧焊脚从相贯处最低点向左上方延伸大约 20 mm 长（见图 9-43）；主管未有明显的弯曲变形。

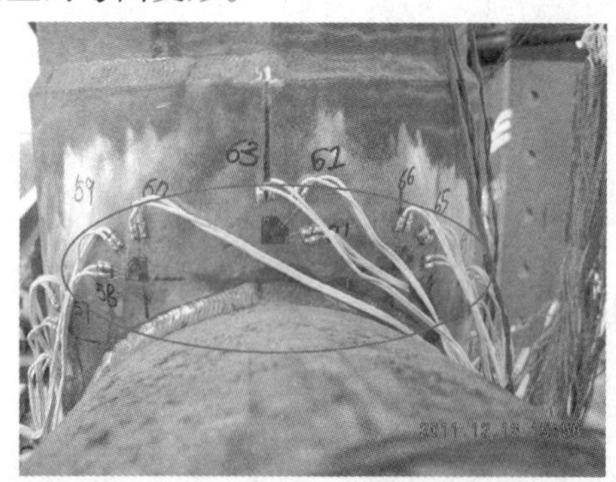

图 9-40　相贯处主管上部的凹陷变形增大

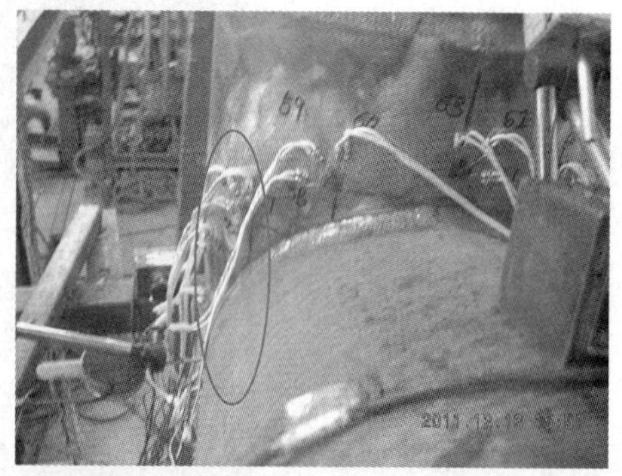

图 9-41　相贯处主管中部明显的凹陷变形

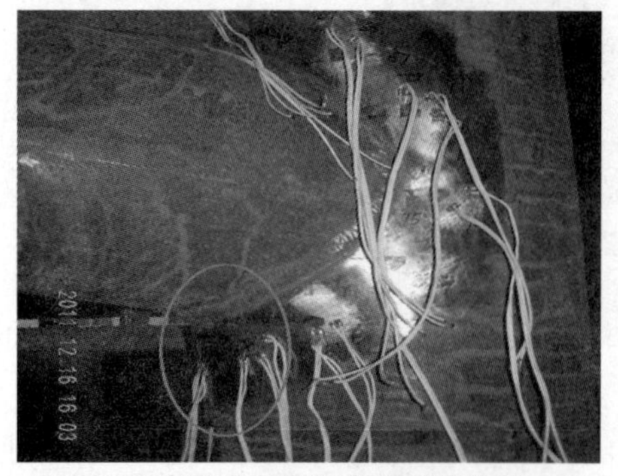

图 9-42　相贯处主管下部明显的凸起变形

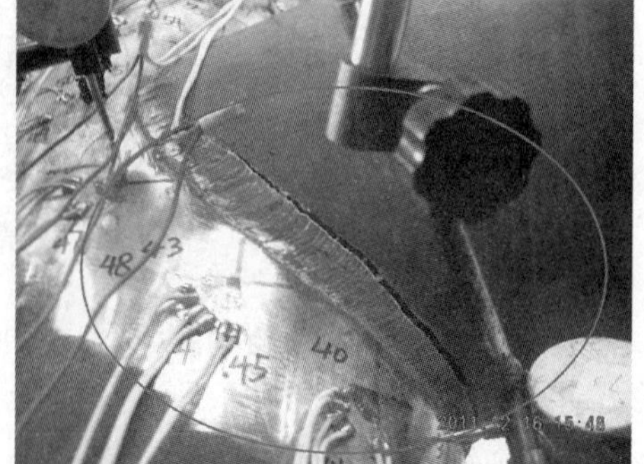

图 9-43　相贯处的焊缝被拉断

试验结果：在支管荷载施加的过程中，试件 4 的 WYJ－7、WYJ－8 荷载—位移曲线见图 9-44。

从图 9-44 中可以看出，相同荷载下 WYJ－7 测得的位移值与 WYJ－8 测得的位移值相当，表明试件 4 相贯处主管上部的凹陷变形与下部的凸起变形相当。

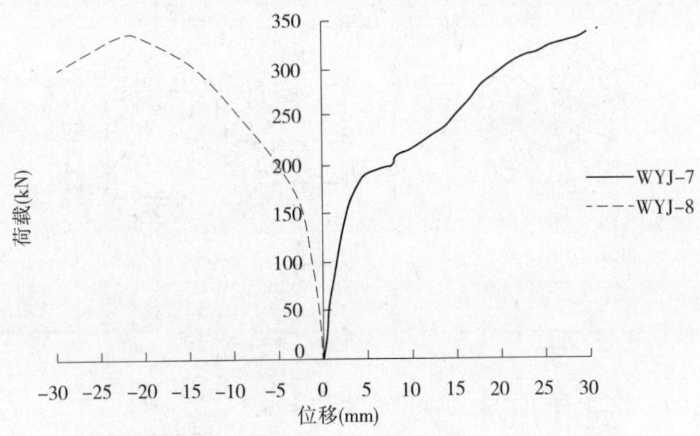

注:位移测量正负值的取值原则为位移计压缩量为正、伸长量为负。

图9-44　试件4的WYJ-7、WYJ-8荷载—位移曲线

9.2.3　内隔环加强型相贯节点(试件5和试件6)

试件5和试件6的规格详见表9-7,试件5和试件6的加工图及试件详图见图9-45。内隔环的设置参考了丁芸孙等人所著的《网架网壳设计与施工》一书中的相关内容,在下一章的有限元分析模型的设计中,也参考此书进行计算模型的设计。

内隔环的加工为先将主管沿中部切开,然后将环板焊接于主管的内侧,采用角焊缝焊接,完成之后再将主管焊接在一起,最后将支管焊接于主管上。

9.2.3.1　试件5

试件5安装就位见图9-46。

表9-7　试件5和试件6的规格

类型	编号	规格	长度(mm)	数量	质量(kg)		钢材牌号
					单件	合计	
试件5(试件6)	1	Φ300×8	3 000	1	172.8	172.8	Q690
	2	Φ300×8	900	1	51.9	51.9	Q690
	3	-20×Φ720/Φ302	—	2	52.7	105.4	Q235B
	4	-8×210×250	—	40	3.3	132.0	Q235B
	5	-28×360×550	—	1	43.5	43.5	Q345B
	6	-16×167×300	—	2	6.3	12.6	Q345B
	7	Φ60销钉	—	1	—	—	Q345B
	8	Φ21.5孔配M20	—	40	—	—	10.9级高强螺栓
	9	-8×Φ284/Φ210	—	2	—	—	Q345B
	(9)	-8×Φ284/Φ150	—	2	—	—	Q345B
	试件5总重:518.2 kg						
	试件6总重:518.2 kg						

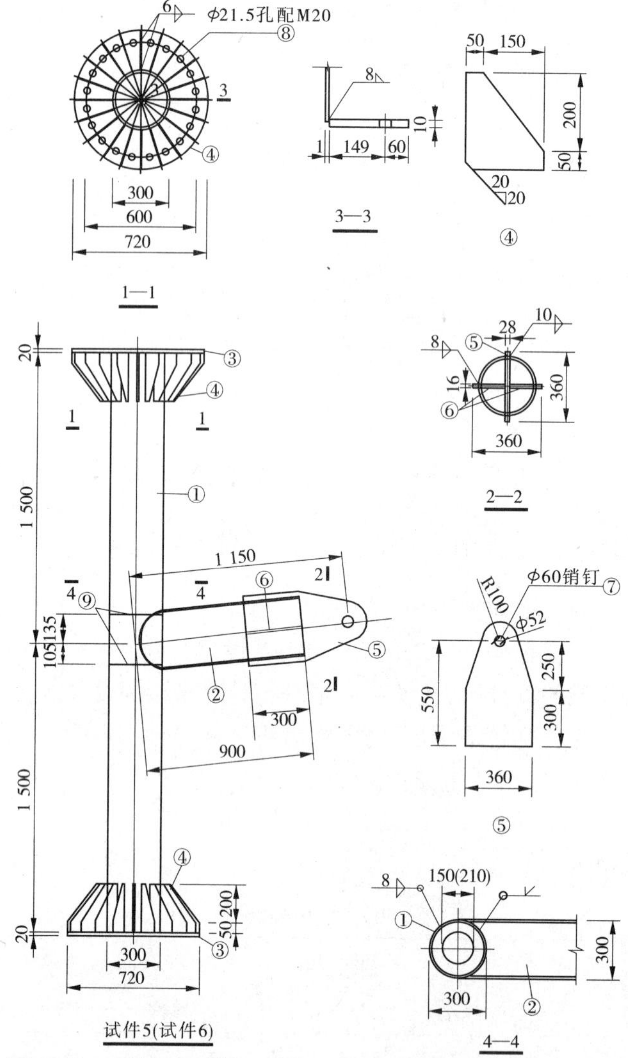

图 9-45　试件 5 和试件 6 的加工图及试件详图　(单位:mm)

试验现象:

(1)当荷载为 50 kN 时,试件暂无明显现象。

(2)当荷载为 100 kN 时,试件暂无明显现象。

(3)当荷载为 150 kN 时,试件暂无明显现象。

(4)当荷载为 200 kN 时,相贯处主管上部有轻微的凹陷变形,下部暂无明显变化。

(5)当荷载为 250 kN 时,相贯处主管上部有稍明显的凹陷变形(见图 9-47),下部暂无明显变化。

(6)当荷载为 275 kN 时,相贯处主管上部的凹陷变形未明显增大,下部有轻微的凸起变形。

(7)当荷载为 300 kN 时,相贯处主管中部有稍明显的凹陷变形(见图 9-48),相贯处主管上部有明显的凹陷变形(见图 9-49),下部的凸起变形未见明显增大;支管端部向上

图 9-46　试件 5 安装就位

位移开始增大。

(8)当荷载为 325 kN 时,相贯处主管上部的凹陷变形进一步增大(见图 9-50),下部产生稍明显的凸起变形(见图 9-51);支管端部向上位移加速明显。

(9)当荷载为 348 kN 时,相贯处主管上部产生很明显的凹陷变形,下部的凸起变形比较明显,此时荷载已经无法继续再增加,已达到节点的极限荷载(见图 9-52)。

图 9-47　相贯处主管上部稍明显的凹陷变形

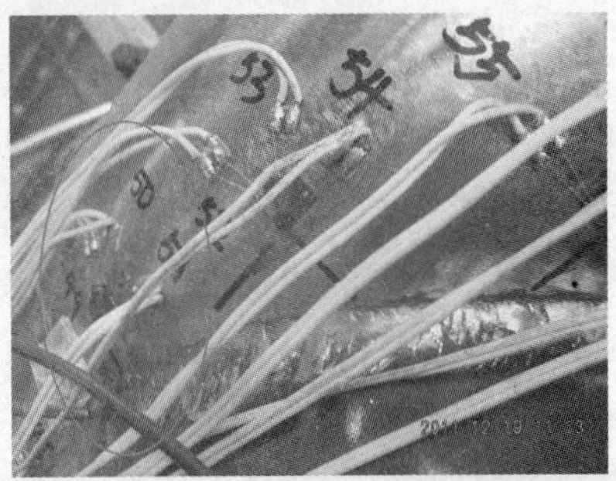

图 9-48　相贯处主管中部稍明显的凹陷变形

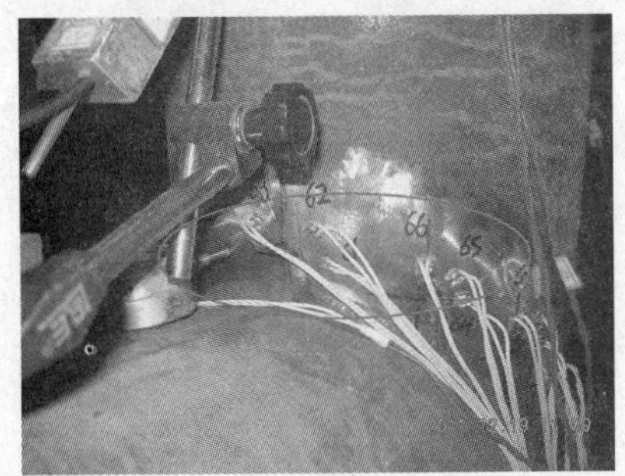

图 9-49　相贯处主管上部有明显的凹陷变形

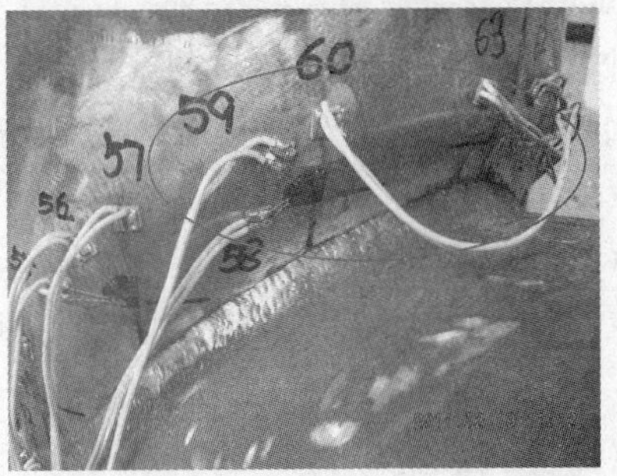

图 9-50　相贯处主管上部的凹陷变形增大

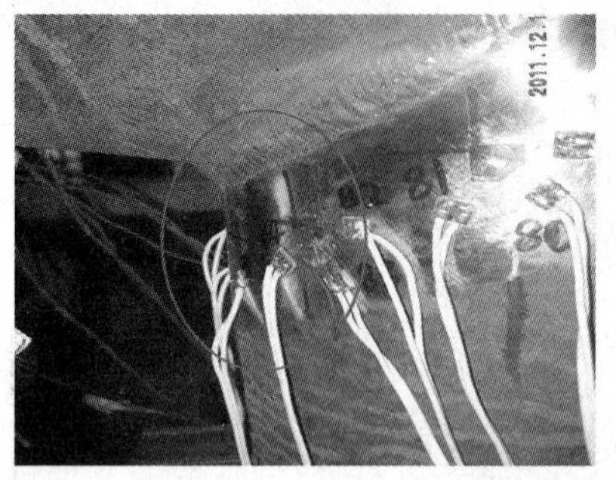

图 9-51　相贯处下部稍明显的凸起变形

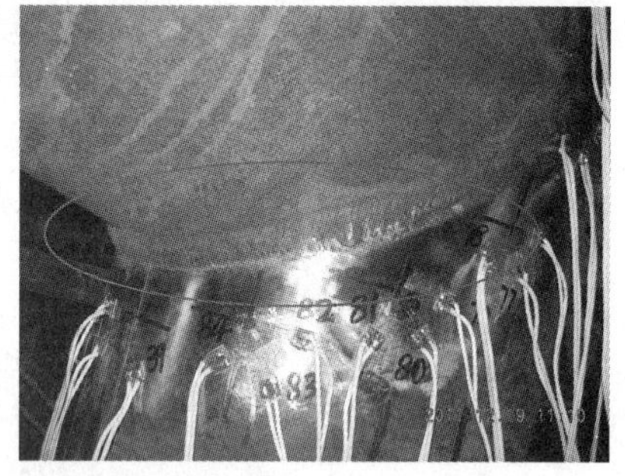

图 9-52　相贯处下部的焊缝未被撕裂

试验结果:在支管荷载施加的过程中,试件 5 的 WYJ－7、WYJ－8 荷载—位移曲线见图 9-53。

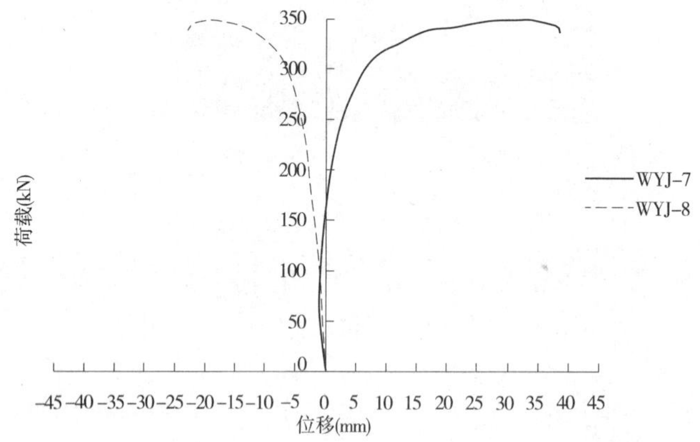

注:位移测量正负值的取值原则为位移计压缩量为正、伸长量为负。

图 9-53　试件 5 的 WYJ－7、WYJ－8 荷载—位移曲线

从图 9-53 中可以看出,相同荷载下 WYJ－7 测得的位移值较 WYJ－8 测得的位移值大,表明试件 5 相贯处主管上部的凹陷变形较下部的凸起变形大,内隔环对相贯处主管局部屈曲的约束能力有限;本次加载中荷载在 150 kN 之前 WYJ－7 的值为负,这可能由于在加载的过程中 WYJ－7 的针头出现了滑动。

9.2.3.2　试件 6

试件 6 安装就位见图 9-54。

试验现象:

(1)当荷载为 50 kN 时,试件暂无明显现象。

(2)当荷载为 100 kN 时,试件暂无明显现象。

(3)当荷载为 150 kN 时,试件暂无明显现象。

(4)当荷载为 200 kN 时,试件暂无明显现象。

(5)当荷载为 250 kN 时,试件暂无明显现象。

(6)当荷载为 275 kN 时,试件暂无明显现象。

(7)当荷载为 300 kN 时,试件暂无明显现象。

图 9-54　试件 6 安装就位

(8)当荷载为 325 kN 时,相贯处主管上部有轻微的凹陷变形,下部暂无明显变化。

(9)当荷载为 350 kN 时,相贯处主管上部的凹陷变形未见明显增大,下部暂无明显变化。

(10)当荷载为 375 kN 时,相贯处主管上部产生稍明显的凹陷变形(见图 9-55),下部暂无明显变化;支管端部向上位移加速明显。

(11)当荷载为 400 kN 时,相贯处主管上部的凹陷变形明显增大(见图 9-56),下部有稍明显的凸起变形(见图 9-57)。当荷载加到 404 kN 时焊缝被拉断,达到节点的极限荷载(见图 9-58)。

图 9-55　相贯处主管上部稍明显的凹陷变形

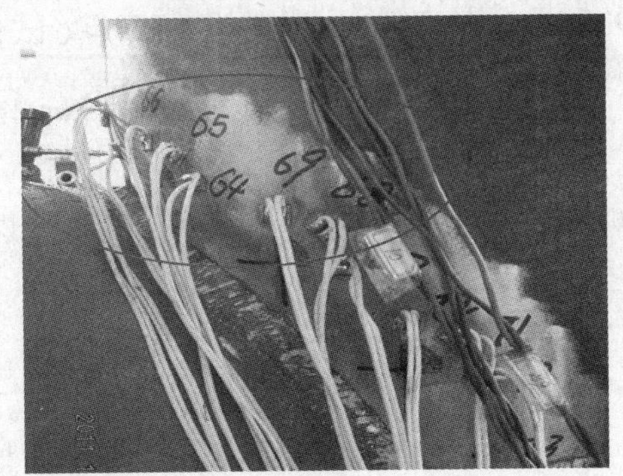

图 9-56　相贯处主管上部的凹陷变形增大

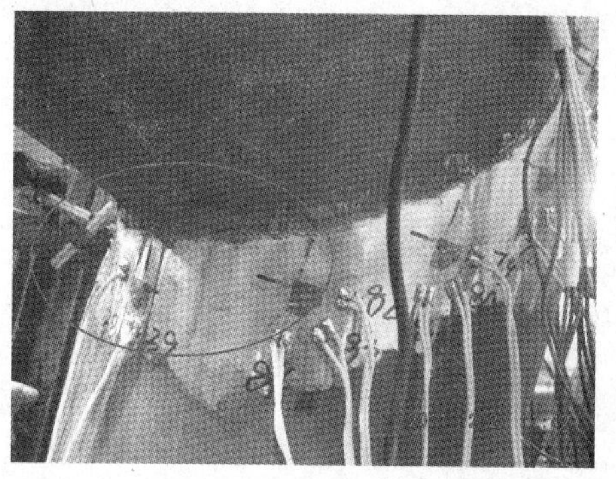

图 9-57　相贯处下部稍明显的凸起变形

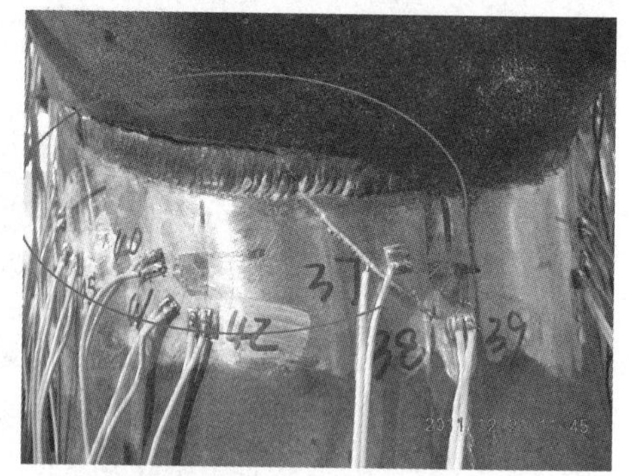

图 9-58　相贯处焊缝被拉断

试验结果：在支管荷载施加的过程中，试件 6 的 WYJ－7、WYJ－8 荷载—位移曲线见图 9-59。

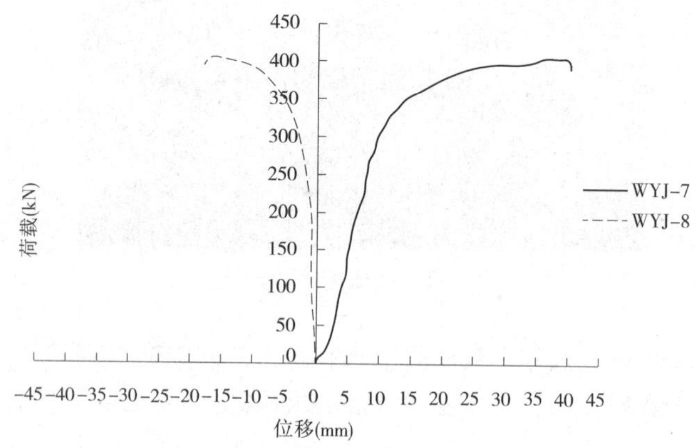

注：位移测量正负值的取值原则为位移计压缩量为正、伸长量为负。

图 9-59　试件 6 的 WYJ－7、WYJ－8 荷载—位移曲线

从图 9-59 中可以看出，相同荷载下 WYJ－7 测得的位移值较 WYJ－8 测得的位移值大，表明试件 6 相贯处主管上部的凹陷变形较下部的凸起变形大。

9.2.4　内套筒加强型相贯节点（试件 7 和试件 8）

试件 7 和试件 8 的加工图及试件详图见图 9-60；试件 7 和试件 8 的规格见表 9-8。

内套筒的加工为先将主管沿内套筒位置的偏下方切断，然后将套筒焊接于主管的内侧，采用角焊缝焊接，完成之后再将主管焊接在一起，最后将支管焊接于主管上。

9.2.4.1　试件 7

试件 7 安装就位见图 9-61。

试验现象：

（1）当荷载为 50 kN 时，试件暂无明显现象。

（2）当荷载为 100 kN 时，试件暂无明显现象。

（3）当荷载为 150 kN 时，试件暂无明显现象。

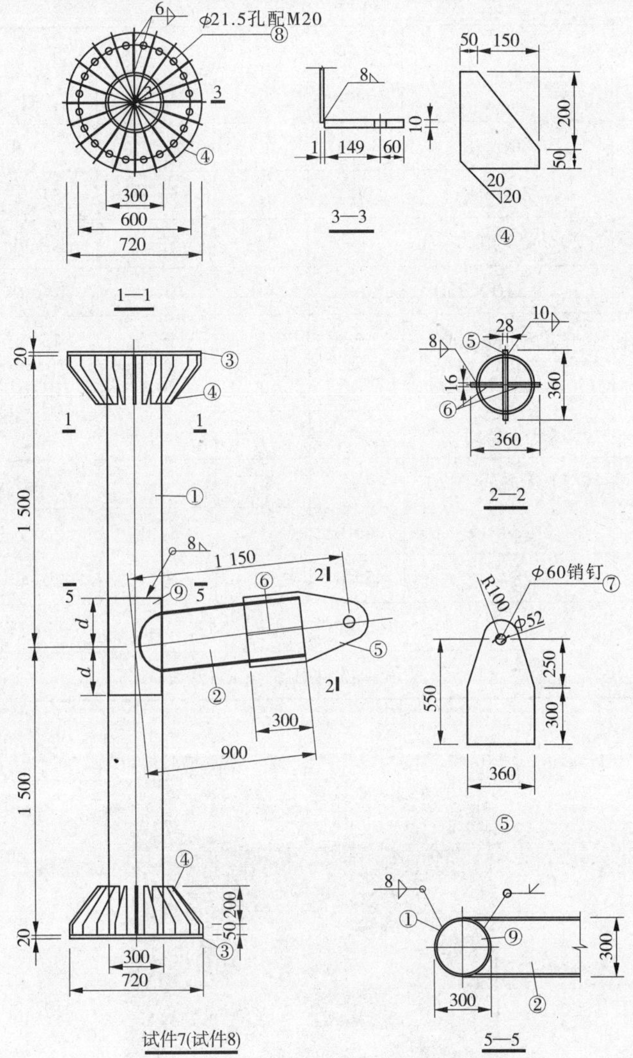

图 9-60　试件 7 和试件 8 的加工图及试件详图　（单位：mm）

(4)当荷载为 200 kN 时，试件暂无明显现象。

(5)当荷载为 225 kN 时，试件暂无明显现象。

(6)当荷载为 250 kN 时，试件暂无明显现象。

(7)当荷载为 275 kN 时，试件暂无明显现象。

(8)当荷载为 300 kN 时，试件暂无明显现象。

(9)当荷载为 325 kN 时，相贯处主管上部有轻微的凹陷变形（见图 9-62），下部暂无明显变化。

(10)当荷载为 350 kN 时，相贯处主管上部的凹陷变形未见明显增大，下部无明显变化（见图 9-63）；当荷载加到 350 kN 时焊缝被拉断，达到节点的极限荷载（见图 9-64 和图 9-65）。

表 9-8　试件 7 和试件 8 的规格

类型	编号	规格	长度(mm)	数量	质量(kg)		钢材牌号
					单件	合计	
试件 7（试件 8）	1	Φ300 ×8	3 000	1	172.8	172.8	Q690
	2	Φ300 ×8	900	1	51.9	51.9	Q690
	3	−20 × Φ720/Φ302	—	2	52.7	105.4	Q235B
	4	−8 ×210 ×250	—	40	3.3	132.0	Q235B
	5	−28 ×360 ×550	—	1	43.5	43.5	Q345B
	6	−16 ×167 ×300	—	2	6.3	12.6	Q345B
	7	Φ60 销钉	—	1	—	—	Q345B
	8	Φ21.5 孔配 M20	—	40	—	—	10.9 级高强螺栓
	9（9）	Φ284 ×8	450	1	24.5	24.5	Q345B
		Φ284 ×8	540	1	29.4	29.4	Q345B
	试件 7 总重:542.7 kg						
	试件 8 总重:547.6 kg						

图 9-61　试件 7 安装就位

图 9-62　相贯处上部轻微的凹陷变形

图 9-63　相贯处中部稍明显的凹陷变形

图 9-64　相贯处下部焊缝被拉断

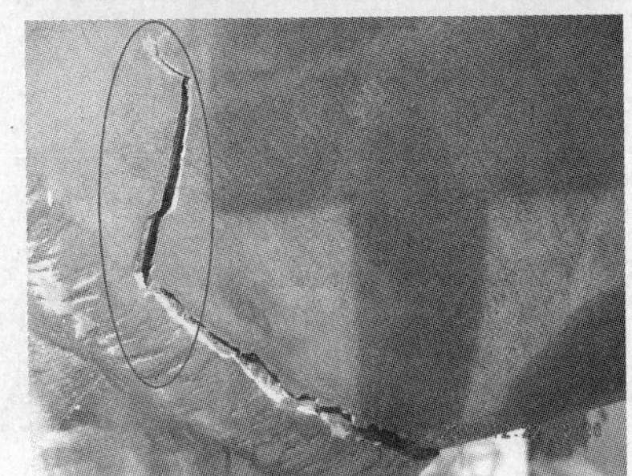

图 9-65　断裂延伸

试验结果：在支管荷载施加的过程中，试件 7 的 WYJ－7、WYJ－8 荷载—位移曲线见图 9-66。

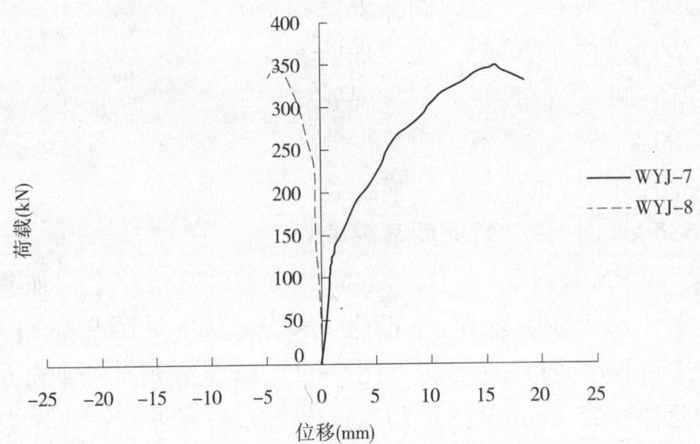

注：位移测量正负值的取值原则为位移计压缩量为正、伸长量为负。

图 9-66　试件 7 的 WYJ－7、WYJ－8 荷载—位移曲线

从图 9-66 中可以看出，相同荷载下 WYJ－7 测得的位移值较 WYJ－8 测得的位移值大，表明试件 7 相贯处主管上部的凹陷变形较下部的凸起变形大，内套管对相贯处主管局部屈曲的约束能力有限。

9.2.4.2　试件 8

试件 8 安装就位见图 9-67。

试验现象：

(1) 当荷载为 50 kN 时，试件暂无明显现象。

图 9-67　试件 8 安装就位

(2)当荷载为 100 kN 时,试件暂无明显现象。

(3)当荷载为 150 kN 时,试件暂无明显现象。

(4)当荷载为 200 kN 时,试件暂无明显现象。

(5)当荷载为 250 kN 时,试件暂无明显现象。

(6)当荷载为 275 kN 时,试件暂无明显现象。

(7)当荷载为 300 kN 时,试件暂无明显现象。

(8)当荷载为 320 kN 时,试件暂无明显现象。

(9)当荷载为 330 kN 时,试件暂无明显现象。

(10)当荷载为 340 kN 时,焊缝处有轻微裂纹,支管端部位移上升加速。

(11)相贯处主管上部无明显变化,下部也无明显变化(见图 9-68);当荷载加到 347 kN 时焊缝被拉断,达到节点的极限荷载(见图 9-69),断裂沿相贯处下部最低点向左上方从靠近主管侧焊脚延伸约 25 mm(见图 9-70),向右上方从靠近支管侧焊脚延伸约 15 mm,之后断裂延伸至支管管身呈倒"L"形约 5 mm 长(见图 9-71)。

图 9-68　相贯处中部稍明显的凹陷变形

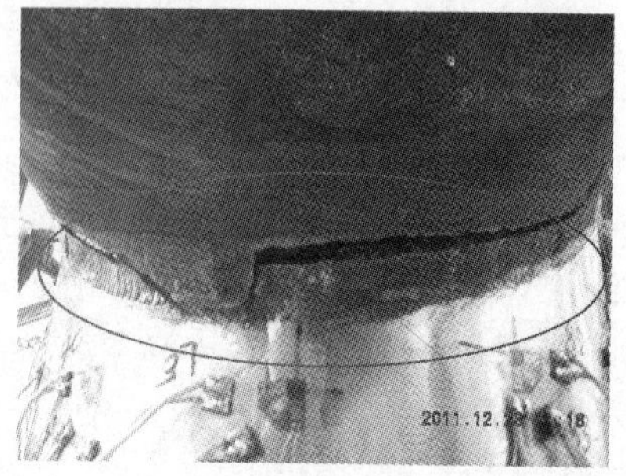

图 9-69　相贯处焊缝被拉断

图 9-70　断裂向左上方延伸

图 9-71　断裂向右上方延伸

试验结果：在支管荷载施加的过程中，试件 8 的 WYJ－7、WYJ－8 荷载—位移曲线见图 9-72。

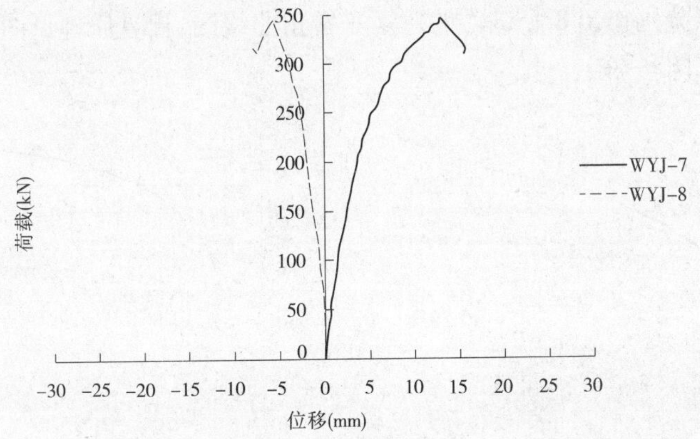

注：位移测量正负值的取值原则为位移计压缩量为正、伸长量为负。

图 9-72　试件 8 的 WYJ－7、WYJ－8 荷载—位移曲线

从图 9-72 中可以看出，相同荷载下 WYJ　7 测得的位移值较 WYJ－8 测得的位移值大，表明试件 8 相贯处主管上部的凹陷变形较下部的凸起变形大，内套管对相贯处主管局部屈曲的约束能力有限。

9.3　节点刚度分析

根据欧洲规范 EC3(CEN. EN 1993-1-8 Eruocode 3: Design of steel strctures Part 1-8: Design of Joints. 2005)判断本节设计的试验试件是否达到刚接要求。欧洲规范规定节点的初始刚度 S_j 不小于下列规定值时节点为刚性节点：无支撑结构为 $25EI_b/L_b$，有支撑结构为 $8EI_b/L_b$，其中 EI_b 为梁的刚度，I_b 为梁的长度，EI_b/L_b 为梁的线刚度系数；当节点的初始刚度 $S_{j,ini} \leqslant 0.5EI_b/L_b$ 时，节点为铰接节点；在刚接和铰接之间的部分属于半刚性节点。节点初始刚度为弯矩—转角曲线原点处切线的斜率。如图 9-73 所示为节点初始刚度的计算方法。

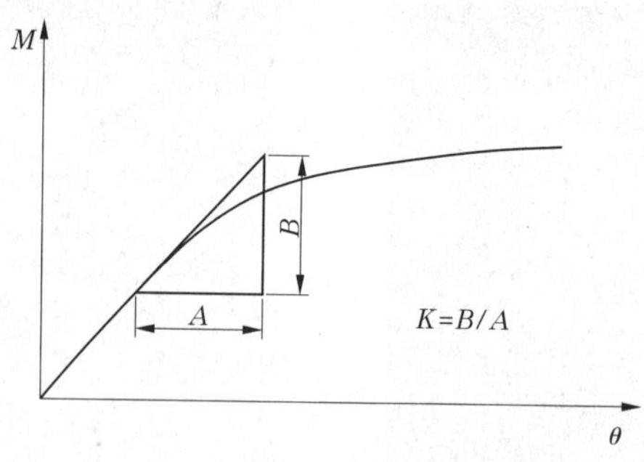

图 9-73 节点初始刚度的计算方法

9.3.1 刚度结果

9.3.1.1 弯矩—转角曲线图

根据试验数据分别作出 8 个试件的弯矩—转角曲线图,计算原理见图 9-73;试件的弯矩—转角曲线图见图 9-74。

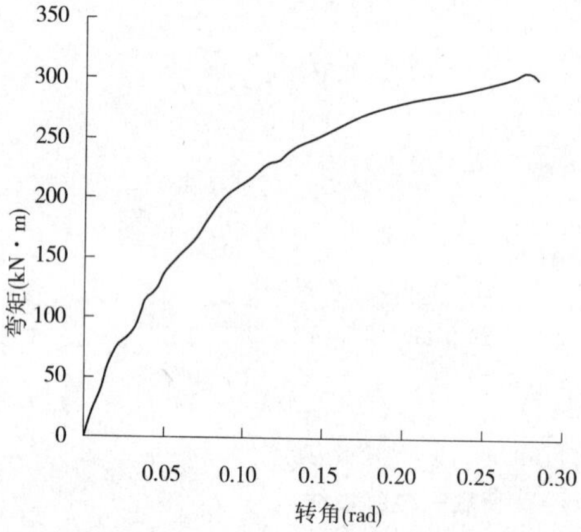

(a)试件 1

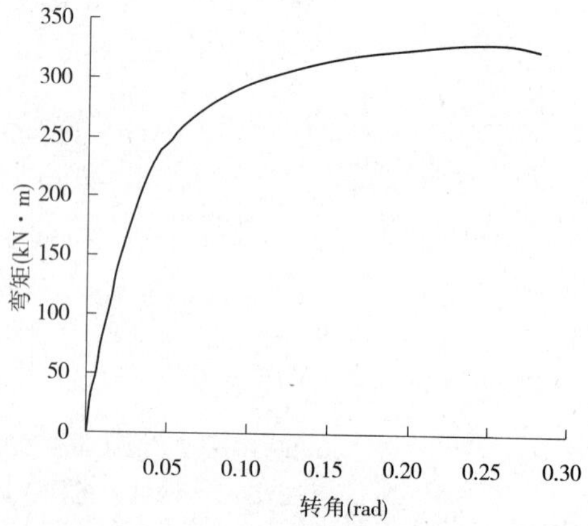

(b)试件 2

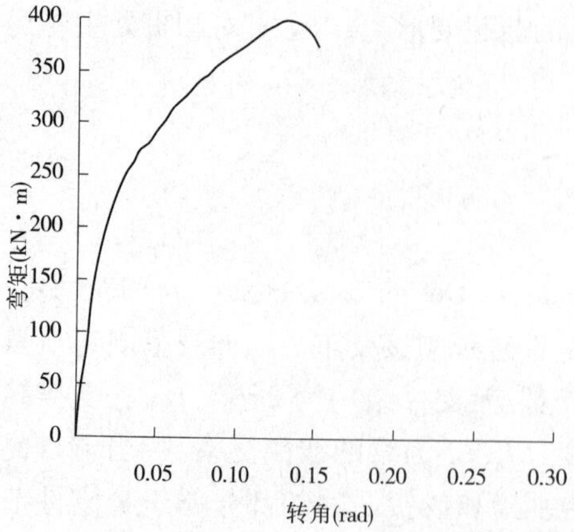

(c)试件 3

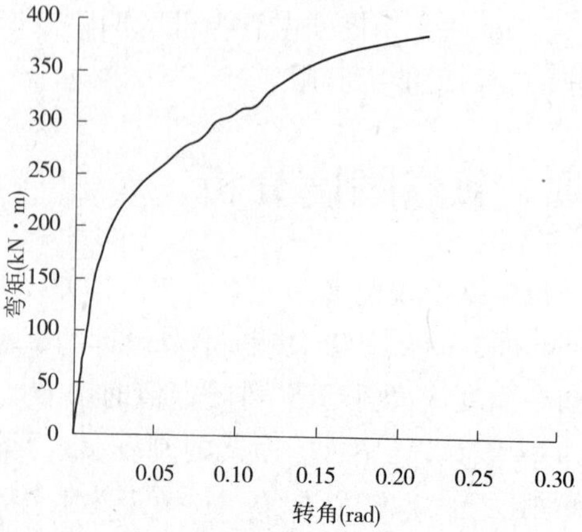

(d)试件 4

图 9-74 试件的弯矩—转角曲线图

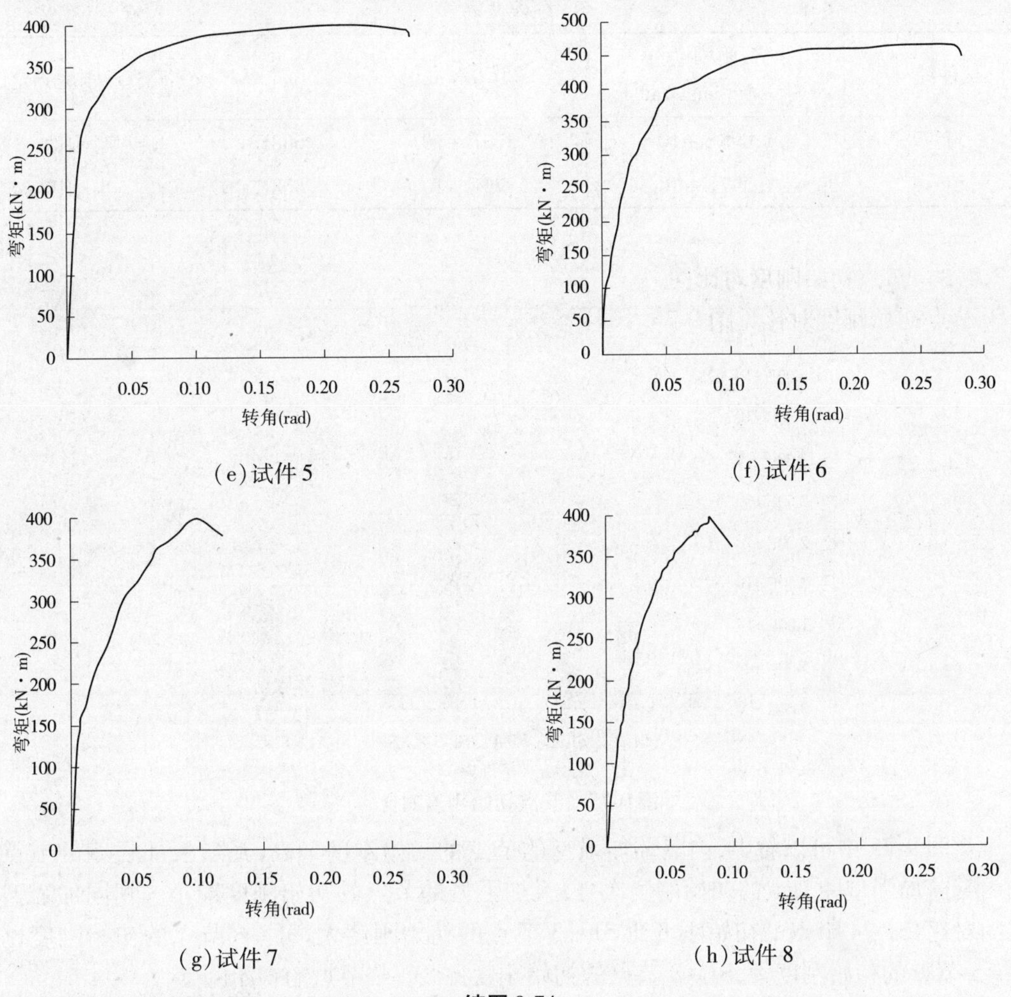

(e)试件5

(f)试件6

(g)试件7

(h)试件8

续图9-74

9.3.1.2 节点初始刚度计算结果及刚性判断

考察连接的初始刚度 $S_{j,ini}$,依据弯矩—转角曲线计算加载初始阶段的曲线斜率,取最小值作为 $S_{j,ini}$。节点初始刚度计算结果及刚度判定见表9-9。

表9-9 节点初始刚度计算结果及刚性判定

试件编号	初始刚度 $S_{j,ini}$(N·mm/rad)	$25EI_b/L_b$	$8EI_b/L_b$	节点刚度判定
SJ-1	7.812E+09	7.373E+10	4.608E+09	半刚性
SJ-2	1.055E+10	7.373E+10	4.608E+09	半刚性
SJ-3	1.063E+10	7.373E+10	4.608E+09	半刚性
SJ-4	1.443E+10	7.373E+10	4.608E+09	半刚性
SJ-5	3.299E+10	7.373E+10	4.608E+09	半刚性
SJ-6	3.785E+10	7.373E+10	4.608E+09	半刚性

续表 9-9

试件编号	初始刚度 $S_{j,ini}$(N · mm/rad)	$25EI_b/L_b$	$8EI_b/L_b$	节点刚度判定
SJ－7	1.098E＋10	7.373E＋10	4.608E＋09	半刚性
SJ－8	1.347E＋10	7.373E＋10	4.608E＋09	半刚性

9.3.1.3　节点初始刚度对比图

节点初始刚度对比见图 9-75。

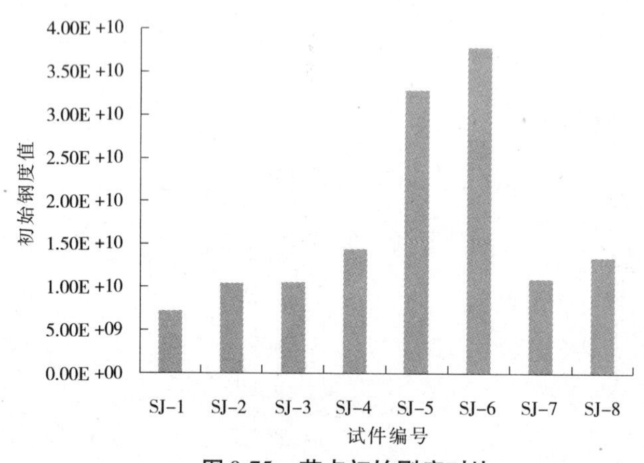

图 9-75　节点初始刚度对比

从图 9-75 中可以看出,内隔环加强型的节点的初始刚度最高,瓦形板加强型的节点和内套筒加强型的节点的初始刚度次之,无加强型的节点的初始刚度最小。相同加强型式的对比:SJ－4 节点的初始刚度比 SJ－3 节点的初始刚度大,SJ－6 节点的初始刚度比 SJ－5 节点的初始刚度大,SJ－8 节点的初始刚度比 SJ－7 节点的初始刚度大。

9.3.1.4　摄影测量

摄影测量的系统组成主要如下。

(1)系统测量软件:安装在高性能的台式机或笔记本电脑上。

(2)编码参考点:由一个中心点和周围的环状编码组成,每个点有自己的编号。

(3)非编码参考点:圆形参考点用来得到测量物体相关部分的三维坐标。

(4)专业数码相机:固定焦距可互换镜头的高分辨率数码相机。

(5)高精度定标尺: 刻度尺作为测量结果的比例,利用极精确的已经测量的参考点来确定它们的长度。

摄影测量的特点主要有:

(1)相机自标定技术,采用普通数码相机,其应用更广泛。

(2)自主知识产权的核心算法——捆绑调整算法,其技术达到国外的先进水平。

(3)可以测量出大型物体(几米到几十米)表面的编码点与标志点的三维坐标。

(4)可配合 XJTUOM 型三维光学面扫描系统,快速获得高精度的超大物体的三维数据,对大面积曲面的点云信息进行校正,大大提高三维扫描仪的整体点云拼接精度。

(5)可以对被测工件与 CAD 数模进行三维几何形状对比,快速方便地进行大型工件的产品外形质量的检测。

(6)可以测量出工件在受力情况下不同时期的位移和变形,可以对飞机、桥梁、汽车等进行三维测量检测、形变检测。

试验初期计划采用摄影测量来测量节点的转角,经与 SJ－1 试验结果对比发现,摄影测量与传统的位移计测量结果相差不大,为 2%～5%,最终采用传统的位移计测量节点的转角。两种方法测量结果对比见表 9-10。

表 9-10　摄影测量与位移计测量结果对比

加载步	摄影测量拟合结果(°)	位移计测量计算结果(°)	两种方法的差值去掉初始差值(0.48)
1	84.48	84	0
2	84.27	83.88	－0.09
3	84.04	83.68	－0.12
4	83.70	83.31	－0.09
5	83.26	82.82	－0.04

9.3.2　相同加强型相贯节点刚度结果比较

9.3.2.1　瓦形板加强型(试件 3 和试件 4)

试件 SJ－3 与试件 SJ－4 瓦形板加强型的参数见表 9-11;试件 3 与试件 4 瓦形板加强型节点的 $M \sim \theta$ 曲线对比见图 9-76。

表 9-11　试件 3 与试件 4 瓦形板加强型的参数

加强型式	试件编号	规格	长度(mm)	数量(个)	初始刚度 S_j(N·mm/rad)
瓦形板	SJ－3	－8×450×531	225	1	1.063E+10
	SJ－4	－8×540×531	270	1	1.443E+10

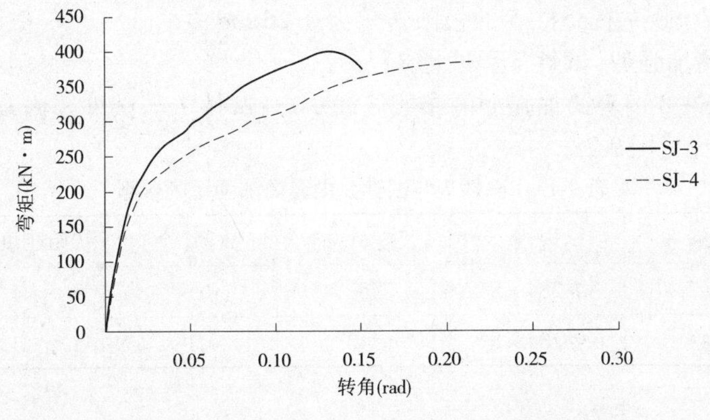

图 9-76　瓦形板加强型节点的 $M \sim \theta$ 曲线对比

SJ－3 与 SJ－4 相比较,SJ－4 瓦形板的长度较 SJ－3 的长,其他参数相等。由表 9-11

可知,SJ -4 的初始刚度值较 SJ -3 的初始刚度值大。由图 9-76 可以看出,在初始阶段两者的刚度值相当,随后 SJ -4 的刚度值较 SJ -3 的有明显的下降趋势;SJ -4 的极限转角为 0.22 rad 左右,SJ -3 的极限转角为 0.14 rad 左右。

9.3.2.2　内隔环加强型(试件 5 和试件 6)

试件 5 与试件 6 内隔环加强型的参数见表 9-12;试件 5 与试件 6 瓦形板加强型节点 6 的 $M \sim \theta$ 曲线对比见图 9-77。

表 9-12　试件 5 与试件 6 内隔环加强型式的参数

加强型式	试件编号	规格	数量(个)	初始刚度 S_j(N · mm/rad)
内隔环	SJ -5	-8 × Φ284/Φ210	2	3.299E +10
	SJ -6	-8 × Φ284/Φ150	2	7.065 8E +10

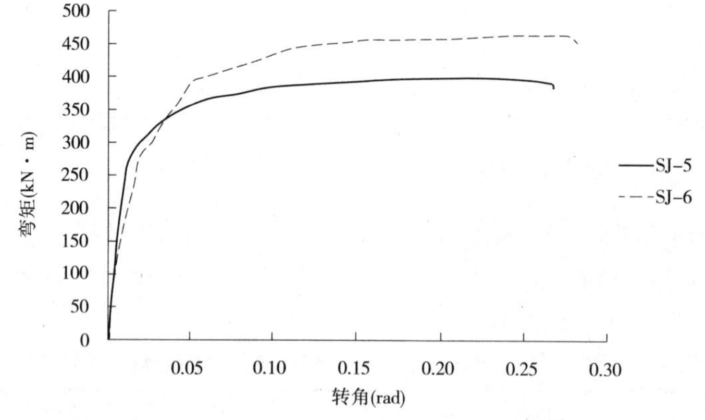

图 9-77　内隔环加强型节点的 $M \sim \theta$ 曲线对比

SJ -5 与 SJ -6 相比较,SJ -6 内隔环的宽度较 SJ -5 的大,其他参数相等。由表 9-12 可知,SJ -6 的初始刚度值较 SJ -5 的初始刚度值大。由图 9-77 可以看出,在初始阶段两者的刚度值相当,随后 SJ -5 的刚度值下降较快,两曲线均近似水平,刚度相当;SJ -6 的极限转角为 0.27 rad 左右,SJ -5 的极限转角为 0.26 rad 左右。

9.3.2.3　内套筒加强型(试件 7 和试件 8)

试件 7 与试件 8 内套筒加强型的参数见表 9-13;试件 7 与试件 8 内套筒加强型节点的 $M \sim \theta$ 曲线对比见图 9-78。

表 9-13　试件 7 与试件 8 内套筒加强型的参数

加强型式	试件编号	规格	长度(mm)	数量(个)	初始刚度 S_j(N · mm/rad)
内套筒	SJ -7	Φ284 ×8	450	1	1.098E +10
	SJ -8	Φ284 ×8	540	1	1.347E +10

SJ -7 与 SJ -8 相比较,SJ -8 内套筒的长度较 SJ -7 的大,其他参数相等。由表 9-13 可知,SJ -8 的初始刚度值较 SJ -7 的初始刚度值大。由图 9-78 可以看出,SJ -7 与 SJ -8

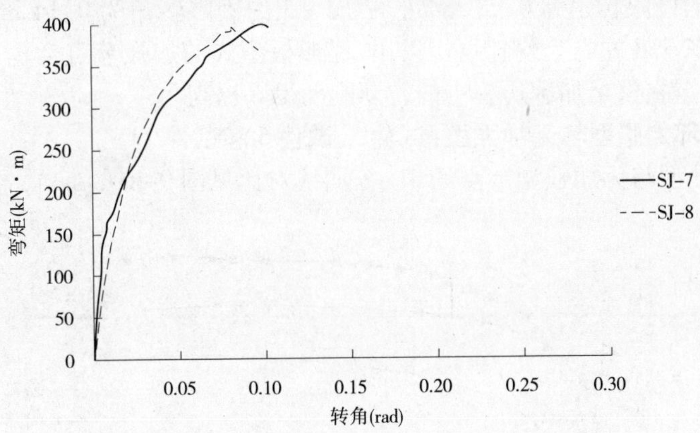

图9-78　内套筒加强型节点的 $M \sim \theta$ 曲线对比

在整个加载历程中节点的 $M \sim \theta$ 曲线比较接近;SJ-8 的极限转角为0.08 rad左右,SJ-7的极限转角为0.10 rad左右。

9.3.3　不同加强型与无加强型刚度结果比较

试验起初计划采用摄影测量来测量节点的转角,经SJ-1试验结果对比发现摄影测量与传统的位移计测量结果相差不大,在2%~5%;同时考虑由于摄影测量造成的每级荷载间隔时间较未采用摄影测量的每级荷载间隔时间长很多,故对其余试件仍采用传统的位移计测量节点的转角。

本节将加强型相贯节点与无加强型相贯节点的刚度结果进行对比时,采用SJ-2的试验数据作为无加强型相贯节点的刚度结果。

9.3.3.1　瓦形板加强型与无加强型(试件3、试件4和试件2)

瓦形板加强型与无加强型节点的 $M \sim \theta$ 曲线对比见图9-79。

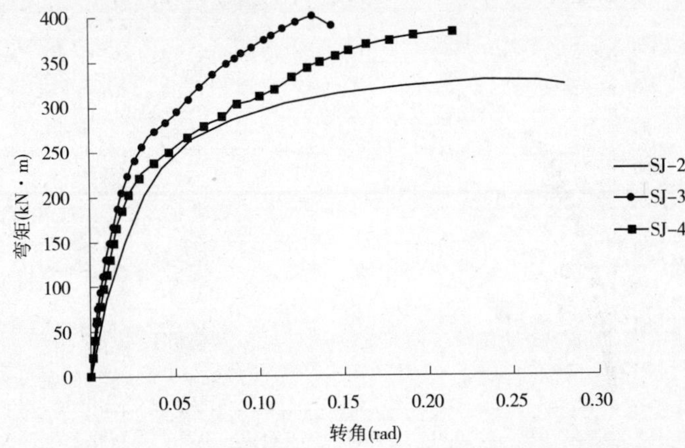

图9-79　瓦形板加强型与无加强型节点的 $M \sim \theta$ 曲线对比

由图9-79可以看出,SJ-3与SJ-4在整个加载历程中节点的 $M \sim \theta$ 曲线在SJ-2曲线的上方,也即相对于无加强型节点,瓦形板加强型节点在整个加载历程中的转动刚度值均较大；SJ－2 的极限转角为 0.28 rad 左右，SJ－3 的极限转角为 0.14 rad 左右，SJ－4 的极限转角为 0.22 rad 左右。对比可以得出，瓦形板型式的加强节点会提高节点的初始刚度，并且使得节点在整个加载历程中的转动刚度得以提高。

9.3.3.2　内隔环加强型与无加强型（试件 5、试件 6 和试件 2）

内隔环加强型与无加强型节点的 $M \sim \theta$ 曲线对比见图 9-80。

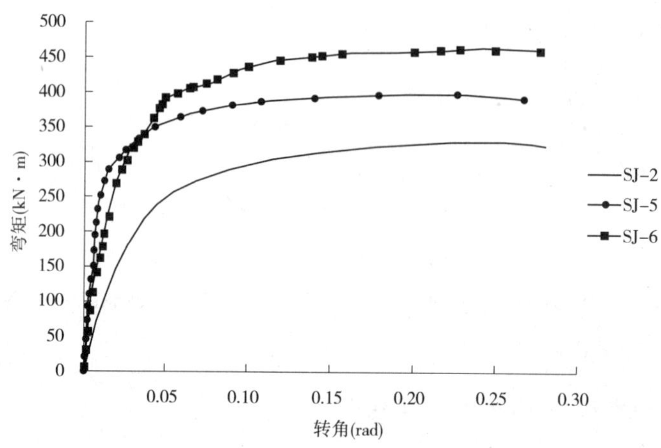

图 9-80　内隔环加强型与无加强型节点的 $M \sim \theta$ 曲线对比

由图 9-80 可以看出，SJ－5 与 SJ－6 在整个加载历程中节点的 $M \sim \theta$ 曲线在 SJ－2 曲线的左上方，也即相对于未加强型节点，内隔环加强型节点在整个加载历程中的转动刚度值均较大；SJ－2 的极限转角为 0.28 rad 左右，SJ－5 的极限转角为 0.26 rad 左右，SJ－6 的极限转角为 0.27 rad 左右。对比可以得出，内隔环型式的加强节点会明显提高节点的初始刚度，并且使得节点在整个加载历程中的转动刚度得以较大提高。

9.3.3.3　内套筒加强型与无加强型（试件 7、试件 8 和试件 2）

内套筒加强型与无加强型节点 $M \sim \theta$ 曲线对比见图 9-81。

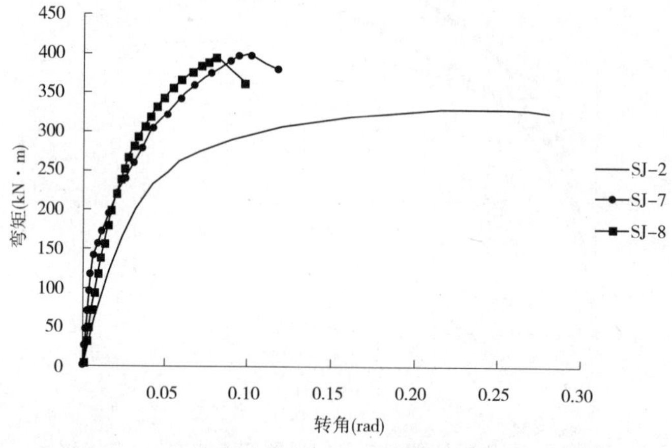

图 9-81　内套筒加强型与无加强型节点 $M \sim \theta$ 曲线对比

由图 9-81 可以看出，SJ－7 与 SJ－8 在整个加载历程中节点的 $M \sim \theta$ 曲线在 SJ－2 曲线的左上方,也即相对于无加强型节点,内套筒加强型节点在整个加载历程中的转动刚度值均较大;SJ－2 的极限转角为 0.28 rad 左右,SJ－7 的极限转角为 0.10 rad 左右,SJ－8 的极限转角为 0.08 rad 左右。对比可以得出,内套筒型式的加强节点会提高节点的初始刚度,并且使得节点在整个加载历程中的转动刚度得以提高。

9.3.4　不同加强型式之间刚度结果比较

9.3.4.1　瓦形板加强型与内隔环加强型(试件3、试件4和试件5、试件6)

瓦形板加强型与内隔环加强型节点的 $M \sim \theta$ 曲线对比见图9-82。

由图9-82 可以看出,SJ－5 与 SJ－6 在整个加载历程中节点的 $M \sim \theta$ 曲线在 SJ－3、SJ－4 曲线的左上方,也即相对于瓦形板加强型节点,内隔环加强型节点在整个加载历程中的转动刚度值均较大;SJ－3 的极限转角为 0.14 rad 左右,SJ－4 的极限转角为 0.22 rad 左右,SJ－5 的极限转角为 0.26 rad 左右,SJ－6 的极限转角为 0.27 rad 左右。对比可以得出,相对于瓦形板加强型,内隔环加强型会提高节点的初始刚度,使得节点在整个加载历程中的转动刚度得以提高。

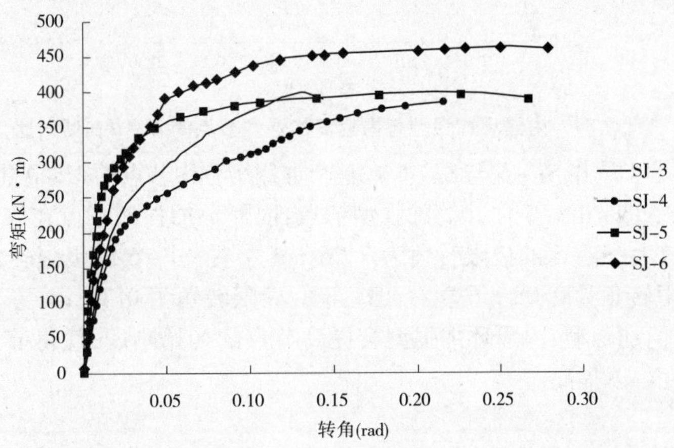

图9-82　瓦形板加强型与内隔环加强型节点的 $M \sim \theta$ 曲线对比

9.3.4.2　瓦形板加强型与内套筒加强型(试件3、试件4和试件7、试件8)

瓦形板加强型与内套筒加强型节点的 $M \sim \theta$ 曲线对比见图9-83。

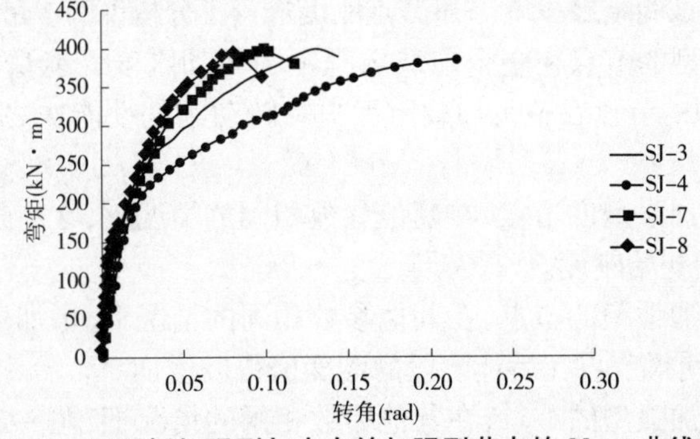

图9-83　瓦形板加强型与内套筒加强型节点的 $M \sim \theta$ 曲线对比

由图 9-83 可以看出,SJ－7 与 SJ－8 在整个加载历程中节点的 $M \sim \theta$ 曲线在 SJ－3、SJ－4 曲线的左上方,也即相对于瓦形板加强型节点,内套筒加强型节点在整个加载历程中的转动刚度值均较大;SJ－3 的极限转角为 0.14 rad 左右,SJ－4 的极限转角为 0.22 rad 左右,SJ－7 的极限转角为 0.08 rad 左右,SJ－8 的极限转角为 0.10 rad 左右。可以得出以下结论,相对于瓦形板加强型,内套筒加强型会提高节点的初始刚度,使得节点在整个加载历程中的转动刚度得以提高。

9.3.4.3 内隔环加强型与内套管加强型(试件 5、试件 6 和试件 7、试件 8)

内隔环加强型与内套筒加强型节点的 $M \sim \theta$ 曲线对比见图 9-84。

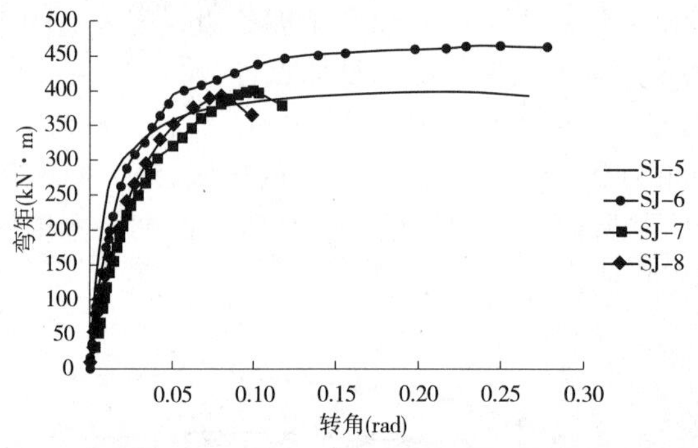

图 9-84 内隔环加强型与内套筒加强型节点的 $M \sim \theta$ 曲线对比

由图 9-84 可以看出,SJ－5 与 SJ－6 在整个加载历程中节点的 $M \sim \theta$ 曲线在 SJ－7、SJ－8 曲线的左上方,也即相对于内套筒加强型节点,内隔环加强型节点在整个加载历程中的转动刚度值均较大;SJ－5 的极限转角为 0.26 rad 左右,SJ－6 的极限转角为 0.27 rad 左右,SJ－7 的极限转角为 0.08 rad 左右,SJ－8 的极限转角为 0.10 rad 左右。对比可以得出,相对于内套筒加强型,内隔环加强型会提高节点的初始刚度,使得节点在整个加载历程中的转动刚度得以提高。

9.4 本章小结

本章进行了 Q690 人字柱主管与横撑相贯节点转动刚度的试验研究,在 9.1 节进行了试验设计,包括试件设计、试验方案、试验装置、加载方案以及测试内容的设计;9.2 节主要说明了试验现象及试验结果;9.3 节对节点刚度进行了分析说明。最后得出以下结论:

(1)内隔环加强型的节点在整个加载历程中的转动刚度性能最好,瓦形板加强型的节点和内套筒加强型的节点在整个加载历程中的转动刚度性能次之,未加强型的节点转动刚度性能最差。

(2)对于瓦形板加强型的节点,在其他参数相同的情况下,在一定范围内增加瓦形板的长度会提高节点的初始刚度。

(3)对于内隔环加强型的节点,在其他参数相同的情况下,增加内隔环的宽度会提高节点的初始刚度,并使得节点在后续阶段的刚度值得以增加。

(4)对于内套筒加强型的节点,在其他参数相同的情况下,在一定范围内增加内套筒的长度会提高节点的初始刚度,但对节点在后续阶段的刚度改变并无影响。

第 10 章　人字柱主管与横撑相贯节点转动刚度数值分析

本章通过 ANSYS 有限元程序对人字柱主管与横撑相贯节点的转动刚度进行数值分析，考察了三种加强方式对节点转动刚度的影响，并研究了瓦形板加强型相贯节点的瓦形板的厚度、长度和弧度等参数对各自节点转动刚度的影响；研究了内隔环加强型相贯节点的内隔环的厚度、宽度和间距等参数对各自节点转动刚度的影响；研究了内套筒加强型相贯节点的内套筒的厚度和长度等参数对各自节点转动刚度的影响。

10.1　有限元分析模型的建立

10.1.1　材料模型

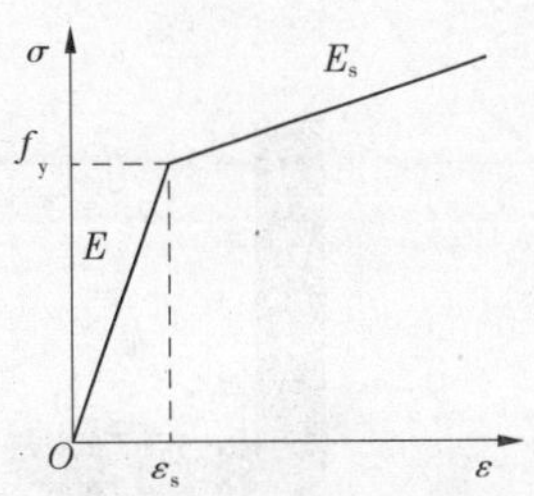

图 10-1　钢材的本构模型

本章有限元分析的材料模型均采用 BISO（双线性等向强化）模型（见图 10-1），该模型根据不同的单元分别采用 Mises 屈服准则和 Hill 屈服准则。根据本次材性试验得到 Q690 钢的弹性模量的平均值为 $E = 2.01 \times 10^5\ \mathrm{N/mm^2}$，由以往的试验资料得到 Q345 钢的弹性模量的平均值为 $E = 2.06 \times 10^5\ \mathrm{N/mm^2}$，屈服强度 f_y 偏于安全的取各自钢材的名义屈服强度（即 Q345 钢取 $f_y = 345\ \mathrm{N/mm^2}$，Q690 钢取 $f_y = 690\ \mathrm{N/mm^2}$）。钢材的强化模量 E_s 通常可取 $(0.01 \sim 0.02)E$，考虑连接节点中大多使用强度较高的钢材（塑性性能相对较差），且节点进入塑性阶段的区域不大，因此强化模量统一取 $0.02E$。因此，Q690 钢的模量为 4 020 $\mathrm{N/mm^2}$，Q345 钢的模量为 4 120 $\mathrm{N/mm^2}$。

10.1.2　单元类型

根据分析目的选择不同的单元，同时在尽可能减少模型计算时间而又不削弱计算精度的前提下，本章所有的 ANSYS 有限元分析模型所采用的单元及应用区域见表 10-1。

表 10-1　有限元分析模型所采用的单元及应用区域

单元类型	ANSYS 单元编号	单元说明	应用区域
壳单元	Shell181	4 节点有限应变壳单元	主支管、加强板/环/筒、加载头
接触单元	Conta174	3 维 8 节点接触面单元	瓦形板与主管接触的单元 内套筒与主管接触的单元
	Targe170	3 维 8 节点目标面单元	

需要说明的是，其一，考虑实际的加载头处的厚度较大，而为了建模方便，取其厚度与主、支管的一样，通过放大其弹性模量来满足刚度大且变形小的要求。其二，由于本章主要研究节点的刚度性能，根据已有的研究可知焊缝对节点刚度的影响较小，因此本章的有限元模型均未考虑焊缝。其三，对于接触分析，实际接触的体不能相互穿透，在 ANSYS 程序中通过定义接触刚度和接触压力来满足不穿透条件。通过罚函数法来定义接触刚度，通过 lagrange 乘子法来增加一个自由度，即接触压力，将这两种方法结合起来称为增广 lagrange 法。对于增广 lagrange 法，ANSYS 有限元分析模型中需要设置容许的最大穿透（FTLON）以及接触刚度（FKN），这两个参数决定了模型计算的迭代次数和收敛性。针对节点区域主要受弯的特点取 FKN 为 0.1，由于加强型节点的整体性较好，而取 FTLON 为 0.1。

10.1.3　网格划分

模型网格划分采用自由网格划分和映射网格划分相结合来划分，无加强型相贯节点整体有限元分析模型的网格划分见图 10-2；无加强型相贯节点有限元分析模型的网格细分见图 10-3。加强型相贯节点有限元分析模型的网格划分同无加强型的一样，此处不再赘述。

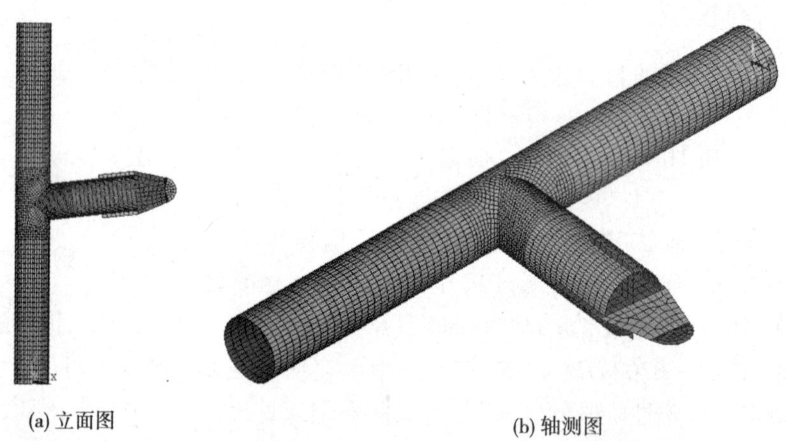

(a) 立面图　(b) 轴测图

图 10-2　无加强型相贯节点整体有限元分析模型的网格划分

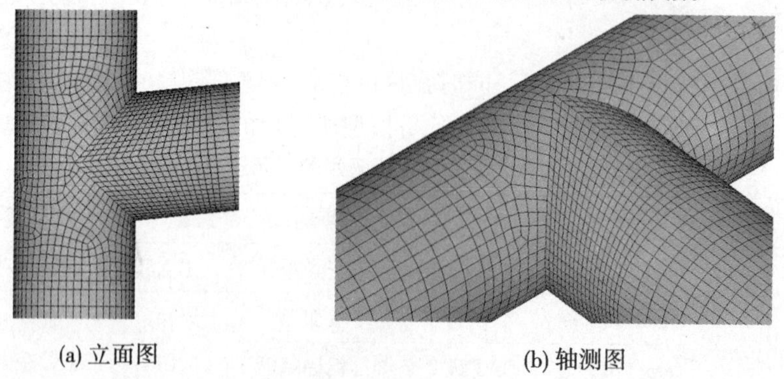

(a) 立面图　(b) 轴测图

图 10-3　无加强型相贯节点有限元分析模型的网格细分

瓦形板加强型和内套筒加强型的节点在受力过程中板/筒与主管之间的相互作用较为复杂,受弯矩、剪力和摩擦力的共同作用。随着荷载、材料、边界条件和其他因素的不同,板/筒与主管可以分开或者接触,其力学响应往往是一种高度的非线性行为。因此,需要采用接触分析来模拟其性能。瓦形板加强型节点板与管接触的模拟见图 10-4,内套筒加强型节点筒与管接触的模拟见图 10-5;对于内隔环加强型,只需将内隔环和主管用布尔运算黏结在一起即可,见图 10-6。

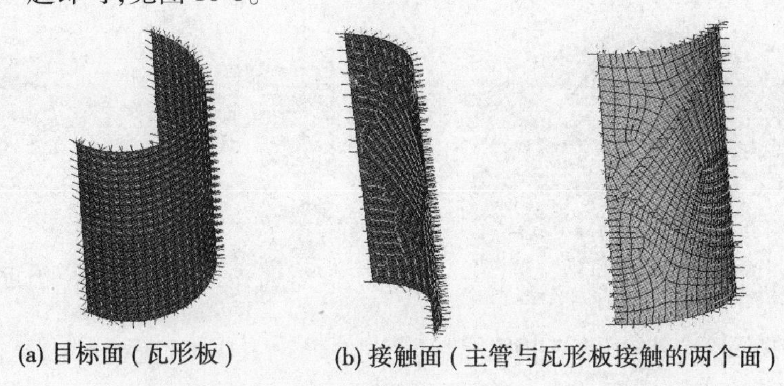

(a) 目标面(瓦形板)　　(b) 接触面(主管与瓦形板接触的两个面)

图 10-4　瓦形板加强型节点板与管接触的模拟

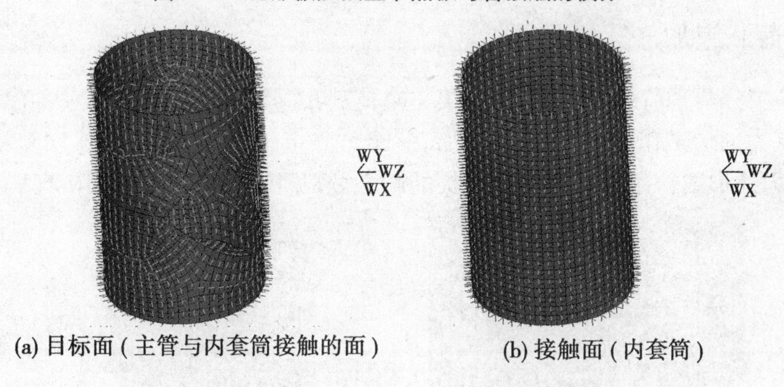

(a) 目标面(主管与内套筒接触的面)　　(b) 接触面(内套筒)

图 10-5　内套筒加强型节点筒与管接触的模拟

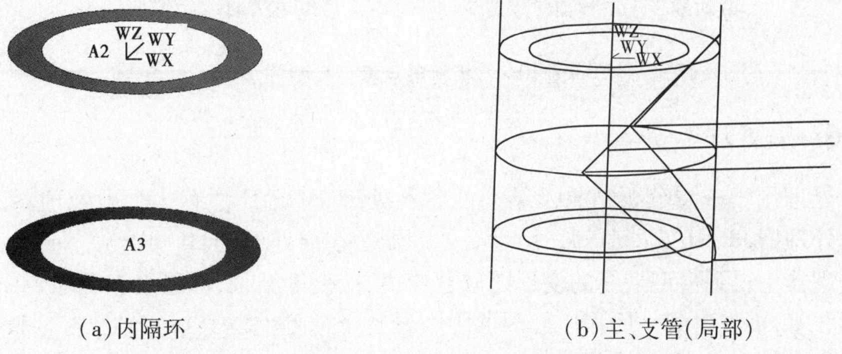

(a)内隔环　　(b)主、支管(局部)

图 10-6　内隔环加强型节点环与管的布尔运算

10.1.4　边界条件

试验中保证试件的主管在竖向的自由度外约束住其他方向的平动和所有的转动自由度,有限元分析取与试验中相同的约束条件。网格划分之后,通过约束节点的自由度来达到对主管的约束要求,约束主管柱脚单元上节点的所有自由度,实现柱脚的刚接;柱顶则约束住柱顶单元上节点除竖向外的所有自由度,便于施加轴向压力,见图 10-7。

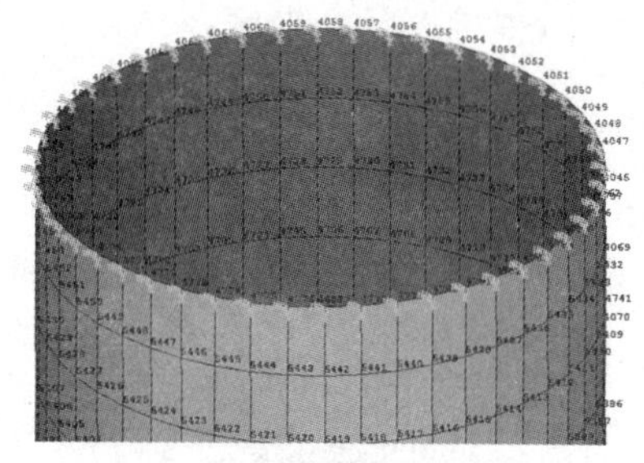

(a) 柱顶约束除竖向外的所有自由度

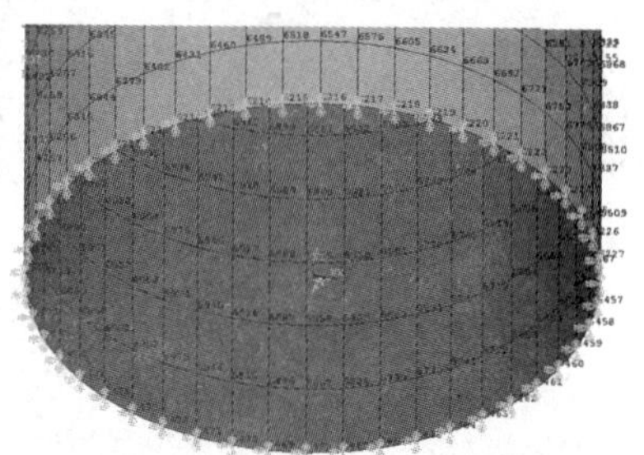

(b) 柱脚约束所有自由度

图 10-7　相贯节点模型边界条件

10.1.5　荷载施加

同试验中分两个荷载步施加荷载,第一个荷载步施加主管的轴向压力(0.4 倍的轴压比),以节点力的形式作用在主管端部的每一个节点上;第二个荷载步施加支管上的竖向力,以集中力的形式作用在试件的加载头的圆心处,见图 10-8(a)和图 10-8(b)。

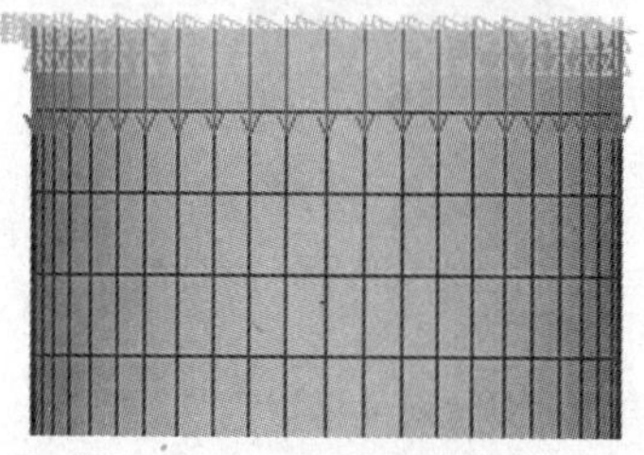

(a) 荷载步 1 主管轴向压力

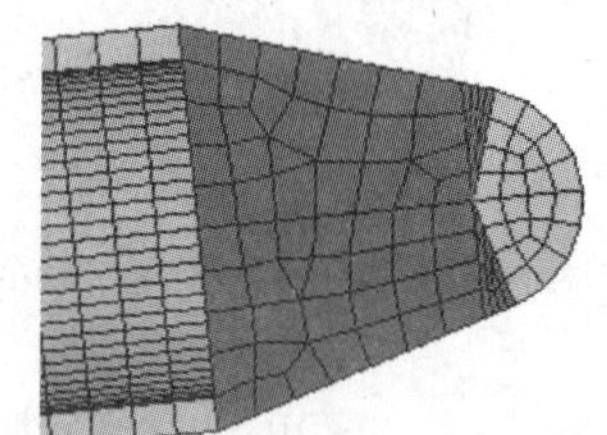

(b) 荷载步 2 支管竖向力

图 10-8　相贯节点模型荷载施加

10.1.6　后处理

后处理用于查看分析结果及结果的各种处理,ANSYS 中有两个后处理器,POST1 即通用后处理器,POST26 即时间—历程后处理器。在前处理、加载和求解完成后,可以在通用后处理器中得到模型最终的变形图以及应力、应变等结果,可以很直观地画出各种云图和等值线等,而在时间—历程后处理器中查看整个模型上的某一点结果随时间的变化曲线。本章主要利用时间—历程后处理器得出弯矩—转角的曲线,从而根据曲线判断节点的刚度性能。

10.2　有限元分析模型的验证

本节以试件 1、3、5、7 为基准，分别代表无加强相贯节点模型、瓦形板加强型相贯节点模型、内隔环加强型相贯节点模型和内套筒加强型相贯节点模型，将建立的 ANSYS 有限元模型计算结果与试验结果进行对比，验证有限元模型的正确性。

10.2.1　无加强相贯节点模型验证

无加强相贯节点模型取试件 SJ－1 为代表，试验试件 SJ－1 见图 10-9(a)，其 ANSYS 有限元模型见图 10-9(b)。

(a) 试验试件 SJ–1

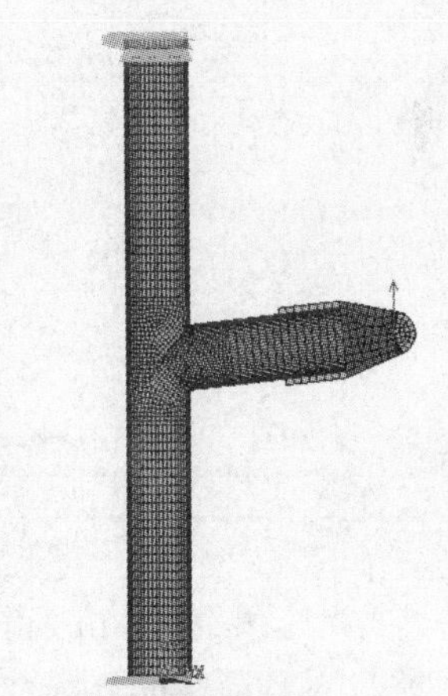

(b)SJ–1 有限元模型

图 10-9　相贯节点试验试件 SJ－1 及有限元模型

试验加载结束后主、支管相贯处主管上部的凹陷变形见图 10-10(a)，有限元数值模拟计算结束后相贯处主管上部的凹陷变形见图 10-10(b)，有限元分析节点的应力云图见图 10-10(c)。

对比试验和有限元分析的 WYJ－3 的荷载—位移曲线，WYJ－3 的布置位置详见第 9 章第 9.1 节。SJ－1 试验分析和有限元分析出的荷载—位移曲线对比见图 10-11。

无加强相贯节点有限元模型的变形与试验结果一致，且根据有限元计算得到的节点的荷载—位移曲线关系与试验结果基本一致，因此采用此有限元模型进行无加强相贯节点的数值分析是可行的。

10.2.2　瓦形板加强型相贯节点模型验证

瓦形板加强型相贯节点模型取试件 SJ－3 为代表，试验试件 SJ－3 见图 10-12(a)，其 ANSYS 有限元模型见图 10-12(b)。

试验加载结束后主、支管相贯处主管下部的凸起变形见图 10-13(a)，有限元数值模拟计算结束后相贯处主管下部的凸起变形见图 10-13(b)，有限元分析节点的应力云图见图 10-13(c)。

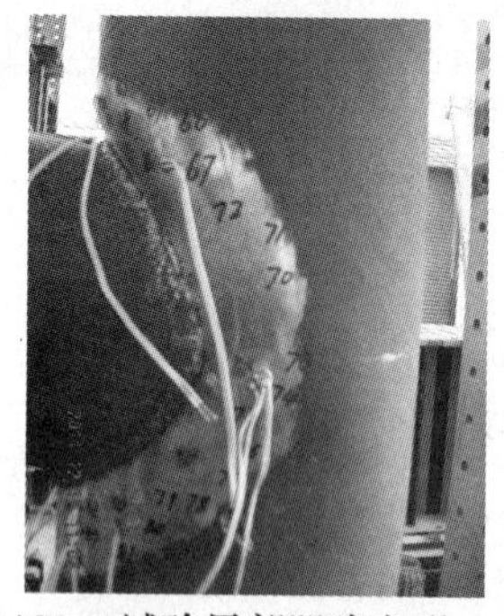

(a)SJ-1 试验局部凹陷变形

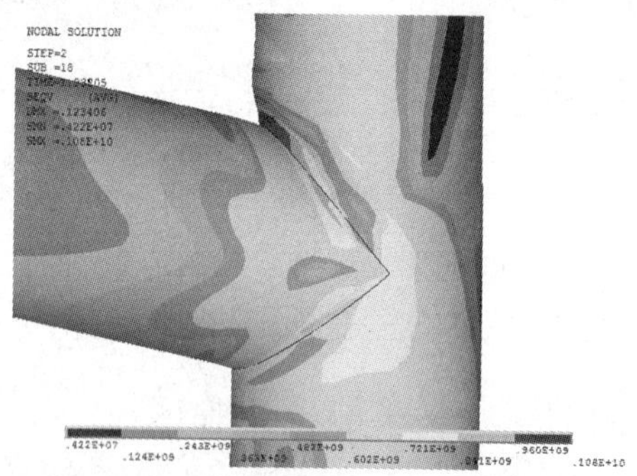

(b)SJ-1 有限元模型局部凹陷变形

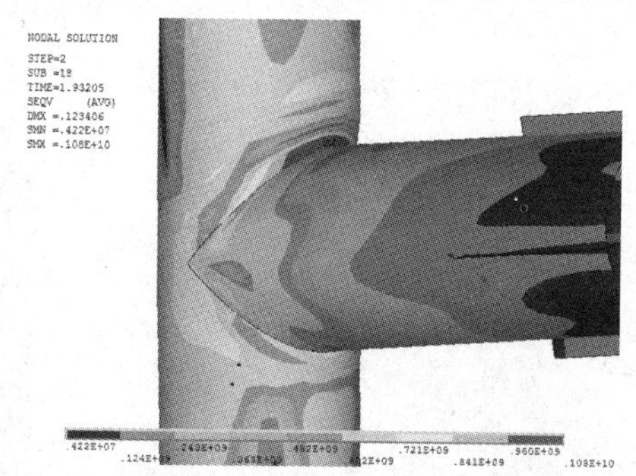

(c)SJ-1 节点处应力云图

图 10-10　相贯节点试件 SJ－1 局部凹陷变形对比

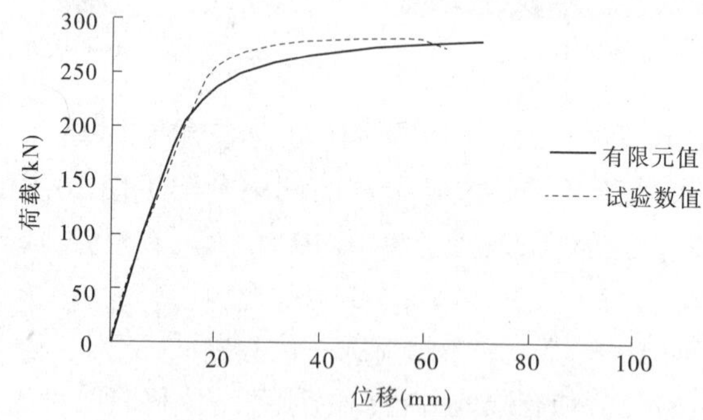

图0-11　SJ－1 试验分析和有限元分析出的荷载—位移曲线对比

对比试验和有限元分析中的 WYJ－3 的荷载—位移曲线，SJ－3 试验分析和有限元分析出的荷载—位移曲线对比见图 10-14。

瓦形板加强型相贯节点有限元模型的变形与试验结果一致，且根据有限元计算得到的 WYJ－3 的荷载—位移曲线关系与试验结果基本一致，因此采用此有限元模型进行瓦形板加强型相贯节点的数值分析是可行的。

10.2.3　内隔环加强型相贯节点模型验证

内隔环加强型相贯节点模型取试件 SJ－5 为代表，试验试件 SJ－5 见图 10-15(a)，其 ANSYS 有限元模型见图 10-15(b)。

(a)SJ-3 试验试件

(b)SJ-3 有限元模型

图 10-12　相贯节点 SJ-3 试验试件及有限元模型

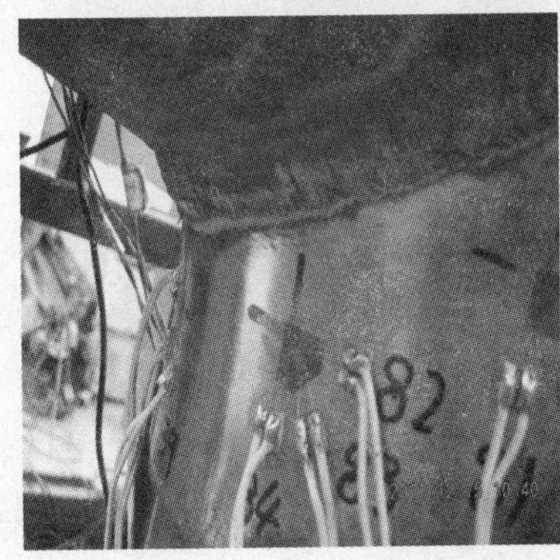

(a)SJ-3 试验局部凸起变形

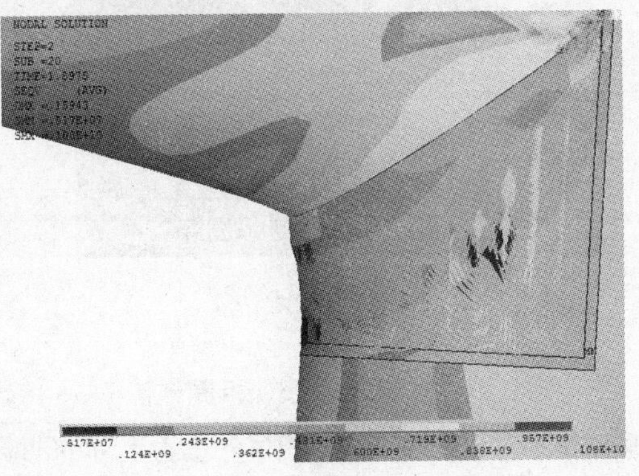

(b)SJ-3 有限元模型局部凸起变形

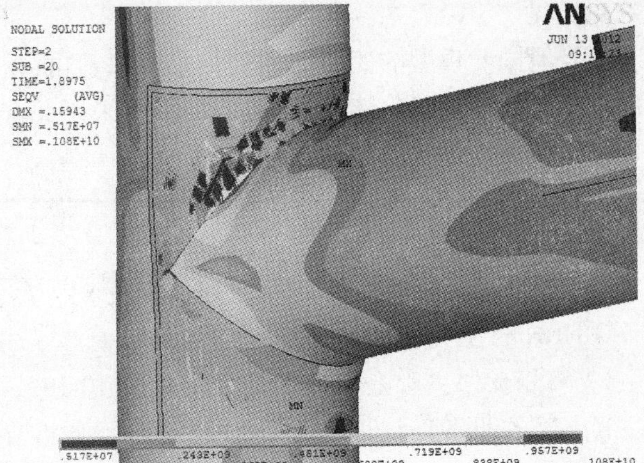

(c)SJ-3 节点处应力云图

图 10-13　相贯节点试件 SJ-3 局部凸起变形对比

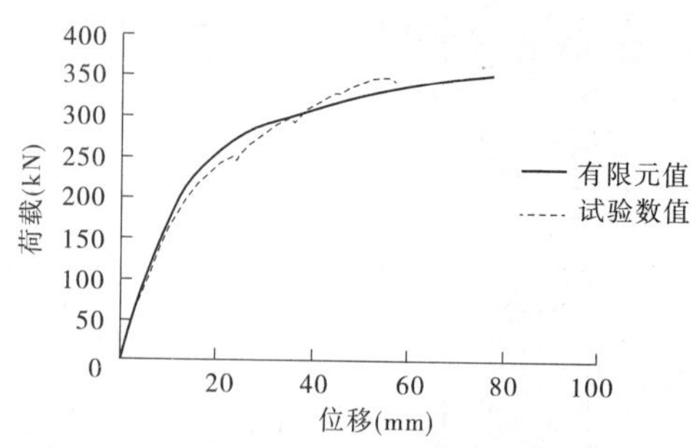

图 10-14　SJ－3 试验分析和有限元分析出的荷载—位移曲线对比

(a)SJ–5 试验试件

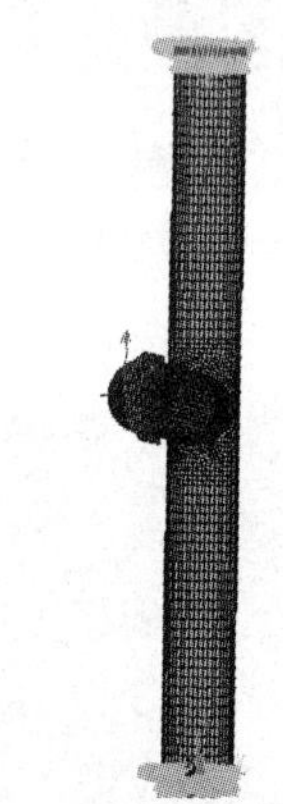

(b)SJ–5 有限元模型

图 10-15　相贯节点 SJ－5 试验试件及有限元模型

试验加载结束后主、支管相贯处主管上部的凹陷变形见图 10-16(a)，有限元数值模拟计算结束后相贯处主管上部的凹陷变形见图 10-16(b)，有限元分析节点的应力云图见图 10-16(c)。

对比试验和有限元分析的 WYJ－3 的荷载—位移曲线，SJ－5 试验分析和有限元分析出的荷载—位移曲线对比见图 10-17。

内隔环加强型相贯节点有限元模型的变形与试验结果一致，且根据有限元计算得到的 WYJ－3 的荷载—位移曲线关系与试验结果基本一致，因此采用此有限元模型进行内隔环加强型相贯节点的数值分析是可行的。

10.2.4　内套筒加强型相贯节点模型验证

内套筒加强型相贯节点模型取试件 SJ－7 为代表，试验试件 SJ－7 见图 10-18(a)，其 ANSYS 有限元模型见图 10-18(b)。

试验加载结束后主、支管相贯处主管上部的凹陷变形见图 10-19(a)，有限元数值模拟计算结束后相贯处主管上部的凹陷变形见图 10-19(b)，有限元分析节点的应力云图见图 10-19(c)。

对比试验和有限元分析的 WYJ－3 的荷载—位移曲线，SJ－7 试验分析和有限元分析出的荷载—位移曲线对比见图 10-20。

内套筒加强型相贯节点有限元模型的变形与试验结果一致，且根据有限元计算得到

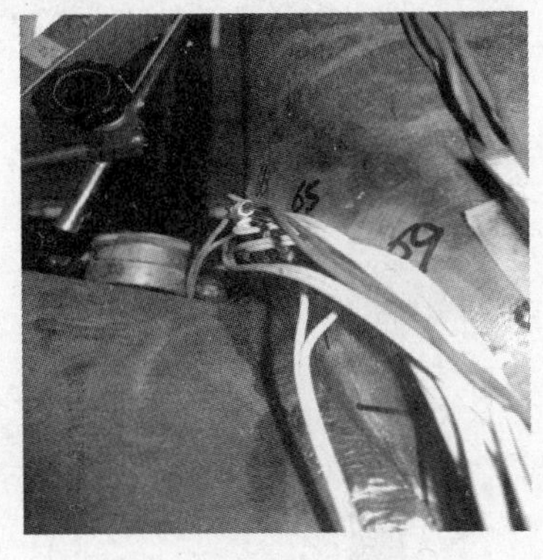

(a)SJ-5 试验局部凹陷变形

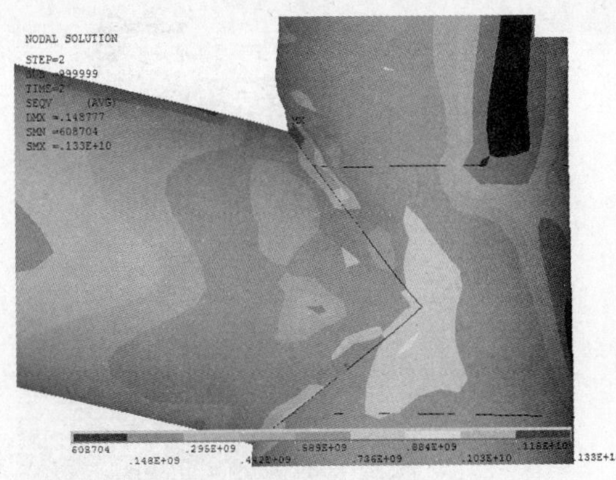

(b)SJ-5 有限元模型局部凹陷变形

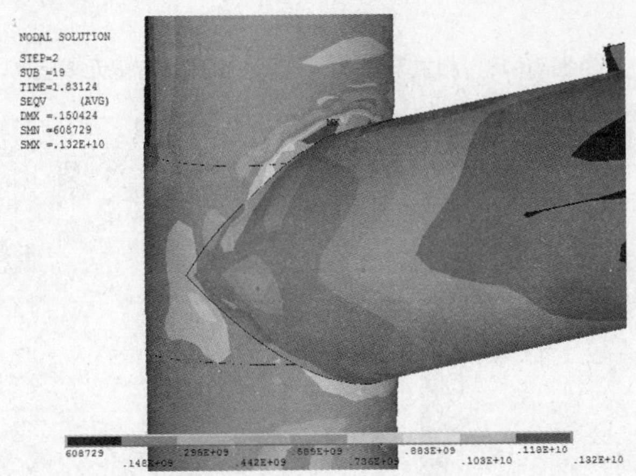

(c)SJ-5 节点处应力云图

图 10-16　相贯节点试件 SJ-5 局部凹陷变形对比

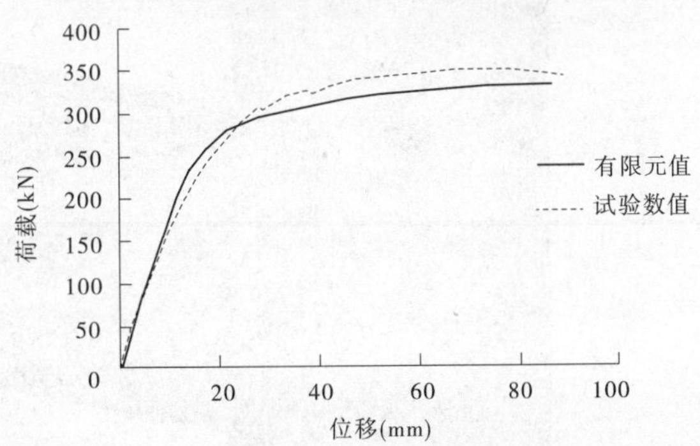

图 10-17　SJ-5 试验分析和有限元分析出的荷载—位移曲线对比

的节点的弹性阶段内的荷载—位移曲线关系与试验结果基本一致，导致有限元分析的极限荷载较试验值高的原因可能是由于本次有限元模型并未考虑焊缝，试验中最终节点的破坏是由于焊缝开裂引起的。考虑本章节主要研究节点的刚度，为保证有限元分析的效率，用此有限元模型进行无加强相贯节点的数值分析是可行的。

(a)SJ-7 试验试件

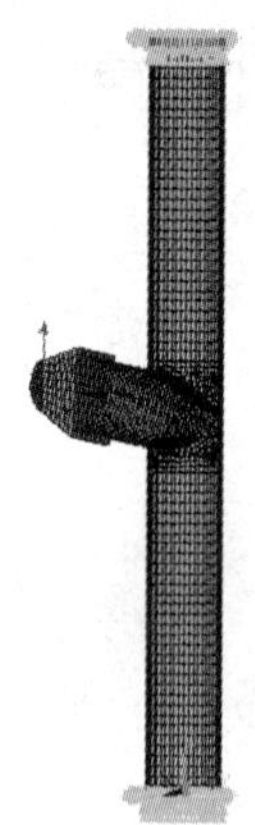

(b)SJ-7 有限元模型

图 10-18　相贯节点 SJ－7 试验试件及有限元模型

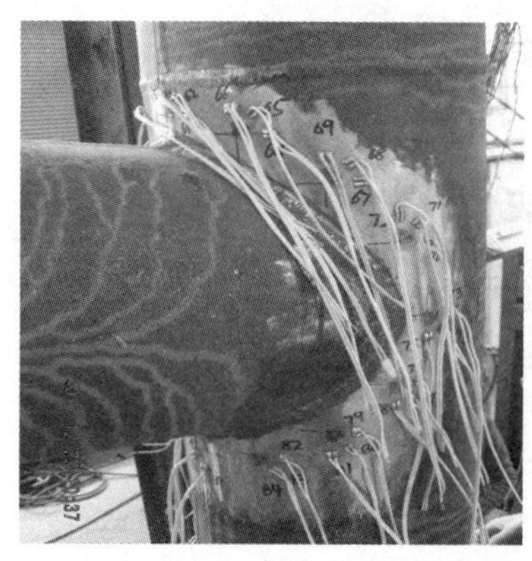

(a)SJ-7 试验局部凹陷变形

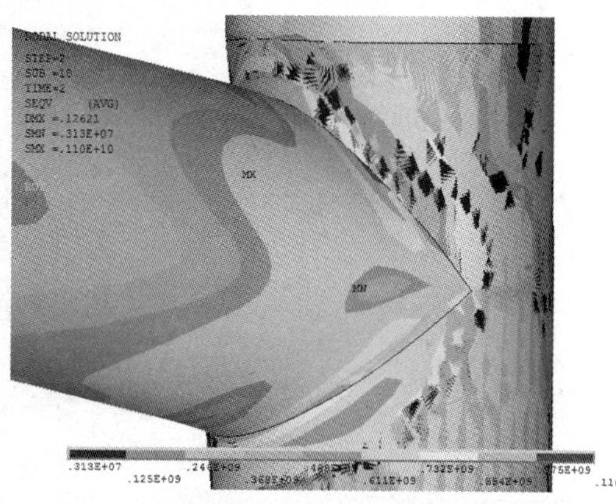

(b)SJ-7 有限元模型局部凹陷变形

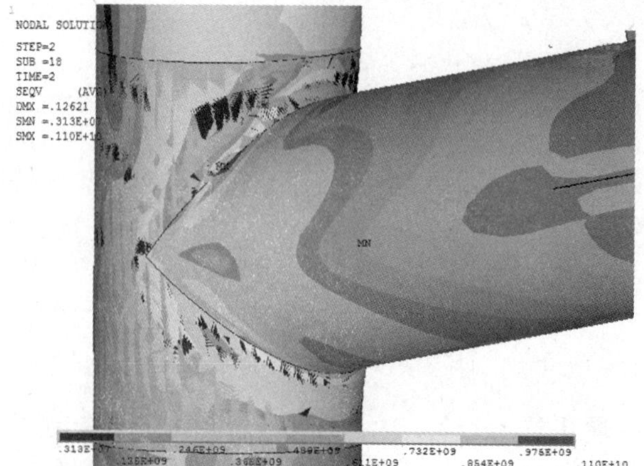

(c)SJ-7 节点处应力云图

图 10-19　相贯节点试件 SJ－7 局部凹陷变形对比

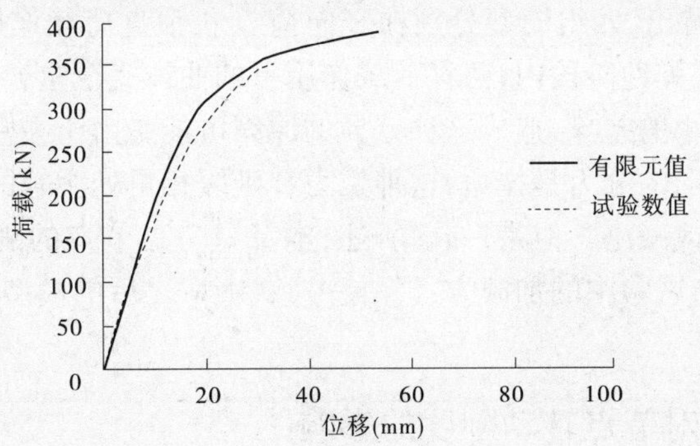

图 10-20　SJ－7 试验分析和有限元分析出的荷载—位移曲线对比

10.2.5　支管施加集中荷载方向对节点刚度计算结果的影响

对于支管荷载的施加有两种方法：一种为试验中施加竖向集中力，这种方法有利于实际操作，但是会造成支管中产生轴向力；另一种为施加一个垂直于支管的集中力，这种方法在实际的试验操作中比较难以实现，需要辅以特殊的加载装置来完成，此种方法也只能消除一部分支管中的轴向力，这是由于在加载的过程中支管产生了位移，在试验与有限元分析中均难以实现荷载在整个加载过程中一直垂直于支管，所以即使初始施加垂直于支管的荷载，在加载的过程中支管上还是存在轴向力。此处，以试件 1、3、5、7 为基准，分别施加竖向荷载和垂直于支管的荷载，对比考察集中荷载的方向对节点刚度计算结果的影响，四组模型分别在竖向荷载和垂直荷载作用下的弯矩—转角曲线对比见图 10-21。

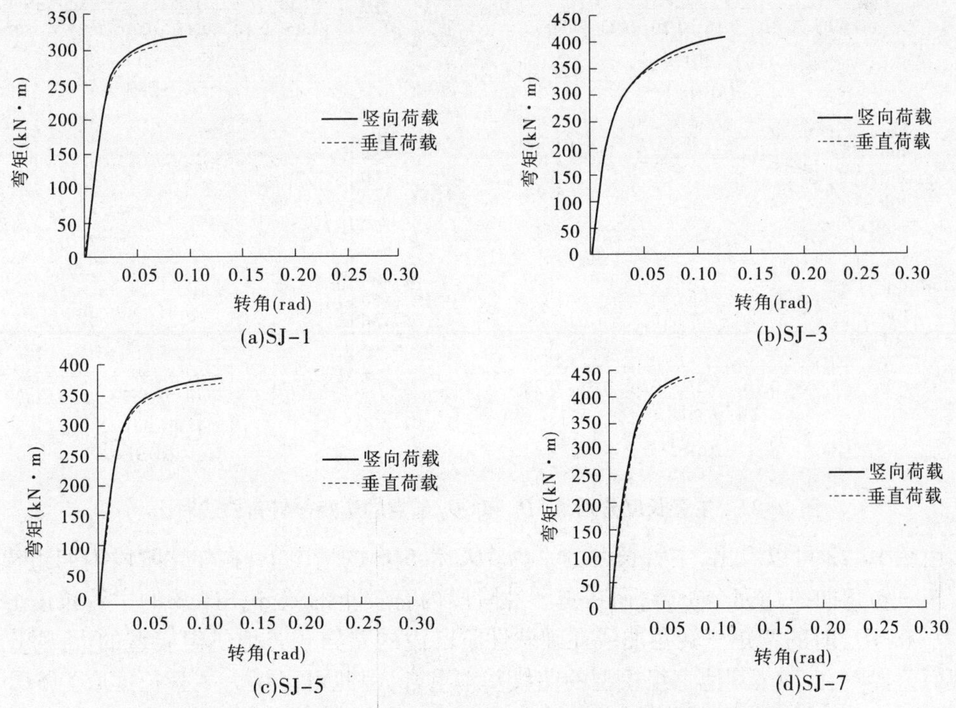

图 10-21　不同集中力方向作用下节点的弯矩—转角曲线对比

从图 10-21 可以看出,四组模型分别在竖向荷载和垂直荷载作用下的弯矩—转角曲线基本重合,特别是在弹性阶段内,两种荷载作用下的曲线完全重合;而在弹塑性阶段内,四组模型分别出现较小的差异,造成这种差异的原因可能是由于在竖向加载的情况下,竖向荷载在支管轴向方向的分力是拉力,这种拉力会延缓相贯处主管的局部屈曲,进而使得节点的极限荷载增大或减小。但是,如前所述,本章只考虑节点的刚度,且在弹塑性阶段内的差异较小,为了与试验中的加载方式保持一致,本章之后的模型分析仍然采用竖向荷载的加载方式。

10.2.6 主管长度对节点转动刚度的影响

对于相贯节点,已有的研究成果认为当主管的长度 L_0 取为 $6D_0$(D_0 为主管直径)时,两端边界条件对节点承载力和刚度的影响可忽略不计。试验前通过预分析,以试件 1、3、5、7 为基准,在两端边界条件相同的情况下,考察主管长度 L_0 取为 $5D_0$ 和 $6D_0$ 时对节点转动刚度的影响。此处给出主管长度分别为 $5D_0$ 和 $6D_0$ 时节点的弯矩—转角曲线对比见图 10-22。

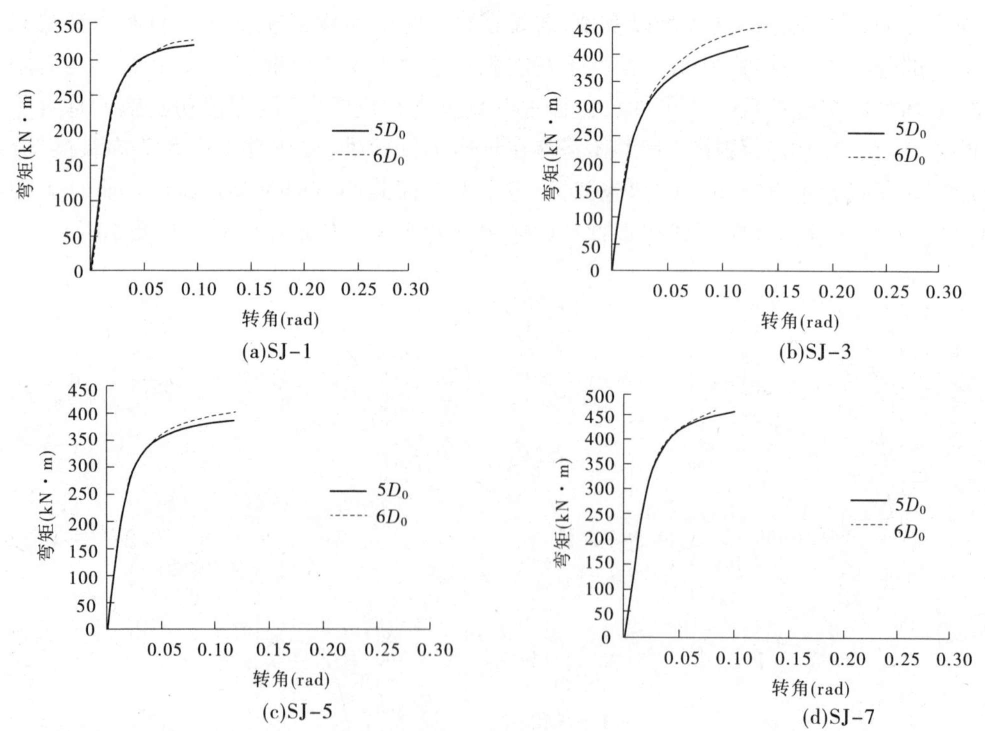

图 10-22 主管长度分别为 $5D_0$ 和 $6D_0$ 节点的弯矩—转角曲线对比

由图 10-22 可以看出,主管长度分别为 $5D_0$ 和 $6D_0$ 的情况下,在弹性阶段内四组模型的弯矩—转角曲线均完全重合,而在弹塑性阶段内有较小的差异;SJ - 3 的主管长度分别为 $5D_0$ 和 $6D_0$ 时的弯矩—转角曲线在弹塑性阶段内的差异较其他三组模型的大,对比其承载力差异约在 7%,其他三组模型的曲线基本重合,因此可以认为主管长度取为 $5D_0$ 时边界条件对节点转动刚度的影响忽略不计。试验中,为便于加载,将试件的主管长度取为

$5D_0$；在有限元数值模拟计算中，考虑计算的效率，模型的主管长度也均采用 $5D_0$。

10.3　瓦形板加强型相贯节点转动刚度数值分析

为考察瓦形板加强型相贯节点中瓦形板的厚度、长度和弧度等参数对节点转动刚度的影响，瓦形板加强型相贯节点计算模型详情见表10-2。其中，主管的轴压比与试验中相同，取为0.4，主管长度均为 $5D_0$，支管长度均为900 mm。主管为 $\phi300\times8$，支管为 $\phi300\times8$，主管与支管的夹角均为84°；主、支管均为 Q690 钢，瓦形板均为 Q345 钢。以与试验中 SJ－3 参数相同的有限元模型为标准模型进行对比分析，本节中的标准模型为 WXB－H8、WXB－C450、WXB－D200。

表中模型编号具体的含义：①WXB－H6 表示瓦形板的厚度为6 mm；②WXB－C450 表示瓦形板的长度为450 mm；③WXB－D180 表示瓦形板的角度为180°。其余参数类推可得。

表 10-2　瓦形板加强型相贯节点计算模型详情

模型编号		瓦形板的具体尺寸		
		厚度(mm)	长度(mm)	弧度(°)
瓦形板厚度	WXB－H6	6	225×2	200
	WXB－H8	8	225×2	200
	WXB－H10	10	225×2	200
	WXB－H12	12	225×2	200
瓦形板长度	WXB－C450	8	225×2	200
	WXB－C500	8	250×2	200
	WXB－C540	8	270×2	200
	WXB－C600	8	300×2	200
瓦形板角度	WXB－D180	8	225×2	180
	WXB－D200	8	225×2	200
	WXB－D220	8	225×2	220

注：模型 WXB－H8 和模型 WXB－C450、模型 WXB－D200 相同。

10.3.1　瓦形板厚度的改变对节点转动刚度的影响

瓦形板加强型相贯节点在瓦形板厚度分别为6 mm、8 mm、10 mm、12 mm时节点的弯矩—转角曲线对比见图10-23，WXB－H 不同参数时节点的初始刚度及刚度判定见表10-3。初始刚度的定义及计算过程见第9章。

从图10-23可以看出，随着瓦形板厚度的增加，节点的弯矩—转角曲线随之向左上方移动。也就是说，节点在整个加载历程中的转动刚度随着瓦形板厚度的增加而增大，而且这种变化在弹性阶段内不太明显，随着瓦形板厚度的增加，节点进入弹塑性阶段时的荷载增大，这一阶段内的转动刚度增加较为明显。

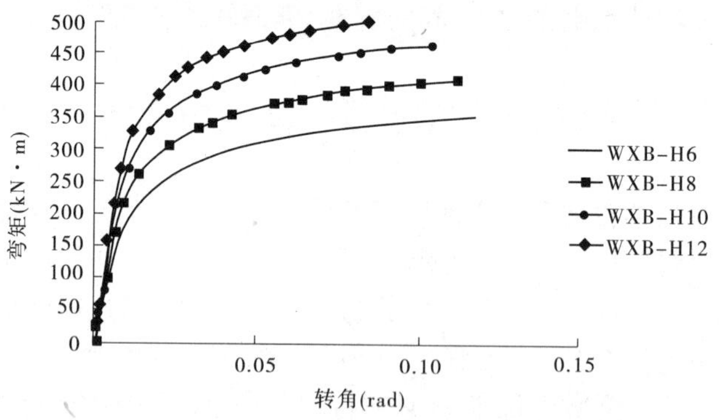

图 10-23　WXB－H 不同参数时节点的弯矩—转角曲线对比

表 10-3　WXB－H 不同参数时节点的初始刚度及刚度判定

模型编号	初始刚度 $S_{j,ini}$ (N · mm/rad)	欧洲规范节点刚度判定界限		节点刚度判定	相比 WXB－H8 $S_{j,ini}$的增加程度
		$25EI_b/L_b$	$8EI_b/L_b$		
WXB－H6	2.641E+10	7.373E+10	4.608E+09	半刚性	－14.20%
WXB－H8	3.078E+10	7.373E+10	4.608E+09	半刚性	—
WXB－H10	3.510E+10	7.373E+10	4.608E+09	半刚性	14.04%
WXB－H12	3.947E+10	7.373E+10	4.608E+09	半刚性	28.23%

从表 10-3 可以看出,节点的初始刚度随着瓦形板厚度的增加而增大。相比标准模型 WXB－H8,瓦形板的厚度为 6 mm 时节点的初始刚度下降 14.20%,且从图中可看出节点进入弹塑性时的荷载较其他三个模型小的多,这种现象是由于支管直接与瓦形板相连,瓦形板直接承受支管传递过来的弯矩;瓦形板的厚度为 10 mm 时,节点的初始刚度增加 14.04%;瓦形板的厚度为 12 mm 时,节点的初始刚度增加 28.23%;根据欧洲规范,四个模型中节点均为半刚性节点。

综上所述,可以得出以下结论:在其他参数相同的情况下,增加瓦形板的厚度能够提高节点在整个加载过程中的转动刚度;并且,在瓦形板厚度与主管厚度相同的情况下,增加或减小瓦形板相同厚度,节点初始刚度增大或降低的程度相当。

10.3.2　瓦形板长度的改变对节点转动刚度的影响

瓦形板加强型相贯节点在瓦形板长度分别为 450 mm、500 mm、540 mm、600 mm 时节点的弯矩—转角曲线对比见图 10-24,WXB－C 不同参数时节点的初始刚度及刚度判定见表 10-4。

从图 10-24 可以看出,随着瓦形板长度的增加,节点的弯矩—转角曲线随之向左上方移动,但移动幅度较小。也就是说,节点在整个加载过程中的转动刚度随着瓦形板长度的增加而增大,但是增加的幅度很小;在弹性阶段内,不同参数的曲线几乎重合,且四个模型进入弹塑性阶段时的荷载基本相同。

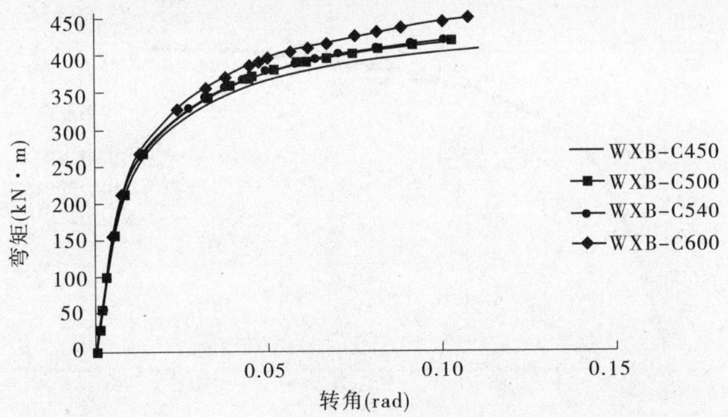

图 10-24　WXB－C 不同参数时节点的弯矩—转角曲线对比

表 10-4　WXB－C 不同参数时节点的初始刚度及刚度判定

模型编号	初始刚度 $S_{j,ini}$ （N·mm/rad）	欧洲规范节点刚度判定界限		节点刚度判定	相比 WXB－C450 $S_{j,ini}$的增加程度
		$25EI_b/L_b$	$8EI_b/L_b$		
WXB－C450	3.077E+10	7.373E+10	4.608E+09	半刚性	—
WXB－C500	3.140E+10	7.373E+10	4.608E+09	半刚性	2.05%
WXB－C540	3.222E+10	7.373E+10	4.608E+09	半刚性	4.71%
WXB－C600	3.373E+10	7.373E+10	4.608E+09	半刚性	9.62%

从表 10-4 可以看出，节点的初始刚度随着瓦形板长度的增加而增大。相比标准模型 WXB－C450，瓦形板的长度为 500 mm 时，节点的初始刚度增大 2.05%；瓦形板的长度为 540 mm 时，节点的初始刚度增加 4.71%；瓦形板的长度为 600 mm 时，节点的初始刚度增加 9.62%；根据欧洲规范，四个模型的节点均为半刚性节点。

综上所述，可以得出以下结论：在其他参数相同的情况下，增加瓦形板的长度能够提高节点在弹塑性阶段的转动刚度，但增加幅度较小；并且增加瓦形板的长度对节点的初始刚度的增大幅度很小。

10.3.3　瓦形板角度的改变对节点转动刚度的影响

瓦形板加强型相贯节点在瓦形板角度分别为 180°、200°、220°时节点的弯矩—转角曲线对比见图 10-25，WXB－D 不同参数时节点的初始刚度及刚度判定见表 10-5。

从图 10-25 可以看出，随着瓦形板角度的变化，节点的弯矩—转角曲线几乎无任何的变化，三个模型的弯矩—转角曲线几乎重合。也就是说，瓦形板的角度与节点的转动性能无关。

从表 10-5 可以看出，节点的初始刚度随着瓦形板角度的变化有较小比例的变化。相比标准模型 WXB－D200，瓦形板的角度为 180°时，节点的初始刚度下降 1.39%；瓦形板的角度为 220°时，节点的初始刚度增加 0.76%；根据欧洲规范，四个模型中节点均为半刚性节点。

综上所述，可以得出以下结论：在其他参数相同的情况下，变化瓦形板的角度不能改变节点的转动刚度性能。

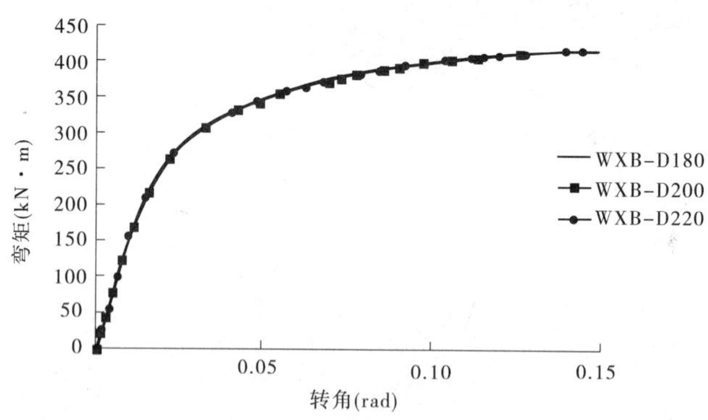

图 10-25　WXB－D 不同参数时节点的弯矩—转角曲线对比

表 10-5　WXB－D 不同参数时节点的初始刚度及刚度判定

模型编号	初始刚度 $S_{j,ini}$ (N·mm/rad)	欧洲规范节点刚度判定界限		节点刚度判定	相比 WXB－D200 $S_{j,ini}$的增加程度
		$25EI_b/L_b$	$8EI_b/L_b$		
WXB－D180	1.565E＋10	7.373E＋10	4.608E＋09	半刚性	－1.39%
WXB－D200	1.587E＋10	7.373E＋10	4.608E＋09	半刚性	—
WXB－D220	1.599E＋10	7.373E＋10	4.608E＋09	半刚性	0.76%

10.4　内隔环加强型相贯节点转动刚度数值分析

为考察内隔环加强型相贯节点中内隔环的厚度、环宽和间距等参数对节点转动刚度的影响，内隔环加强型相贯节点计算模型详情见表 10-6。其中，主管的轴压比与试验中相同，取为 0.4，主管长度均为 $5D_0$，支管长度均为 900 mm。主管为 $\phi300\times8$，支管为 $\phi300\times8$，主管与支管的夹角均为 84°；主、支管均为 Q690 钢，内隔环均为 Q345 钢。以与试验中 SJ－5 参数相同的有限元模型为标准模型进行对比分析，本节中的标准模型为 NGH－H8、NGH－K32、NGH－J135。

表 10-6　内隔环加强型相贯节点计算模型详情

模型编号		内隔环的具体尺寸		
		厚度(mm)	环尺寸	两环板离中心间距
内隔环厚度	NGH－H6	6	Φ284/Φ220	135(上) 105(下)
	NGH－H8	8	Φ284/Φ156	135(上) 105(下)
	NGH－H10	10	Φ284/Φ220	135(上) 105(下)
	NGH－H12	12	Φ284/Φ220	135(上) 105(下)

续表 10-6

模型编号		内隔环的具体尺寸		
		厚度(mm)	环尺寸	两环板离中心间距
内隔环环宽	NGH－K32	8	Φ284/Φ220	135(上) 105(下)
	NGH－K48	8	Φ284/Φ188	135(上) 105(下)
	NGH－K64	8	Φ284/Φ156	135(上) 105(下)
	NGH－K80	8	Φ284/Φ124	135(上) 105(下)
	NGH－K142	8	Φ284(整圆)	135(上) 105(下)
内隔环间距	NGH－J105	8	Φ284/Φ220	105(上) 75(下)
	NGH－J135	8	Φ284/Φ220	135(上) 105(下)
	NGH－J165	8	Φ284/Φ220	165(上) 135(下)
	NGH－J195	8	Φ284/Φ220	195(上) 165(下)
	NGH－J225	8	Φ284/Φ220	225(上) 195(下)

注:模型 NGH－H8 和模型 NGH－K32、模型 NGH－J135 相同。

表中模型编号具体的含义:①NGH－H6 表示内隔环的厚度为 6 mm;②NGH－K32 表示内隔环的环宽为 32 mm;③NGH－J135 表示内隔环的上间距为 135 mm。其余参数类推可得。

10.4.1　内隔环厚度的改变对节点转动刚度的影响

内隔环加强型相贯节点在内隔环厚度分别为 6 mm、8 mm、10 mm、12 mm 时节点的弯矩—转角曲线对比见图 10-26,NGH－H 不同参数时节点初始刚度及刚性判定见表 10-7。

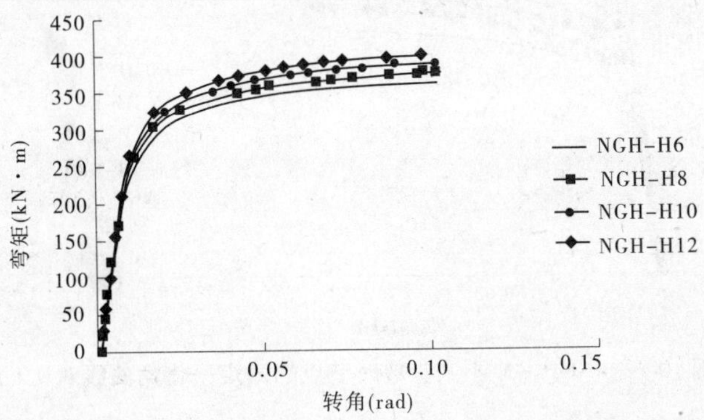

图 10-26　NGH－H 不同参数时节点的弯矩—转角曲线对比

表10-7　NGH－H不同参数时节点的初始刚度及刚度判定

模型编号	初始刚度 $S_{j,ini}$ (N·mm/rad)	欧洲规范节点刚度判定界限		节点刚度判定	相比NGH－H8 $S_{j,ini}$的增加程度
		$25EI_b/L_b$	$8EI_b/L_b$		
NGH－H6	3.036E＋10	7.373E＋10	4.608E＋09	半刚性	－6.24%
NGH －H8	3.238E＋10	7.373E＋10	4:608E＋09	半刚性	—
NGH －H10	3.421E＋10	7.373E＋10	4.608E＋09	半刚性	5.65%
NGH －H12	3.589E＋10	7.373E＋10	4.608E＋09	半刚性	10.84%

从图10-26可以看出，随着内隔环厚度的增加，弹性阶段内，节点的弯矩—转角曲线基本重合；弹塑性阶段内，节点的弯矩—转角曲线随之向左上方移动。也就是说，节点在整个加载过程中的转动刚度随着内隔环厚度的增加无明显变化，随后节点进入弹塑性阶段，这一阶段内的转动刚度增加稍明显。

从表10-7可以看出，节点的初始刚度随着内隔环厚度的增加而增大。相比标准模型NGH－H8，内隔环的厚度为6 mm时节点的初始刚度下降6.24%；内隔环的厚度为10 mm时节点的初始刚度增加5.65%；内隔环的厚度为12 mm时节点的初始刚度增加10.84%；根据欧洲规范，四个模型中节点均为半刚性节点。

综上所述，可以得出以下结论：在其他参数相同的情况下，增加内隔环的厚度能够较小幅度地提高节点在整个加载过程中的转动刚度；并且，在内隔环厚度与主管厚度相同的情况下，增加或减小内隔环相同厚度，节点初始刚度增大或降低的程度相当。

10.4.2　内隔环环宽的改变对节点转动刚度的影响

内隔环加强型相贯节点在内隔环环宽分别为32 mm、48 mm、64 mm、80 mm、142 mm时节点的弯矩—转角曲线对比见图10-27，NGH－K不同参数时节点的初始刚度及刚度判定见表10-8。

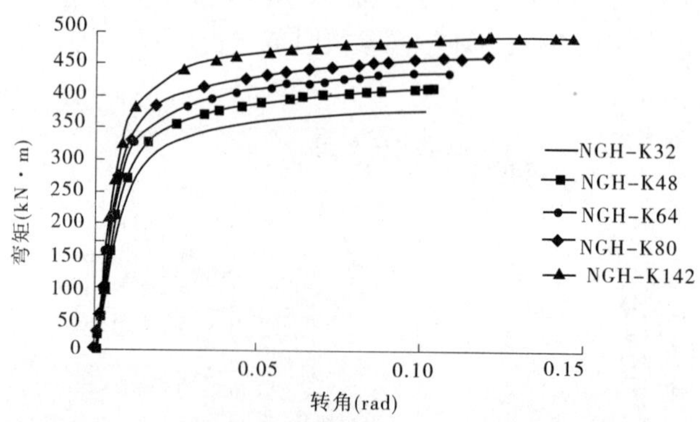

图10-27　NGH－K不同参数时节点的弯矩—转角曲线对比

表 10-8　NGH－K 不同参数时节点的初始刚度及刚度判定

模型编号	初始刚度 $S_{j,ini}$（N·mm/rad）	欧洲规范节点刚度判定界限		节点刚度判定	相比 NGH－K32 $S_{j,ini}$ 的增加程度
		$25EI_b/L_b$	$8EI_b/L_b$		
NGH－K32	3.238E＋10	7.373E＋10	4.608E＋09	半刚性	—
NGH－K48	4.072E＋10	7.373E＋10	4.608E＋09	半刚性	25.76%
NGH－K64	4.725E＋10	7.373E＋10	4.608E＋09	半刚性	45.92%
NGH－K80	5.143E＋10	7.373E＋10	4.608E＋09	半刚性	58.83%
NGH－K142	5.596E＋10	7.373E＋10	4.608E＋09	半刚性	72.82%

从图 10-27 可以看出，随着内隔环环宽的增加，在整个加载历程中节点的弯矩—转角曲线随之向左上方移动。也就是说，节点在整个加载过程中的转动刚度随着内隔环环宽的增加而增大，随着节点进入弹塑性阶段荷载的提高，这一现象更加明显。

从表 10-8 可以看出，节点的初始刚度随着内隔环环宽的增加而增大。相比标准模型 NGH－K32，内隔环的宽度为 48 mm 时，节点的初始刚度增大 25.76%；内隔环的宽度为 64 mm 时，节点的初始刚度增加 45.92%；内隔环的宽度为 80 mm 时，节点的初始刚度增加 58.83%；内隔环的宽度为 142 mm 时，即为一个整圆时节点的初始刚度增加 72.82%；根据欧洲规范，五个模型中节点均为半刚性节点。

综上所述，可以得出以下结论：在其他参数相同的情况下，增加内隔环的环宽能够较大幅度地提高节点在整个加载过程中的转动刚度；并且，在内隔环环宽增加相同宽度的情况下，节点的初始转动刚度的增加幅度呈现递减的趋势。

10.4.3　内隔环间距的改变对节点转动刚度的影响

内隔环加强型相贯节点在内隔环间距（上下内隔环板距离人字柱轴线与横撑轴线交点的距离）分别为 105（上）/75（下）、135（上）/105（下）、165（上）/135（下）、195（上）/165（下）、225（上）/195（下）时节点的弯矩—转角曲线对比见图 10-28，NGH－J 不同参数时节点的初始刚度及刚度判定见表 10-9。

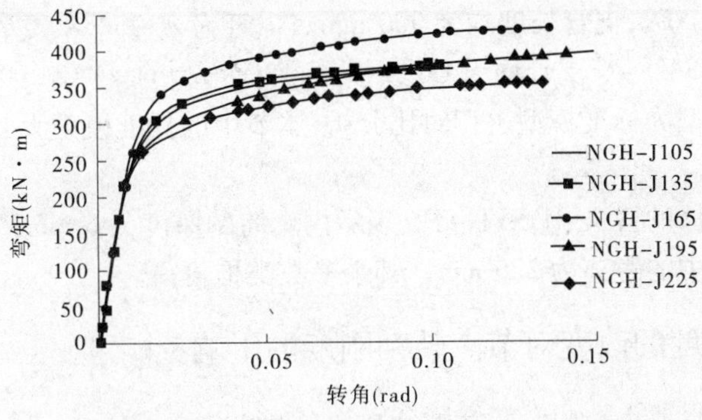

图 10-28　NGH－J 不同参数时节点的弯矩—转角曲线对比

表 10-9　NGH－J 不同参数时节点的初始刚度及刚度判定

模型编号	初始刚度 $S_{j,ini}$ （N · mm/rad）	欧洲规范节点刚度判定界限		节点刚度判定	相比 NGH－J135 $S_{j,ini}$ 的增加程度
		$25EI_b/L_b$	$8EI_b/L_b$		
NGH－J105	2.966E+10	7.373E+10	4.608E+09	半刚性	－8.40%
NGH－J135	3.238E+10	7.373E+10	4.608E+09	半刚性	—
NGH－J165	3.236E+10	7.373E+10	4.608E+09	半刚性	－0.06%
NGH－J195	3.166E+10	7.373E+10	4.608E+09	半刚性	－2.22%
NGH－J225	3.173E+10	7.373E+10	4.608E+09	半刚性	－2.01%

从图 10-28 可以看出，相比标准模型 NGH－J135，减小内隔环的间距，节点的弯矩—转角曲线在整个加载过程中几乎重合；增加内隔环的间距，在弹塑性阶段内节点的弯矩—转角曲线向左上方移动。也就是说，与标准模型相比，节点在弹塑性阶段内的转动刚度随着内隔环间距的增加而增大，但随内隔环间距的减小无明显变化。

从表 10-9 可以看出，相比标准模型 NGH－J135，内隔环的间距为 105（上）/75（下）时，节点的初始刚度降低 8.40%；内隔环的间距为 165（上）/135（下）时，节点的初始刚度降低 0.06%；内隔环的间距为 195（上）/165（下）时，节点的初始刚度降低 2.22%；内隔环的间距为 225（上）/195（下）时，节点的初始刚度降低 2.01%；根据欧洲规范，五个模型中节点均为半刚性节点。

综上所述，可以得出以下结论：在其他参数相同的情况下，增加内隔环的间距能够较小幅度地提高节点在整个加载过程中的转动刚度，但当间距增加超出相贯区域后其初始转动刚度便不再增加，反而有小幅度减小。

10.5　内套筒加强型相贯节点转动刚度数值分析

为考察内套筒加强型相贯节点中内套筒的厚度、长度等参数对节点转动刚度的影响，内套筒加强型相贯节点计算模型详情见表 10-10。其中，主管的轴压比与试验中相同，取为 0.4，主管长度均为 $5D_0$，支管长度均为 900 mm。主管为 $\phi300\times8$，支管为 $\phi300\times8$，主管与支管的夹角均为 84°；主、支管均为 Q690 钢，内套筒均为 Q345 钢。以与试验中SJ－7 参数相同的有限元模型为标准模型进行对比分析，本节中的标准模型为 NTT－H8、NTT－C225。

表中模型编号具体的含义：①NTT－H6 表示内套筒的厚度为 6 mm；②NTT－C225 表示内套筒的边缘距柱中的距离为 225 mm。其余参数类推可得。

10.5.1　内套筒厚度的改变对节点转动刚度的影响

内套筒加强型相贯节点在内套筒厚度分别为 6 mm、8 mm、10 mm、12 mm 时节点的弯矩—转角曲线对比见图 10-29，NTT－H 不同参数时节点的初始刚度及刚度判定见

表 10-11。

表 10-10　内套筒加强型相贯节点计算模型详情

模型编号		内套筒的具体尺寸	
		厚度(mm)	长度(mm)
内套筒厚度	NTT－H6	6	225×2
	NTT－H8	8	225×2
	NTT－H10	10	225×2
	NTT－H12	12	225×2
内套筒长度	NTT－C225	8	225×2
	NTT－C250	8	250×2
	NTT－C275	8	275×2
	NTT－C300	8	300×2

注:模型 NTT－H8 和模型 NTT－C225 相同。

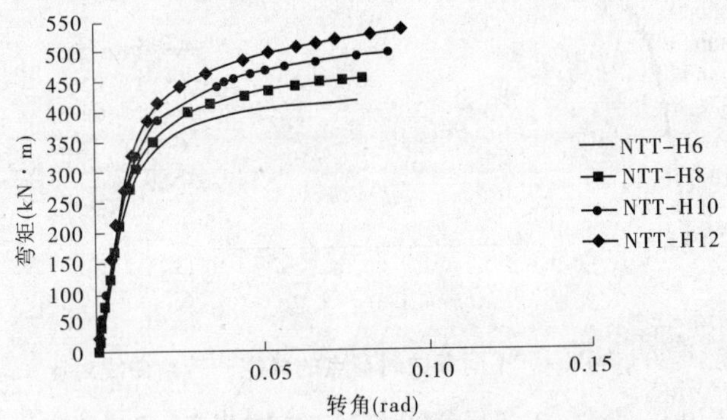

图 10-29　NTT－H 不同参数时节点的弯矩—转角曲线对比

表 10-11　NTT－H 不同参数时节点的初始刚度及刚度判定

模型编号	初始刚度 $S_{j,ini}$ (N·mm/rad)	欧洲规范节点刚度判定界限		节点刚度判定	相比 NTT－H8 $S_{j,ini}$的增加程度
		$25EI_b/L_b$	$8EI_b/L_b$		
NTT－H6	2.908E＋10	7.373E＋10	4.608E＋09	半刚性	－7.65%
NTT－H8	3.149E＋10	7.373E＋10	4.608E＋09	半刚性	—
NTT－H10	3.387E＋10	7.373E＋10	4.608E＋09	半刚性	7.56%
NTT－H12	3.650E＋10	7.373E＋10	4.608E＋09	半刚性	15.91%

从图 10-29 可以看出,随着内套筒厚度的增加,弹性阶段内,节点的弯矩—转角曲线基本重合;弹塑性阶段内,节点的弯矩—转角曲线随之向左上方移动。也就是说,节点在整个加载过程中的转动刚度随着内隔环厚度的增加无明显变化,当节点进入弹塑性阶段时,这一阶段内的转动刚度增加较明显。

从表 10-11 可以看出，节点的初始刚度随着内套筒厚度的增加而增大。相比标准模型 NTT－H8，内套筒的厚度为 6 mm 时，节点的初始刚度下降 7.56%；内套筒的厚度为 10 mm 时，节点的初始刚度增加 7.65%；内套筒的厚度为 12 mm 时，节点的初始刚度增加 15.91%；根据欧洲规范，四个模型中节点均为半刚性节点。

综上所述，可以得出以下结论：在其他参数相同的情况下，增加内套筒的厚度能够较小幅度地提高节点在整个加载过程中的转动刚度；并且，在内套筒厚度与主管厚度相同的情况下，增加或减小内套筒相同厚度，节点初始刚度增大或降低的程度相当。

10.5.2　内套筒长度的改变对节点转动刚度的影响

内套筒加强型相贯节点在内套筒长度分别为 225 mm、250 mm、275 mm、300 mm 时节点的弯矩—转角曲线对比见图 10-30，NTT－C 不同参数时节点的初始刚度及刚性判定见表 10-12。

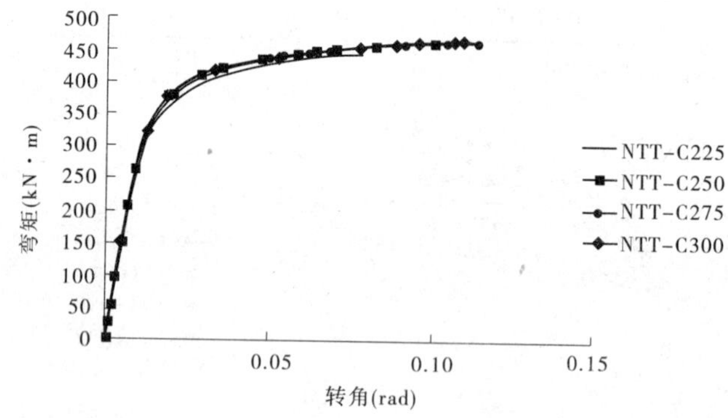

图 10-30　NTT－C 不同参数时节点的弯矩—转角曲线对比

表 10-12　NTT－C 不同参数时节点的初始刚度及刚度判定

模型编号	初始刚度 $S_{j,ini}$ (N·mm/rad)	欧洲规范节点刚度判定界限		节点刚度判定	相比 NTT－C225 $S_{j,ini}$的增加程度
		$25EI_b/L_b$	$8EI_b/L_b$		
NTT－C225	3.149E+10	7.373E+10	4.608E+09	半刚性	—
NTT－C250	3.245E+10	7.373E+10	4.608E+09	半刚性	3.05%
NTT－C275	3.315E+10	7.373E+10	4.608E+09	半刚性	5.27%
NTT－C300	3.425E+10	7.373E+10	4.608E+09	半刚性	8.76%

从图 10-30 可以看出，随着内套筒长度的增加，四个模型在整个加载过程中节点的弯矩—转角曲线基本重合；也就是说，节点在整个加载过程中的转动刚度随着内套筒长度的增加无明显变化。

从表 10-12 可以看出，节点的初始刚度随着内套筒长度的增加而增大。相比标准模型 NTT－C225，内套筒的长度为 250 mm 时，节点的初始刚度增加 3.05%；内套筒的长度为 275 mm 时，节点的初始刚度增加 5.27%；内套筒的长度为 300 mm 时，节点的初始刚度增加 8.76%；根据欧洲规范，四个模型中节点均为半刚性节点。

综上所述，可以得出以下结论：在其他参数相同的情况下，增加内套筒的长度节点在整个加载过程中的转动刚度无明显变化；并且，随内套筒长度的增加，节点的初始刚度增大幅度很小。

10.6　轴压比对相贯节点转动刚度影响的数值分析

为考察轴压比对相贯节点转动刚度的影响，改变轴压比的有限元计算模型设计见表 10-13。其中，主管的轴压比分别取 0.2、0.4、0.6、0.8 四种情况，轴压比 0.4 为试验取值。主管长度均为 $5D_0$，支管长度均为 900 mm。主管为 $\phi300\times8$，支管为 $\phi300\times8$，主管与支管的夹角均为 84°；主、支管均为 Q690 钢，内套筒均为 Q345 钢。以与试验中参数相同的有限元模型为标准模型进行对比分析，本节中的标准模型为 WJQ－0.4、WXB－0.4、NGH－0.4、NTT－0.4。

表中模型编号具体的含义：WJQ－0.4 表示无加强型的轴压比取 0.4。其余参数类推可得。

表 10-13　改变轴压比的有限元计算模型设计

模型编号		瓦形板/内隔环/内套筒的具体尺寸			轴压比
		厚度	长度/环尺寸	弧度/间距	
无加强型	WJQ－0.2	—	—	—	0.2
	WJQ－0.4				0.4
	WJQ－0.6				0.6
	WJQ－0.8				0.8
瓦形板加强型	WXB－0.2	8	225×2	200	0.2
	WXB－0.4				0.4
	WXB－0.6				0.6
	WXB－0.8				0.8
内隔环加强型	NGH－0.2	8	ϕ284/ϕ220	135(上)/105(下)	0.2
	NGH－0.4				0.4
	NGH－0.6				0.6
	NGH－0.8				0.8
内套筒加强型	NTT－0.2	8	225×2	—	0.2
	NTT－0.4				0.4
	NTT－0.6				0.6
	NTT－0.8				0.8

注：模型 WJQ－0.4 和模型 SJ－1 有限元模型相同；模型 WXB－0.4 和模型 WXB－H8 相同；模型 NGH－0.4 和模型 NGH－H8 相同；模型 NTT－0.4 和模型 NTT－H8 相同。

10.6.1　轴压比对无加强型节点转动刚度的影响

无加强型相贯节点在主管的轴压比分别为 0.2、0.4、0.6、0.8 时节点的弯矩—转角曲线对比见图 10-31，WJQ 不同参数时节点的初始刚度及刚度判定见表 10-14。

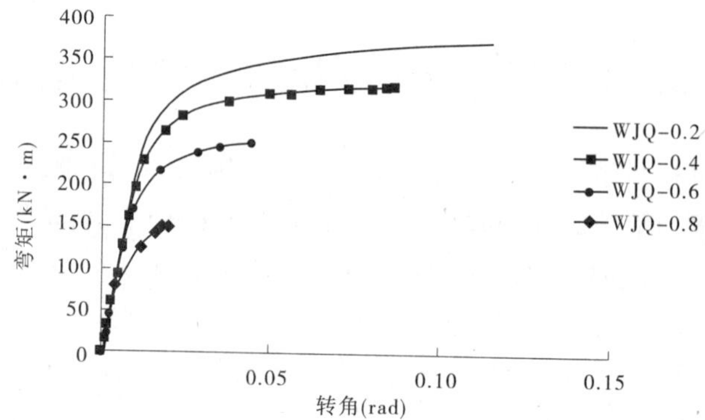

图 10-31　WJQ 不同参数时节点的弯矩—转角曲线对比

表 10-14　WJQ 不同参数时节点的初始刚度及刚度判定

模型编号	初始刚度 $S_{j,ini}$ (N · mm/rad)	欧洲规范节点刚度判定界限		节点刚度判定	相比 WJQ－0.4 $S_{j,ini}$的增加程度
		$25EI_b/L_b$	$8EI_b/L_b$		
WJQ－0.2	2.212E＋10	7.373E＋10	4.608E＋09	半刚性	2.12%
WJQ－0.4	2.166E＋10	7.373E＋10	4.608E＋09	半刚性	—
WJQ－0.6	2.114E＋10	7.373E＋10	4.608E＋09	半刚性	－2.40%
WJQ－0.8	2.065E＋10	7.373E＋10	4.608E＋09	半刚性	－4.66%

从图 10-31 可以看出，随着主管轴压比的增大，节点的弯矩—转角曲线随之向右下方有较大幅度的移动；也就是说，节点在整个加载过程中的转动刚度随着主管轴压比的增大而降低。另外，可以看出，随着主管轴压比的增大，节点的延性有较大幅度的降低。这主要是因为较大的主管轴压比使得相贯处主管提早进入了局部屈曲。

从表 10-14 可以看出，节点的初始刚度随着主管轴压比的增加而降低，相比标准模型 WJQ－0.4，轴压比为 0.2 时节点的初始刚度增大 2.12%；轴压比为 0.6 时节点的初始刚度降低 2.40%；轴压比为 0.8 时节点的初始刚度降低 4.66%；根据欧洲规范，四个模型中节点均为半刚性节点。

综上所述，可以得出以下结论：在其他参数相同的情况下，增加无加强型相贯节点的轴压比会降低节点在整个加载过程中的转动刚度；并且，节点的初始刚度随主管轴压比的减小而降低的幅度较小，而节点的延性降低的幅度则较大。

10.6.2　轴压比对瓦形板加强型节点转动刚度的影响

瓦形板加强型相贯节点在主管的轴压比分别为 0.2、0.4、0.6、0.8 时节点的弯矩—转

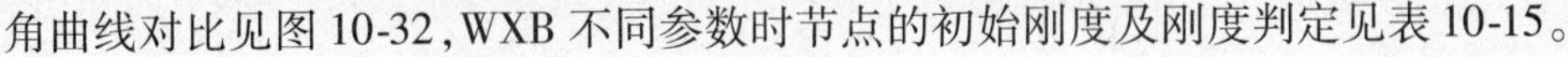

角曲线对比见图 10-32，WXB 不同参数时节点的初始刚度及刚度判定见表 10-15。

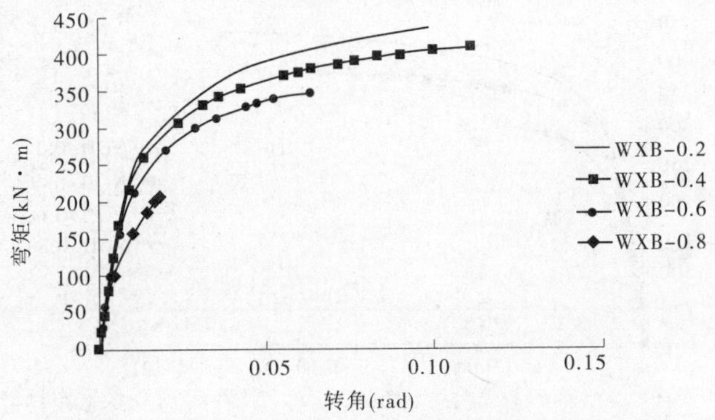

图 10-32　WXB 不同参数时节点的弯矩—转角曲线对比

表 10-15　WXB 不同参数时节点的初始刚度及刚度判定

模型编号	初始刚度 $S_{j,ini}$ (N·mm/rad)	欧洲规范节点刚度判定界限		节点刚度判定	相比 WXB-0.4 $S_{j,ini}$的增加程度
		$25EI_b/L_b$	$8EI_b/L_b$		
WXB-0.2	3.137E+10	7.373E+10	4.608E+09	半刚性	1.92%
WXB-0.4	3.078E+10	7.373E+10	4.608E+09	半刚性	—
WXB-0.6	3.007E+10	7.373E+10	4.608E+09	半刚性	-2.31%
WXB-0.8	2.784E+10	7.373E+10	4.608E+09	半刚性	-9.55%

从图 10-32 可以看出，随着主管轴压比的增大，节点的弯矩—转角曲线随之向右下方有较大幅度的移动；也就是说，节点在整个加载过程中的转动刚度随着主管轴压比的增大而降低。另外，可以看出，轴压比为 0.4 和 0.6 时，节点的承载力和延性虽有所下降，但下降的幅度不是很大；而轴压比为 0.8 时，节点的承载力和延性较轴压比为 0.6 和 0.4 时下降的较大，这主要是因为在轴压比不是很大的情况下，瓦形板的加强作用显著，当轴压比较大时，瓦形板加强区域之外可能先达到屈服。

从表 10-15 可以看出，节点的初始刚度随着主管轴压比的增加而降低。相比标准模型 WXB-0.4，轴压比为 0.2 时，节点的初始刚度增大 1.92%；轴压比为 0.6 时，节点的初始刚度降低 2.31%；轴压比为 0.8 时，节点的初始刚度降低 9.55%；根据欧洲规范，四个模型中节点均为半刚性节点。

综上所述，可以得出以下结论：在其他参数相同的情况下，增加瓦形板加强型相贯节点的轴压比会降低节点在整个加载过程中的转动刚度；并且，节点的初始刚度随轴压比的减小而降低的幅度较小，而节点的延性降低的幅度则较大。

10.6.3　轴压比对内隔环加强型节点转动刚度的影响

内隔环加强型相贯节点在主管的轴压比分别为 0.2、0.4、0.6、0.8 时节点的弯矩—转角曲线对比见图 10-33，NGH 不同参数时节点的初始刚度及刚度判定见

表 10-16。

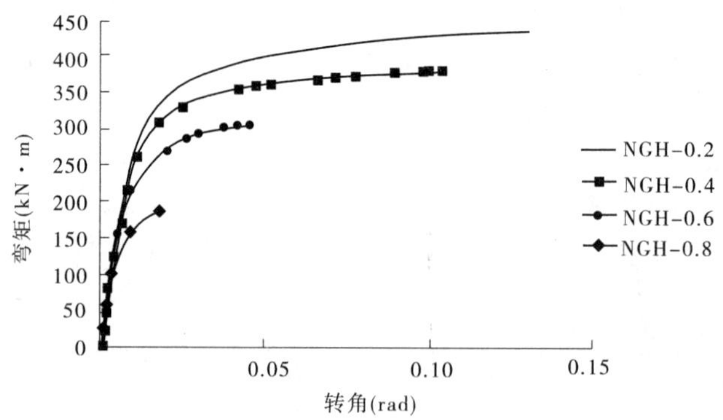

图 10-33　NGH 不同参数时节点的弯矩—转角曲线对比

表 10-16　NGH 不同参数时节点的初始刚度及刚度判定

模型编号	初始刚度 $S_{j,ini}$ (N · mm/rad)	欧洲规范节点刚度判定界限		节点刚度判定	相比 NGH-0.4 $S_{j,ini}$ 的增加程度
		$25EI_b/L_b$	$8EI_b/L_b$		
NGH-0.2	3.294E+10	7.373E+10	4.608E+09	半刚性	1.73%
NGH-0.4	3.238E+10	7.373E+10	4.608E+09	半刚性	—
NGH-0.6	3.181E+10	7.373E+10	4.608E+09	半刚性	-1.76%
NGH-0.8	3.122E+10	7.373E+10	4.608E+09	半刚性	-3.58%

从图 10-33 可以看出，随着主管轴压比的增大，节点的弯矩—转角曲线随之向右下方有较大幅度的移动；也就是说，节点在整个加载过程中的转动刚度随着主管轴压比的增大而降低。此外，随着主管轴压比的增大，节点的延性有较大幅度的降低。这主要是因为较大的主管轴压比使得相贯处主管提早进入了局部屈曲。

从表 10-16 可以看出，节点的初始刚度随着主管轴压比的增加而降低。相比标准模型 NGH-0.4，轴压比为 0.2 时，节点的初始刚度增大 1.73%；轴压比为 0.6 时，节点的初始刚度降低 1.76%；轴压比为 0.8 时，节点的初始刚度降低 3.58%；根据欧洲规范，四个模型中节点均为半刚性节点。

综上所述，可以得出以下结论：在其他参数相同的情况下，增加内隔环加强型相贯节点的轴压比会降低节点在整个加载过程中的转动刚度；并且，节点的初始刚度随轴压比的减小而降低的幅度较小，而节点的延性降低的幅度则较大。

10.6.4　轴压比对内套筒加强型节点转动刚度的影响

内套筒加强型相贯节点在主管的轴压比分别为 0.2、0.4、0.6、0.8 时节点的弯矩—转角曲线对比见图 10-34，NTT 不同参数时节点的初始刚度及刚度判定见表 10-17。

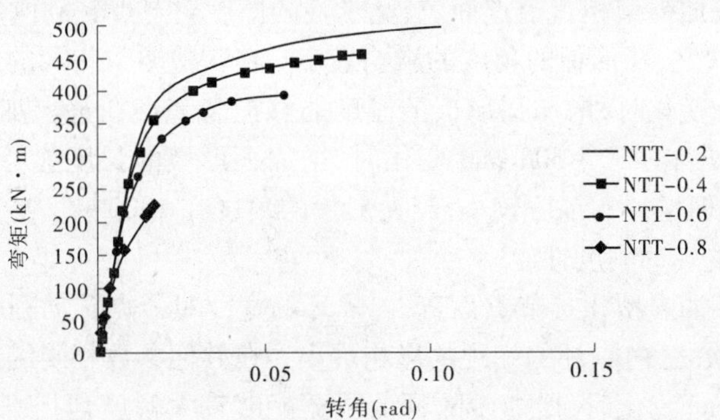

图10-34　NTT不同参数时节点的弯矩—转角曲线对比

表10-17　NTT不同参数时节点的初始刚度及刚度判定

模型编号	初始刚度 $S_{j,ini}$ (N·mm/rad)	欧洲规范节点刚度判定界限		节点刚度判定	相比NTT－0.4 $S_{j,ini}$的增加程度
		$25EI_b/L_b$	$8EI_b/L_b$		
NTT－0.2	3.200E＋10	7.373E＋10	4.608E＋09	半刚性	1.62%
NTT－0.4	3.149E＋10	7.373E＋10	4.608E＋09	半刚性	—
NTT－0.6	3.085E＋10	7.373E＋10	4.608E＋09	半刚性	－2.03%
NTT－0.8	3.0192E＋10	7.373E＋10	4.608E＋09	半刚性	－4.12%

从图10-34可以看出，随着主管轴压比的增大，节点的弯矩—转角曲线随之向右下方有较大幅度的移动；也就是说，节点在整个加载过程中的转动刚度随着主管轴压比的增大而降低。此外，与瓦形板加强型相似，轴压比为0.4和0.6时，节点的承载力和延性虽有所下降，但是下降的幅度不是很大；而轴压比为0.8时，节点的承载力和延性较轴压比为0.6和0.4时下降的较大，这主要是因为在轴压比不是很大的情况下，内套筒的加强作用显著，当轴压比较大时，内套筒加强区域之外可能先达到屈服。

从表10-17可以看出，节点的初始刚度随着主管轴压比的增加而降低。相比标准模型NTT－0.4，轴压比为0.2时，节点的初始刚度增大1.62%；轴压比为0.6时，节点的初始刚度降低2.03%；轴压比为0.8时，节点的初始刚度降低4.12%；根据欧洲规范，四个模型中节点均为半刚性节点。

综上所述，可以得出以下结论：在其他参数相同的情况下，增加内套筒加强型相贯节点的轴压比会降低节点在整个加载过程中的转动刚度；并且，节点的初始刚度随轴压比的减小而降低的幅度较小，而节点的延性降低的幅度则较大。

10.7　本章小结

本章通过ANSYS有限元程序对人字柱与横撑相贯节点的转动刚度进行数值分析，考察了瓦形板、内隔环、内套筒三种加强方式对节点转动刚度的影响，主要结论如下：

(1)对于瓦形板加强型相贯节点而言,瓦形板的厚度对节点转动刚度的影响最大,瓦形板的长度的影响次之,瓦形板的角度的影响最小。在其他参数相同的情况下,当瓦形板的厚度在 6 ~ 12 mm 变化时,增加瓦形板的厚度能够提高节点在整个加载过程中的转动刚度;当瓦形板的长度在 450 ~ 600 mm 变化时,增加瓦形板的长度能够提高节点在弹塑性阶段的转动刚度,但增加的幅度较小;当瓦形板的角度在 180° ~ 220°变化时,瓦形板的角度不能改变节点的转动刚度性能。

(2)对于内隔环加强型相贯节点而言,内隔环的宽度对节点转动刚度的影响最大,内隔环的厚度的影响次之,内隔环的间距的影响最小。在其他参数相同的情况下,当内隔环的宽度在 32 ~ 142 mm 变化时,增加内隔环的环宽能够较大幅度地提高节点在整个加载过程中的转动刚度;当内隔环的厚度在 6 ~ 12 mm 变化时,增加内隔环的厚度能够较小幅度地提高节点在整个加载过程中的转动刚度;当内隔环的间距在 180 ~ 420 mm 变化时,增加内隔环的间距能够较小幅度地提高节点在整个加载过程中的转动刚度,但是增加到一定程度后,初始转动刚度便不再增加。

(3)对于内套筒加强型相贯节点而言,内套筒的厚度对节点转动刚度的影响最大;内套筒的长度的影响次之。在其他参数相同的情况下,当内套筒的厚度在 6 ~ 12 mm 变化时,增加内套筒的厚度能够较小幅度地提高节点在整个加载过程中的转动刚度;当内套筒的长度在 225 ~ 300 mm 变化时,增加内套筒的长度,节点在整个加载过程中的转动刚度无明显变化。

(4)对于无加强型、瓦形板加强型、内隔环加强型、内套筒加强型四种节点模型,当主管的轴压比依次设定为 0.2、0.4、0.6、0.8 时,不同轴压比对不同节点转动刚度性能的影响相似。在其他参数相同的情况下,增加节点主管的轴压比会降低节点在整个加载过程中的转动刚度,且节点的初始刚度随轴压比的减小而降低的幅度较小。

第 11 章　人字柱主管与横撑相贯节点承载力数值分析

本章通过 ANSYS 有限元程序对人字柱与横撑相贯节点的承载力进行数值分析，考察了三种加强方式对节点承载力的影响，并研究了瓦形板加强型相贯节点的瓦形板厚度、长度和弧度等参数对各自节点承载力的影响；研究了内隔环加强型相贯节点的内隔环厚度、宽度和间距等参数对各自节点承载力的影响；研究了内套筒加强型相贯节点的内套筒厚度和长度等参数对各自节点承载力的影响。所有分析的模型参数均与第 11 章中的模型参数完全一致。

11.1　有限元模型的建立

采用 ANSYS 有限元软件对节点进行分析，有限元模型及网格划分见图 11-1。

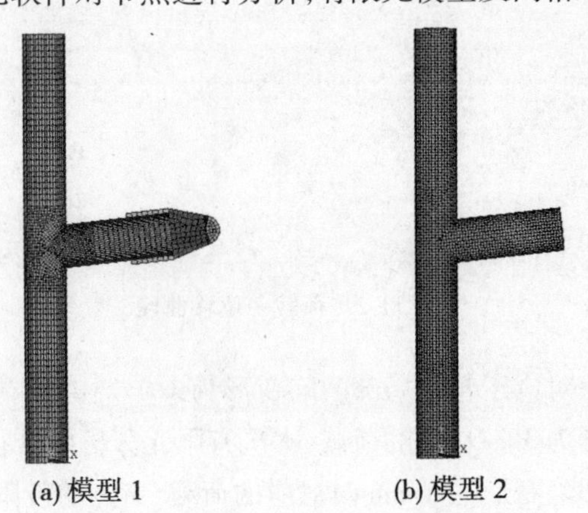

(a) 模型 1　(b) 模型 2

图 11-1　有限元模型及网格划分

模型 1 采用 Shell181 壳单元，单元由 8 个节点构成，每个节点有 x、y、z 三个方向的平动自由度，该单元具有塑性、蠕变、膨胀、应力强化、大变形和大应变的特征。

模型 2 采用 BEAM188 三维线性梁单元，单元由 2 个节点组成，每个节点有 6 个自由度。用模型 2 模拟该节点，认为节点处刚接，不会产生局部变形，是一种理想的情况。

模型 1 由壳单元模拟，可以充分考虑节点区的局部变形，由模型 1 计算出的节点位移包括两部分：一部分为圆管本身的变形产生的位移，另一部分为节点区的局部变形产生的位移，模型 1 和第 6 章的壳单元模型完全一致。模型 2 由梁单元模拟，认为节点区为理想刚接情况，不存在局部变形的位移，因此由模型 2 计算出的节点位移只包括圆管本身的变形产生的位移。用模型 1 计算出的节点位移减去模型 2 计算出的节点位移，即为节点处的局部变形产生的位移。

11.2 相贯节点承载力的确定原则

确定极限荷载的准则是在 3% D_0 变形范围内出现极限荷载时，以该极限荷载作为节点的极限承载力；若无极限荷载，以变形达到 3% D_0 时的荷载作为节点的极限承载力（D_0 为主管的直径）。但节点的极限承载力不能作为节点正常使用极限状态的承载力，根据《钢规》及相关资料，通常取对应于管壁局部变形为 1% D_0 时的荷载作为节点正常使用极限状态的承载力，即节点的设计承载力。荷载—位移曲线见图 11-2。

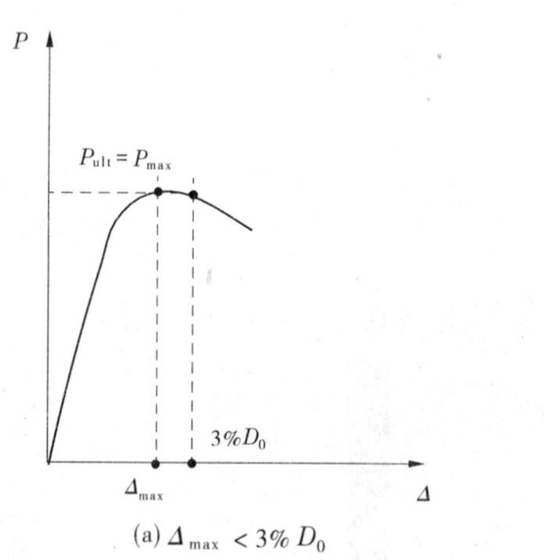

(a) $\Delta_{max} < 3\% D_0$

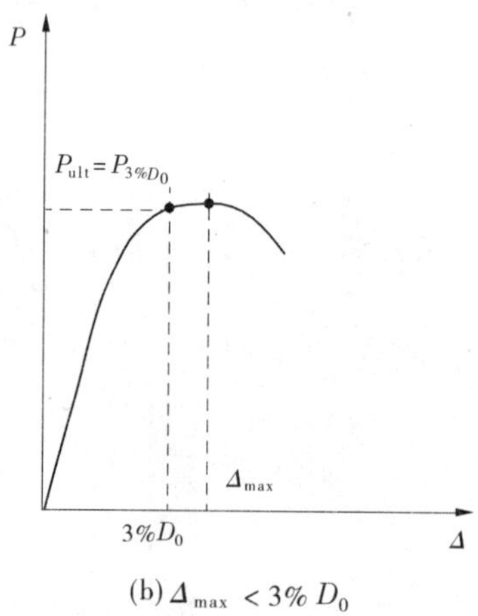

(b) $\Delta_{max} < 3\% D_0$

图 11-2 荷载—位移曲线

节点的设计承载力对应于管壁局部凹陷变形为 1% D_0 时的荷载，节点极限承载力对应于管壁局部凹陷变形为 3% D_0 时的荷载，本次有限元分析中管径 D_0 为 300 mm。因此，节点的设计承载力取凹陷变形为 3 mm 时对应的荷载，节点的极限承载力取凹陷变形为 9 mm 时对应的荷载。

11.3 瓦形板加强型相贯节点承载力数值分析

11.3.1 瓦形板厚度的改变对节点承载力的影响

瓦形板加强型相贯节点在瓦形板的厚度分别为 6 mm、8 mm、10 mm、12 mm 时节点的弯矩—凹陷值曲线对比见图 11-3，WXB－H 不同参数时节点的承载力判定见表 11-1。节点的设计承载力取凹陷变形为 3 mm 时对应的荷载，节点的极限承载力取凹陷变形为 9 mm 时对应的荷载。

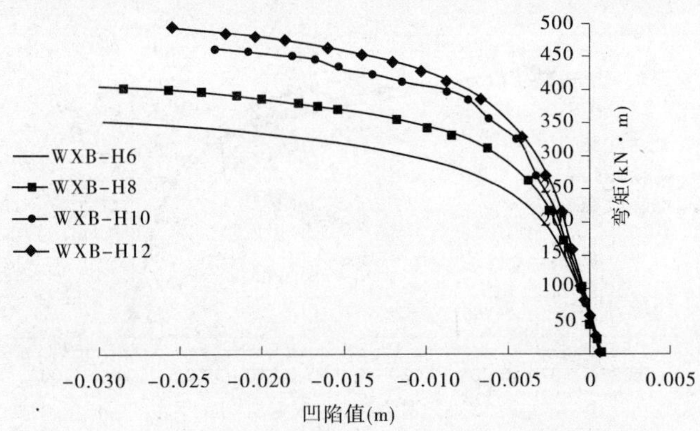

图 11-3　WXB－H 不同参数时节点的弯矩—凹陷值曲线对比

表 11-1　WXB－H 不同参数时节点的承载力判定

模型编号	节点的设计承载力（kN·m）	相比 WXB－H8 的增加程度	节点的极限承载力（kN·m）	相比 WXB－H8 的增加程度
WXB－H6	202.412	－14.37%	286.432	－14.33%
WXB－H8	236.373	—	334.337	—
WXB－H10	265.995	12.53%	376.401	12.58%
WXB－H12	286.399	21.16%	415.544	24.29%

从图 11-3 可以看出，随着瓦形板厚度的增加，节点的弯矩—凹陷值曲线随之向右上方移动，也就是说，节点在整个加载过程中的承载力随着瓦形板厚度的增加而增大。从表 11-1可以看出，节点的承载力随着瓦形板厚度的增加而增大，相比标准模型 WXB－H8，瓦形板的厚度为 6 mm 时，节点的设计承载力和极限承载力分别降低 14.37%、14.33%；瓦形板的厚度为 10 mm 时，节点的设计承载力和极限承载力分别增加 12.53%、12.58%；瓦形板的厚度为 12 mm 时，节点的设计承载力和极限承载力分别增加 21.16%、24.29%。节点的极限承载力的增加稍大于节点的设计承载力的增加。

综上所述，可以得出以下结论：在其他参数相同的情况下，增加瓦形板的厚度能够较大幅度地提高节点的承载力；并且，节点的极限承载力的增加稍大于节点的设计承载力的增加。

11.3.2　瓦形板长度的改变对节点承载力的影响

瓦形板加强型相贯节点在瓦形板的长度分别为 450 mm、500 mm、540 mm、600 mm 时节点的弯矩—凹陷值曲线对比见图 11-4，WXB－C 不同参数时节点的承载力判定见表 11-2。节点的设计承载力取凹陷变形为 3 mm 时对应的荷载；节点的极限承载力取凹陷变形为 9 mm 时对应的荷载。

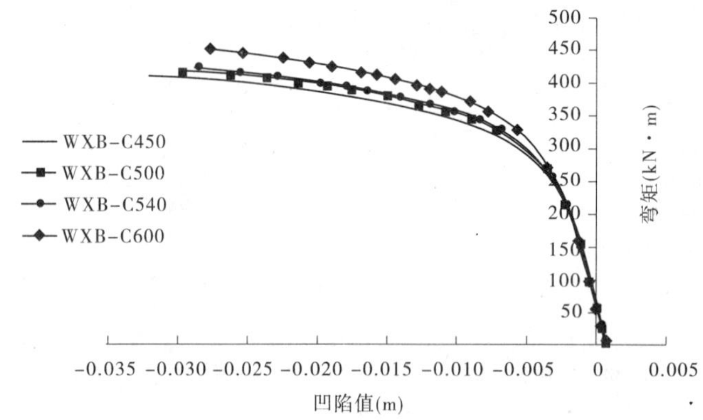

图 11-4　WXB－C 不同参数时节点的弯矩—凹陷值曲线对比

表 11-2　WXB－C 不同参数时节点的承载力判定

模型编号	节点的设计承载力(kN·m)	相比 WXB－C450 的增加程度	节点的极限承载力(kN·m)	相比 WXB－C450 的增加程度
WXB－C450	236.373	—	334.337	—
WXB－C500	243.223	2.90%	342.984	2.59%
WXB－C540	246.381	4.23%	347.028	3.80%
WXB－C600	246.885	4.45%	369.717	10.58%

从图 11-4 可以看出,随着瓦形板厚度的增加,节点的弯矩—凹陷值曲线随之向上方移动,也就是说,节点的承载力随着瓦形板长度的增加而增大。从表 11-2 可以看出,节点的设计承载力和极限承载力均随着瓦形板长度的增加而增大,相比标准模型 WXB－C450,当瓦形板的长度为 500 mm 时,节点的设计承载力和极限承载力分别增加 2.90%、2.59%;当瓦形板的长度为 540 mm 时,节点的设计承载力和极限承载力分别增加 4.23%、3.80%;当瓦形板的长度为 600 mm 时,节点的设计承载力和极限承载力分别增加 4.45%、10.58%。当瓦形板的长度为 600 mm 时,节点的设计承载力基本没有增加,而节点的极限承载力增加较多,这可能是由于随着瓦形板的长度的增加,板与管连接的部位远离节点区域,造成节点区域的板与管的紧密程度降低,因此节点的设计承载力没有增加,而当变形发展之后,节点区域的板与管紧密接触,相比节点的设计承载力,节点的极限承载力才有较大的增加。

综上所述,可以得出以下结论:在其他参数相同的情况下,在一定程度上增加瓦形板的长度能够提高节点的承载力;当瓦形板的长度过长时,节点的设计承载力就很难再增加,而节点的极限承载力仍可以有明显增加。

11.3.3　瓦形板角度的改变对节点承载力的影响

瓦形板加强型相贯节点在瓦形板的角度分别为 180°、200°、220°时节点的弯矩—凹陷值曲线对比见图 11-5,WXB－D 不同参数时节点的承载力判定见表 11-3。节点的设计承载力取凹陷变形为 3 mm 时对应的荷载,节点的极限承载力取凹陷变形为 9 mm 时对应的荷载。

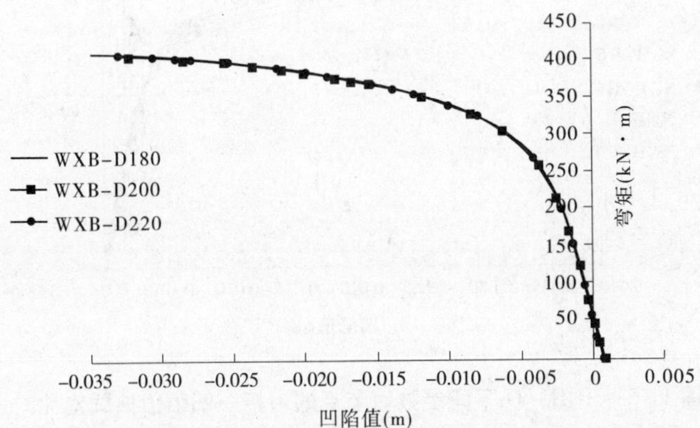

图 11-5　WXB－D 不同参数时节点的弯矩—凹陷值曲线对比

表 11-3　WXB－D 不同参数时节点的承载力判定

模型编号	节点的设计承载力(kN·m)	相比 WXB－D200 的增加程度	节点的极限承载力(kN·m)	相比 WXB－D200 的增加程度
WXB－D180	231.577	－2.03%	334.202	－0.04%
WXB－D200	236.373	—	334.337	—
WXB－D220	234.177	0.93%	334.714	0.11%

从图 11-5 可以看出,不同角度的瓦形板的节点的弯矩—凹陷值曲线弯曲完全重合,也就是说,节点的承载力与瓦形板的角度没有关系。从表 11-3 可以看出,节点的承载力随着瓦形板角度的变化稍有变化,相比标准模型 WXB－D200,当瓦形板的角度为 180°时,节点的设计承载力和极限承载力分别降低 2.03%、0.04%;当瓦形板的角度为 220°时,节点的设计承载力和极限承载力分别增加 0.93%、0.11%。

综上所述,可以得出以下结论:在其他参数相同的情况下,瓦形板的角度对节点的承载力无影响,无论增加或减小瓦形板的角度,节点的设计承载力和极限承载力的变化幅度均较小,均未超过 3%。

11.4　内隔环加强型相贯节点承载力数值分析

11.4.1　内隔环厚度的改变对节点承载力的影响

内隔环加强型相贯节点在内隔环的厚度分别为 6 mm、8 mm、10 mm、12 mm 时节点的弯矩—凹陷值曲线对比见图 11-6,NGH－H 不同参数时节点的承载力判定见表 11-4。节点的设计承载力取凹陷变形为 3 mm 时对应的荷载,节点的极限承载力取凹陷变形为 9 mm 时对应的荷载。

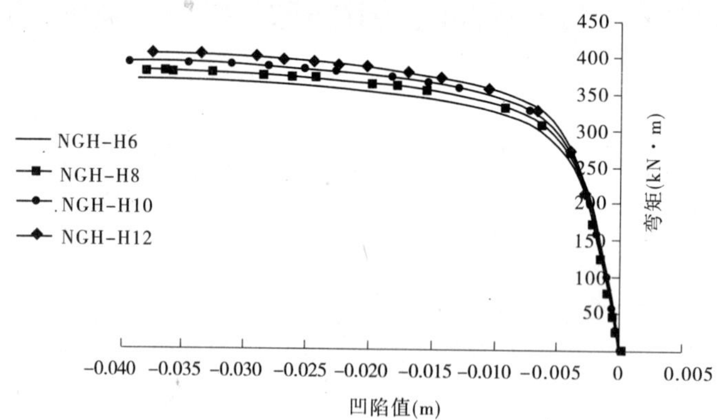

图 11-6　NGH – H 不同参数时节点的弯矩—凹陷值曲线对比

表 11-4　NGH – H 不同参数时节点的承载力判定

模型编号	节点的设计承载力（kN · m）	相比 NGH – H8 的增加程度	节点的极限承载力（kN · m）	相比 NGH – H8 的增加程度
NGH – H6	213.333	-3.07%	317.233	-3.61%
NGH – H8	220.086	—	329.123	—
NGH – H10	225.408	2.42%	336.396	2.21%
NGH – H12	231.767	5.31%	346.598	5.31%

从图 11-6 可以看出,随着内隔环厚度的增加,节点的弯矩—凹陷值曲线随之向上方移动;也就是说,节点的承载力随着内隔环厚度的增加而增大。从表 11-4 可以看出,节点的设计承载力和极限承载力均随着内隔环厚度的增加而增大,相比标准模型 NGH – H8,当内隔环的厚度为 6 mm 时,节点的设计承载力和极限承载力分别降低 3.07%、3.61%;当内隔环的厚度为 10 mm 时,节点的设计承载力和极限承载力分别增大 2.42%、2.21%;当内隔环的厚度为 12 mm 时,节点的设计承载力和极限承载力均增大 5.31%。

综上所述,可以得出以下结论:在其他参数相同的情况下,增加内隔环的厚度能够较小幅度地提高节点的承载力。

11.4.2　内隔环宽度的改变对节点承载力的影响

内隔环加强型相贯节点在内隔环的宽度分别为 32 mm、48 mm、64 mm、80 mm、142 mm 时节点的弯矩—凹陷值曲线对比见图 11-7,NGH – K 不同参数时节点的承载力判定见表 11-5。节点的设计承载力取凹陷变形为 3 mm 时对应的荷载,节点的极限承载力取凹陷变形为 9 mm 时对应的荷载。

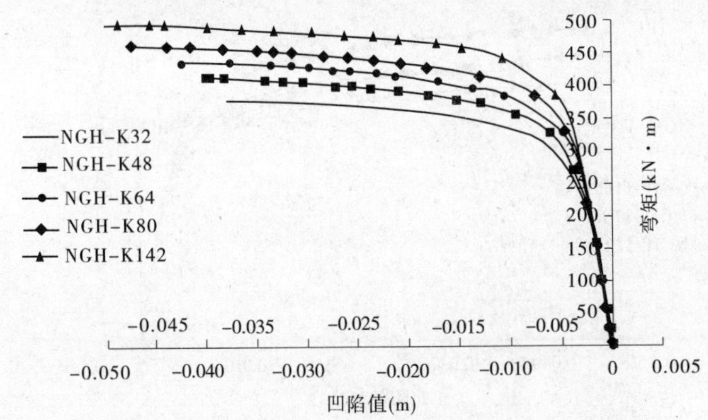

图 11-7　NGH－K 不同参数时节点的弯矩—凹陷值曲线对比

表 11-5　NGH－K 不同参数时节点的承载力判定

模型编号	节点的设计承载力（kN·m）	相比 NGH－K32 的增加程度	节点的极限承载力（kN·m）	相比 NGH－K32 的增加程度
NGH－K32	220.086	—	329.123	—
NGH－K48	238.390	8.32%	352.650	7.15%
NGH－K64	257.439	16.97%	370.239	12.49%
NGH－K80	272.894	23.99%	393.677	19.61%
NGH－K142	283.060	28.61%	423.576	28.70%

从图 11-7 可以看出，随着内隔环宽度的增加，节点的弯矩—凹陷值曲线随之向上方有较大的移动；也就是说，节点的承载力随着内隔环宽度的增加而有较大的增大。从表 11-5可以看出，节点的设计承载力和极限承载力均随着内隔环宽度的增加而增大，相比标准模型 NGH－K32，当内隔环的宽度为 48 mm 时，节点的设计承载力和极限承载力分别增大 8.32%、7.15%；当内隔环的宽度为 64 mm 时，节点的设计承载力和极限承载力分别增大 16.97%、12.49%；当内隔环的宽度为 80 mm 时，节点的设计承载力和极限承载力分别增大 23.99%、19.61%；当内隔环的宽度为 142 mm 即为满环时，节点的设计承载力和极限承载力分别增大 28.61%、28.70%。

综上所述，可以得出以下结论：在其他参数相同的情况下，增加内隔环的宽度能够较大幅度地提高节点的承载力。

11.4.3　内隔环间距的改变对节点承载力的影响

内隔环加强型相贯节点在内隔环的间距（上下内隔环板距离人字柱轴线与横撑轴线交点的距离）分别为 105（上）/75（下）、135（上）/105（下）、165（上）/135（下）、195（上）/165（下）、225（上）/195（下）时节点的弯矩—凹陷值曲线对比见图 11-8，NGH－J 不同参数时节点的承载力判定见表 11-6。节点的设计承载力取凹陷变形为 3 mm 时对应的荷载，节点的极限承载力取凹陷变形为 9 mm 时对应的荷载。

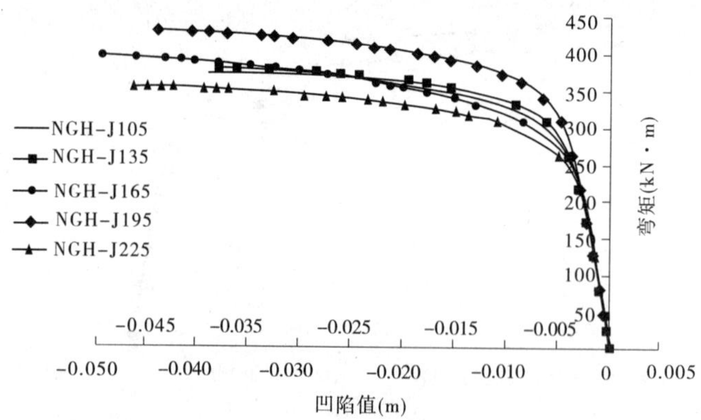

图 11-8　NGH－J 不同参数时节点的弯矩—凹陷值曲线对比

表 11-6　NGH－J 不同参数时节点的承载力判定

模型编号	节点的设计承载力(kN·m)	相比 NGH－J135 的增加程度	节点的极限承载力(kN·m)	相比 NGH－J135 的增加程度
NGH－J105	216.879	－1.46%	319.981	－2.78%
NGH－J135	220.086	—	329.123	—
NGH－J165	226.953	3.12%	362.591	10.17%
NGH－J195	211.610	－3.85%	318.506	－3.23%
NGH－J225	209.693	－4.72%	307.483	－6.58%

从图 11-8 可以看出,与标准模型 NGH－J135 相比,随着内隔环间距的减小,节点的弯矩—凹陷值曲线基本没有移动;随着内隔环间距的增大,节点的弯矩—凹陷值曲线先是向上方有较大的移动,之后当内隔环移出相贯区域时,曲线随内隔环间距的增大而向左下方移动。从表 11-6 可以看出,相比标准模型 NGH－J135,当内隔环的上间距为 105 mm 时,节点的设计承载力和极限承载力分别降低 1.46%、2.78%;当内隔环的上间距为 165 mm 时,节点的设计承载力和极限承载力分别增大 3.12%、10.17%;当内隔环的上间距为 195 mm 时,节点的设计承载力和极限承载力分别降低 3.85%、3.23%;当内隔环的上间距为 225 mm 时,节点的设计承载力和极限承载力分别降低 4.27%、6.58%。

综上所述,可以得出以下结论:在其他参数相同的情况下,当内隔环在相贯区域内时,增加内隔环的间距能够提高节点的承载力;而当内隔环的间距增大到相贯区域外时,增加内隔环的间距使节点的承载力降低。

11.5　内套筒加强型相贯节点承载力数值分析

11.5.1　内套筒厚度的改变对节点承载力的影响

内套筒加强型相贯节点在内套筒的厚度分别为 6 mm、8 mm、10 mm、12 mm 时节点的

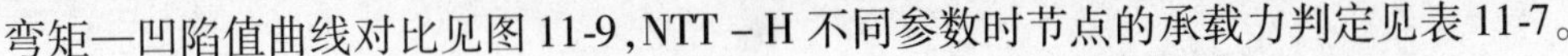

弯矩—凹陷值曲线对比见图 11-9，NTT－H 不同参数时节点的承载力判定见表 11-7。

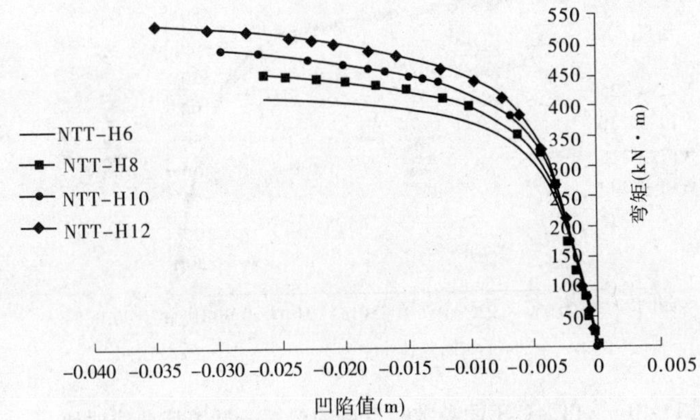

图 11-9　NTT－H 不同参数时节点的弯矩—凹陷值曲线对比

表 11-7　NTT－H 不同参数时节点的承载力判定

模型编号	节点的设计承载力（kN · m）	相比 NTT－H8 的增加程度	节点的极限承载力（kN · m）	相比 NTT－H8 的增加程度
NTT－H6	226.051	－4.58%	366.235	－5.70%
NTT－H8	236.899	—	388.353	—
NTT－H10	247.896	4.64%	406.188	4.59%
NTT－H12	260.661	10.03%	434.661	11.92%

从图 11-9 可以看出，随着内套筒厚度的增加，在弹性阶段内，节点的弯矩—凹陷值曲线基本重合；在弹塑性阶段内，节点的弯矩—凹陷值曲线随之向上方移动；也就是说，在弹性阶段内，节点在整个加载过程中的承载力随着内隔环厚度的增加无明显变化，进入弹塑性阶段时，这一阶段内节点的承载力增加较明显。从表 11-7 可以看出，节点的设计承载力和极限承载力均随着内套筒厚度的增加而增大，相比标准模型 NTT－H8，内套筒厚度为 6 mm 时，节点的设计承载力和极限承载力分别降低 4.58%、5.70%；内套筒厚度为 10 mm 时，节点的设计承载力和极限承载力分别增加 4.64%、4.59%；内套筒厚度为 12 mm 时，节点的设计承载力和极限承载力分别增加 10.03%、11.92%。

综上所述，可以得出以下结论：在其他参数相同的情况下，增加内套筒的厚度能够较大幅度地提高节点的承载力；并且，在内套筒厚度与主管厚度相同的情况下，增加或减小内套筒相同厚度，节点的设计承载力和极限承载力增大或降低的程度相当。

11.5.2　内套筒长度改变对节点承载力的影响

内套筒加强型相贯节点在内套筒的长度分别为 225 mm、250 mm、275 mm、300 mm 时节点的弯矩—凹陷值曲线对比见图 11-10，NTT－C 不同参数时节点的承载力判定见表 11-8。

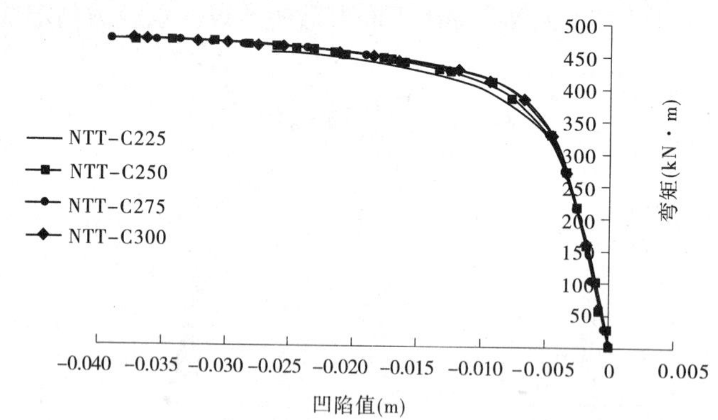

图 11-10　NTT－C 不同参数时节点的弯矩—凹陷值曲线对比

表 11-8　NTT－C 不同参数时节点的承载力判定

模型编号	节点的设计承载力（kN·m）	相比 NTT－C225 的增加程度	节点的极限承载力（kN·m）	相比 NTT－C225 的增加程度
NTT－C225	236.899	—	388.353	—
NTT－C250	241.449	1.92%	397.343	2.31%
NTT－C275	246.261	3.95%	403.784	3.97%
NTT－C300	250.650	5.80%	411.513	5.96%

从图 11-10 可以看出，随着内套筒长度的增加，四个模型的曲线基本重合；也就是说，节点在整个加载过程中的承载力随着内套筒长度的增加无明显变化。从表 11-8 可以看出，节点的设计承载力和极限承载力均随着内套筒长度的增加而增大，相比标准模型 NTT－C225，内套筒的长度为 250 mm 时，节点的设计承载力和极限承载力分别增加 1.92%、2.31%；内套筒的长度为 275 mm 时，节点的设计承载力和极限承载力分别增加 3.95%、3.97%；内套筒的长度为 300 mm 时，节点的设计承载力和极限承载力分别增加 5.80%、5.96%。

综上所述，可以得出以下结论：在其他参数相同的情况下，增加内套筒的长度，节点在整个加载过程中的承载力无明显变化；并且，随着内套筒长度的增加，节点的设计承载力和极限承载力增大的幅度均相当。

11.6　轴压比对相贯节点承载力影响的数值分析

11.6.1　轴压比对无加强节点承载力的影响

无加强型相贯节点在主管的轴压比分别为 0.2、0.4、0.6、0.8 时节点的弯矩—凹陷值曲线对比见图 11-11，WJQ 不同参数时节点的承载力判定见表 11-9。

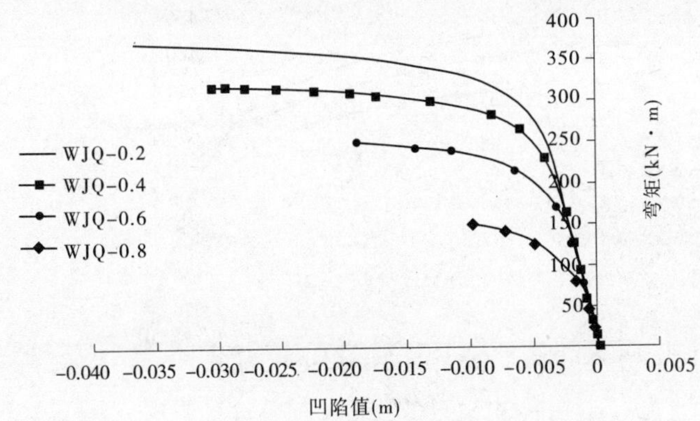

图 11-11　WJQ 不同参数时节点的弯矩—凹陷值曲线对比

表 11-9　WJQ 不同参数时节点的承载力判定

模型编号	节点的设计承载力（kN·m）	相比 WJQ－0.4 的增加程度	节点的极限承载力（kN·m）	相比 WJQ－0.4 的增加程度
WJQ－0.2	199.513	4.73%	319.595	12.27%
WJQ－0.4	190.494	—	284.678	—
WJQ－0.6	164.612	－13.59%	228.766	－19.64%
WJQ－0.8	101.609	－46.66%	147.313	－48.25%

从图 11-11 可以看出，随着轴压比的增加，节点的弯矩—凹陷值曲线随之向下方移动；也就是说，节点在整个加载过程中的承载力随着轴压比的增加明显降低。从表 11-9 可以看出，节点的设计承载力和极限承载力均随着轴压比的增加而降低，相比标准模型 WJQ－0.4，轴压比为 0.2 时，节点的设计承载力和极限承载力分别增加 4.73%、12.27%；轴压比为 0.6 时，节点的设计承载力和极限承载力分别降低 13.59%、19.64%；轴压比为 0.8 时，节点的设计承载力和极限承载力分别降低 46.66%、48.25%。

综上所述，可以得出以下结论：在其他参数相同的情况下，只增加节点主管的轴压比，节点在整个加载过程中的承载力有较大程度的降低；并且，节点的极限承载力降低的程度较设计承载力降低的程度大。

11.6.2　轴压比对瓦形板加强型节点承载力的影响

瓦形板加强型相贯节点在主管的轴压比分别为 0.2、0.4、0.6、0.8 时节点的弯矩—凹陷值曲线对比见图 11-12，WXB 不同参数时节点的承载力判定见表 11-10。

从图 11-12 可以看出，随着轴压比的增加，节点的弯矩—凹陷值曲线随之向下方移动；也就是说，节点在整个加载过程中的承载力随着轴压比的增加明显降低，另外在竖向荷载施加前主管由于轴压比的增大已经出现明显的凹陷变形。从表 11-10 可以看出，节点的设计承载力和极限承载力均随着轴压比的增加而降低，相比标准模型 WXB－0.4，轴压比为 0.2 时节点的设计承载力和极限承载力分别增加 0.86%、7.17%；轴压比为 0.6 时，节点的设计承载力和极限承载力分别降低 9.44%、11.60%；轴压比为 0.8 时，节点的设计承载力和极限承载力分别降低 38.29%、39.66%。

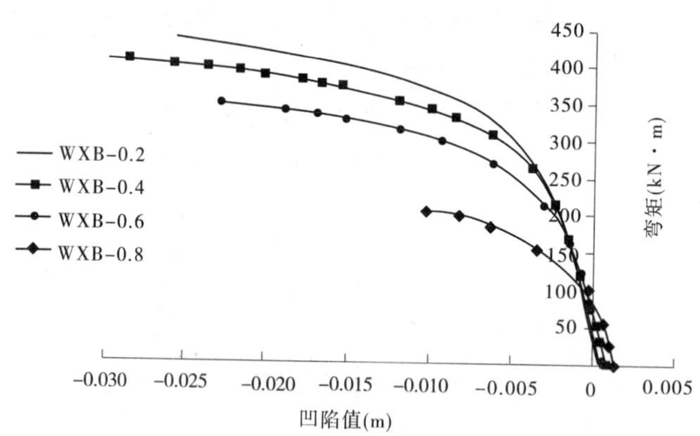

图 11-12　WXB 不同参数时节点的弯矩—凹陷值曲线对比

表 11-10　WXB 不同参数时节点的承载力判定

模型编号	节点的设计承载力（kN · m）	相比 WXB - 0.4 的增加程度	节点的极限承载力（kN · m）	相比 WXB - 0.4 的增加程度
WXB - 0.2	238.394	0.86%	358.310	7.17%
WXB - 0.4	236.373	—	334.337	—
WXB - 0.6	214.052	-9.44%	295.559	-11.60%
WXB - 0.8	145.854	-38.29%	201.748	-39.66%

综上所述，可以得出以下结论：在其他参数相同的情况下，只增加瓦形板加强型节点主管的轴压比，节点在整个加载过程中的承载力有较大程度的降低；并且节点的极限承载力降低的程度与设计承载力降低的程度相当。

11.6.3　轴压比对内隔环加强型节点承载力的影响

内隔环加强型相贯节点在主管的轴压比分别为 0.2、0.4、0.6、0.8 时节点的弯矩—凹陷值曲线对比见图 11-13，NGH 不同参数时节点的承载力判定见表 11-11。

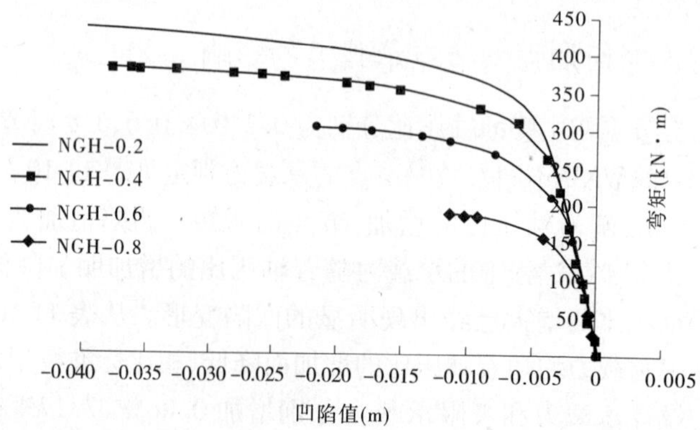

图 11-13　NGH 不同参数时节点的弯矩—凹陷值曲线对比

表 11-11　NGH 不同参数时节点的承载力判定

模型编号	节点的设计承载力（kN · m）	相比 NGH - 0.4 的增加程度	节点的极限承载力（kN · m）	相比 NGH - 0.4 的增加程度
NGH - 0.2	227.579	3.40%	364.268	10.68%
NGH - 0.4	220.086	—	329.123	—
NGH - 0.6	193.443	-12.11%	274.530	-16.59%
NGH - 0.8	130.653	-40.64%	184.489	-43.95%

从图 11-13 可以看出，随着轴压比的增加，节点的弯矩—凹陷值曲线随之向下方移动；也就是说，节点的承载力随着轴压比的增加明显降低。从表 11-11 可以看出，节点的设计承载力和极限承载力均随着轴压比的增加而降低，相比标准模型 NGH - 0.4，轴压比为 0.2 时，节点的设计承载力和极限承载力分别增加 3.40%、10.68%；轴压比为 0.6 时，节点的设计承载力和极限承载力分别降低 12.11%、16.59%；轴压比为 0.8 时，节点的设计承载力和极限承载力分别降低 40.64%、43.95%。

综上所述，可以得出以下结论：在其他参数相同的情况下，只增加内隔环加强型节点主管的轴压比，节点在整个加载过程中的承载力有较大程度的降低；并且，节点的极限承载力降低的程度较设计承载力降低的程度大。

11.6.4　轴压比对内套筒加强型节点承载力的影响

内套筒加强型相贯节点在主管的轴压比分别为 0.2、0.4、0.6、0.8 时节点的弯矩—凹陷值曲线对比见图 11-14，NTT 不同参数时节点的承载力判定见表 11-12。

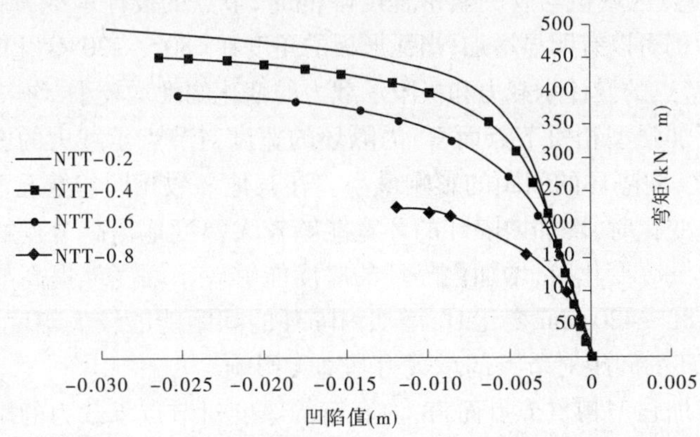

图 11-14　NTT 不同参数时节点的弯矩—凹陷值曲线对比

从图 11-14 可以看出，随着轴压比的增加，节点的弯矩—凹陷值曲线随之向左下方移动；也就是说，节点的承载力随着轴压比的增加明显降低。从表 11-12 可以看出，节点的设计承载力和极限承载力均随着轴压比的增加而降低，相比标准模型 NTT - 0.4，轴压比为 0.2 时，节点的设计承载力和极限承载力分别增加 4.44%、8.62%；轴压比为 0.6 时，节点的设计承载力和极限承载力分别降低 12.68%、14.22%；轴压比为 0.8 时，节点的设计承载力和极限承载力分别降低 42.96%、44.48%。

表 11-12　NTT 不同参数时节点的承载力判定

模型编号	节点的设计承载力（kN · m）	相比 NTT－0.4 的增加程度	节点的极限承载力（kN · m）	相比 NTT－0.4 的增加程度
NTT－0.2	247.420	4.44%	421.848	8.62%
NTT－0.4	236.899	—	388.353	—
NTT－0.6	206.863	－12.68%	333.139	－14.22%
NTT－0.8	135.132	－42.96%	215.621	－44.48%

综上所述，可以得出以下结论：在其他参数相同的情况下，只增加内套筒加强型节点主管的轴压比，节点在整个加载过程中的承载力有较大程度的降低；并且，节点的极限承载力降低的程度较设计承载力降低的程度大。

11.7　本章小结

本章通过 ANSYS 有限元程序对人字柱与横撑相贯节点的承载力进行数值分析，研究了瓦形板、内隔环、内套筒三种加强方式对节点承载力的影响，主要结论如下：

（1）对于瓦形板加强型相贯节点而言，瓦形板的厚度对节点承载力的影响最大，瓦形板的长度的影响次之，瓦形板的角度的影响最小。在其他参数相同的情况下，当瓦形板的厚度在 6～12 mm 变化时，增加瓦形板的厚度能够较大幅度地提高节点的承载力；当瓦形板的长度在 450～600 mm 变化时，增加瓦形板的长度能够提高节点的承载力；当瓦形板的长度过长而导致节点区域板与管的紧密程度降低时，节点的设计承载力就很难再增加，而节点的极限承载力仍可以有明显增加；当瓦形板的角度在 180°～220°变化时，不论增加或减小瓦形板的角度，节点的设计承载力和极限承载力的变化幅度均较小，均未超过 3%。

（2）对于内隔环加强型相贯节点而言，内隔环的宽度对节点承载力的影响最大，内隔环的厚度的影响次之，内隔环的间距的影响最小。在其他参数相同的情况下，当内隔环的宽度在 32～142 mm 变化时，增加内隔环的环宽能够较大幅度地提高节点的承载力；当内隔环的厚度在 6～12 mm 变化时，增加内隔环的厚度能够较小幅度地提高节点的承载力；当内隔环的间距在 180～420 mm 变化时，增加内隔环的间距能够较大幅度地提高节点的承载力；而减小内隔环的间距对节点的承载力基本无影响。

（3）对于内套筒加强型相贯节点而言，内套筒的厚度对节点承载力的影响最大；内套筒的长度的影响次之。在其他参数相同的情况下，当内套筒的厚度在 6～12 mm 变化时，增加内套筒的厚度能够较大幅度地提高节点的承载力；当内套筒的长度在 225～300 mm 变化时，增加内套筒的长度，节点在整个加载过程中的承载力无明显变化。

（4）对于无加强型、瓦形板加强型、内隔环加强型、内套筒加强型四种节点模型，主管的轴压比依次设定为 0.2、0.4、0.6、0.8 时，不同轴压比对不同节点承载力的影响相似。在其他参数相同的情况下，只增加节点主管的轴压比，节点在整个加载过程中的承载力有较大幅度的降低；并且，节点的极限承载力降低的幅度较设计承载力的大。

第 12 章　结论及建议

12.1 结　论

Q690 高强钢在发达国家诸多领域中已有广泛的应用，但在我国，Q690 钢的应用规模、应用范围、设计制造水平与发达国家相比存在较大的差距，尤其在电力行业方面，Q690 高强钢的应用尚处于起步阶段。在变电构架中应用 Q690 高强钢虽从概念上讲具有较好的优越性，但由于国家对 Q690 钢构件在工程设计中存在的具体问题尚未出台理论指导依据，参建各方对高强钢在变电构架中的应用所涉及的关键问题都不能准确把握，高强钢的应用举步不前。为此，前文从七个方面入手，以理论分析为基础，结合试验及数值分析，对这些关键问题进行了深入细致的研究，取得了丰富的研究成果。

12.1.1　Q690 高强钢管截面残余应力分布试验研究及数值分析

通过对 $\phi 250\times 8$、$\phi 300\times 8$、$\phi 350\times 8$ 三种截面形式的 Q690 高强钢管的纵向残余应力分布的试验研究及数值分析，结论如下：

(1) 得出了黑件钢管、镀锌件钢管的纵向残余应力分布图，经比较 Q690 高强钢管(黑件)的纵向残余应力分布与普通钢材的基本相同。

(2) Q690 高强钢管的纵向残余拉应力集中在焊缝及邻近区域，应力梯度大，峰值拉应力已达到钢材的屈服强度；残余压应力峰值较小，最大仅为钢材屈服强度的 14.80%，而普通钢材为 27% ~35%，可见，Q690 高强钢管截面的纵向残余压应力与其屈服强度之比要明显小于普通钢材。

(3) 通过对黑件钢管和镀锌件钢管的残余应力测试结果比较可看出，镀锌件钢管的残余应力峰值较黑件钢管的小 30.00% 到 38.79% 不等，镀锌有助于降低钢管的残余应力峰值。

(4) 通过对不同管径及不同壁厚模型的数值分析，可以看出对钢管的纵向残余压应力的影响情况。管径不变，壁厚越大，纵向残余压应力的峰值越大；壁厚不变，管径越大，纵向残余压应力的峰值越小；但峰值的变化均不明显。

(5) 数值分析得到的纵向残余应力分布简化图与实测结果得到的基本相同。

12.1.2　Q690 高强钢管轴心受压稳定系数研究

采用 Matlab 软件编写了“逆算单元长度法”的计算程序，通过计算直径为 140 mm、180 mm 的 Q690 钢管轴心受压杆件的稳定系数，并与相关规范及试验结果进行了比较，主要结论如下：

(1) 对比分析表明，采用“逆算单元长度法”计算 Q690 高强钢轴心受压钢管的稳定系数是可行的。

（2）通过对比分析 Q690 轴心受压钢管有无残余应力的稳定系数可知，残余应力对稳定系数的影响较小。

（3）得到了 Q690 高强钢管轴压稳定系数的计算公式及稳定系数表，其值明显高于目前设计规范的取值，工程设计时可参考使用。

12.1.3　Q690 高强钢管轴心受压承载力试验研究及数值分析

通过对 $\phi 250 \times 8$、$\phi 300 \times 8$、$\phi 350 \times 8$ 三种截面形式不同长细比的 Q690 钢管进行轴压承载力性能试验研究及数值分析，结论如下：

（1）所有试件均为整体失稳，破坏前弯曲变形不明显，失稳破坏发生瞬时突然，随后试件的轴压承载力急剧下降。

（2）通过轴压临界承载力对比分析发现，所有试件的试验实测结果均比《塔规》和美国《杆规》中轴压承载力公式的计算值大，且随着长细比的增加，差值越大，美国《杆规》中公式计算值接近试验实测值，而《塔规》中公式计算值相对偏小。

（3）《塔规》中稳定承载力考虑残余应力和不考虑残余应力的计算结果相差 3.4% ~ 4.2%，残余应力的影响较小。

（4）对长细比为 60 和 45 的构件引入了不同的缺陷，数值分析表明，整体几何缺陷对 Q690 钢管轴压承载力的影响最大，残余应力的影响次之，局部几何缺陷的影响最小。

（5）参数分析表明：①当长细比在小于 35 的范围内变化时，试件的轴压临界承载力变化不大；当长细比大于 35 时，随着长细比的增大，试件的临界承载力下降趋势明显。数值分析得到的稳定系数均大于按“逆算单元长度法”计算的值，但总体差异较小，且随长细比的增大趋于一致，验证了“逆算单元长度法”的合理性。②当管径和长细比不变时，径厚比增大，轴压临界承载力降低，失稳后试件的承载力下降趋势平缓。③随着整体几何缺陷幅值的增大，试件的轴压临界承载力降低，近似呈线性比例关系，且失稳后试件的承载力下降趋势平缓。

12.1.4　Q690 高强钢管压弯承载力性能试验研究及数值分析

通过对 $\phi 250 \times 8$、$\phi 300 \times 8$、$\phi 350 \times 8$ 三种截面形式，长细比分别为 60、45、30 的 Q690 钢管进行压弯性能试验研究及数值分析，主要结论如下：

（1）所有压弯试件中，试件破坏之前实测的弯矩—轴向位移关系呈非线性，弯曲变形不明显；整体失稳破坏发生瞬时突然，随后试件的承载力急剧下降，而局部失稳破坏持续时间相对较长，随后试件的承载力下降趋势平缓。

（2）长细比减小，试件破坏模式由整体失稳过渡到局部失稳；随着轴压比的增大，试件的破坏状态由弹塑性过渡为弹性。

（3）参照《钢规》中压弯构件强度和整体稳定设计公式，对所有发生整体失稳的试件进行了验算，整体稳定设计公式的验算值大于强度设计公式的验算值，表明试件由整体失稳控制与试验现象和实测数据分析的结论吻合，验证了《钢规》中压弯构件强度和整体稳定设计公式用于指导 Q690 钢管压弯构件工程设计的可行性。

(4)参照《钢规》中强度设计公式、《塔规》和美国《杆规》中局部稳定设计公式,对所有发生局部失稳的试件进行验算。《塔规》中局部稳定设计公式的验算值最大,偏于安全,验证了《塔规》中压弯构件局部稳定设计公式用于指导 Q690 钢管压弯构件工程设计的可行性。

(5)数值分析表明:①初始残余应力和局部几何缺陷对试件的压弯性能的影响较小;②随着长细比的减小,试件破坏模式由整体失稳过渡到局部失稳,随着轴压比的增大,试件的破坏状态由塑性变为弹性;③在轴压比恒定的条件下,随着径厚比的增大,试件的抗弯承载力降低,且破坏后承载力的下降趋势更明显。另外,《钢规》中整体稳定设计公式和《塔规》中局部稳定设计公式的验算值明显大于《钢规》中强度设计公式和美国《杆规》中局部稳定设计公式的验算值,且《钢规》中整体稳定设计公式和《塔规》中局部稳定设计公式的验算结果存在交叉点(径厚比 50 附近),当径厚比大于交叉点时,局部失稳起控制作用,否则,整体失稳起控制作用。

12.1.5　人字柱主管与横撑相贯节点转动刚度试验研究及数值分析

对 Q690 人字柱主管与横撑相贯节点转动刚度进行了试验研究及数值分析,分析了瓦形板、内隔环、内套筒三种加强方式对节点转动刚度的影响,主要结论如下:

(1)内隔环型的加强节点在整个加载过程中的转动刚度最大,瓦形板型的加强节点和内套筒型的加强节点次之,无加强型的节点最小。

(2)对瓦形板加强型相贯节点而言,瓦形板的厚度对节点转动刚度的影响最大,瓦形板的长度的影响次之,瓦形板的角度的影响最小。在其他参数相同的情况下,当瓦形板的厚度在 6 ~ 12 mm 变化时,增加瓦形板的厚度能够提高节点在整个加载过程中的转动刚度;当瓦形板的长度在 450 ~ 600 mm 变化时,增加瓦形板的长度能够提高节点在弹塑性阶段的转动刚度,但增加的幅度较小;当瓦形板的角度在 180° ~ 220°变化时,瓦形板的角度不能改变节点的转动刚度性能。

(3)对内隔环加强型相贯节点而言,内隔环的宽度对节点转动刚度的影响最大,内隔环的厚度的影响次之,内隔环的间距的影响最小。在其他参数相同的情况下,当内隔环的宽度在 32 ~ 142 mm 变化时,增加内隔环的环宽能够较大幅度地提高节点在整个加载过程中的转动刚度;当内隔环的厚度在 6 ~ 12 mm 变化时,增加内隔环的厚度能够较小幅度地提高节点在整个加载过程中的转动刚度;当内隔环的间距在 180 ~ 420 mm 变化时,增加内隔环的间距能够较小幅度地提高节点在整个加载过程中的转动刚度,但是增加到一定程度后初始转动刚度便不再增加。

(4)对内套筒加强型相贯节点而言,内套筒的厚度对节点转动刚度的影响最大;内套筒的长度的影响次之。在其他参数相同的情况下,当内套筒的厚度在 6 ~ 12 mm 变化时,增加内套筒的厚度能够较小幅度地提高节点在整个加载过程中的转动刚度;当内套筒的长度在 225 ~ 300 mm 变化时,增加内套筒的长度,节点在整个加载过程中的转动刚度无明显变化。

(5)轴压比对无加强型和瓦板、内隔环、内套筒加强型四种节点模型的转动刚度的影响基本相似。在其他参数相同的情况下,增加节点主管的轴压比会降低节点在整个加载过程中的转动刚度,且节点的初始刚度随轴压比的减小而降低的幅度较小。

12.1.6　人字柱主管与横撑相贯节点承载力数值分析

对人字柱与横撑相贯节点的承载力进行了数值分析,研究了瓦形板、内隔环、内套筒三种加强方式对节点承载力的影响,主要结论如下:

(1)对瓦形板加强型相贯节点而言,瓦形板的厚度对节点承载力的影响最大,瓦形板的长度的影响次之,瓦形板的角度的影响最小。在其他参数相同的情况下,当瓦形板的厚度在 6 ~ 12 mm 变化时,增加瓦形板的厚度能够较大幅度地提高节点的承载力;当瓦形板的长度在 450 ~ 600 mm 变化时,增加瓦形板的长度能够提高节点的承载力;当瓦形板的长度过长而导致节点区域板与管的紧密程度降低时,节点的设计承载力就很难再增加,而节点的极限承载力仍可以有明显增加;瓦形板的角度在 180° ~ 220°变化时,不论增加或减小瓦形板的角度,节点的设计承载力和极限承载力的变化幅度均较小,均未超过 3%。

(2)对内隔环加强型相贯节点而言,内隔环的环宽对节点承载力的影响最大,内隔环的厚度的影响次之,内隔环的间距的影响最小。在其他参数相同的情况下,当内隔环的宽度在 32 ~ 142 mm 变化时,增加内隔环的环宽能够较大幅度地提高节点的承载力;当内隔环的厚度在 6 ~ 12 mm 变化时,增加内隔环的厚度能够较小幅度地提高节点的承载力;当内隔环的间距在 180 ~ 420 mm 变化时,增加内隔环的间距能够较大幅度地提高节点的承载力;而减小内隔环的间距对节点的承载力基本无影响。

(3)对内套筒加强型相贯节点而言,内套筒的厚度对节点承载力的影响最大;内套筒的长度的影响次之。在其他参数相同的情况下,当内套筒的厚度在 6 ~ 12 mm 变化时,增加内套筒的厚度能够较大幅度地提高节点的承载力;当内套筒的长度在 225 ~ 300 mm 变化时,增加内套筒的长度,节点在整个加载过程中的承载力无明显变化。

(4)轴压比对无加强型和瓦形板、内隔环、内套筒加强型四种节点模型的承载力的影响基本相似。在其他参数相同的情况下,增加节点主管的轴压比,节点在整个加载过程中的承载力有较大幅度的降低,且节点的极限承载力降低的幅度较设计承载力的大。

12.2　建　议

通过对某个 500 kV 变电站变电构架采用 Q690 钢进行技术经济分析可知,220 kV 构架柱采用 Q690 钢替代 Q345 钢,构架总用钢量可节省钢材 4.1 t,节省比例为 10.4%;500 kV 构架可节省钢材 40.1 t,节省比例为 9.5%,经济效益明显。由于钢材的价格是随着市场的行情不断变化的,当 Q690 钢材的成品价格与 Q345 钢材的成品价格的比值达到一定比例时,主材采用 Q690 钢才有经济优势。对于依托工程 220 kV 构架而言,当 Q690 钢材与 Q345 钢材的成品价格的比值低于 1.38 时,采用 Q690 钢有经济优势;对于 500 kV 构架而言,当 Q690 钢材与 Q345 钢材的成品价格的比值低于 1.21 时,采用 Q690 钢就有经济优势。

“十二五”期间,我国将继续加大电网的投入,总投资约 2.55 万亿元,较“十一五”期间总投资增加 1.15 万亿元,投资总额将增加 82.1%。其中,用于 500 kV 及以上电压等级的电网投资为6 991亿元(不包含常规直流、背靠背等),按照变电构架占总投资的1.0%~1.5%计算,采用Q690钢可节省投资3.5亿~5.25亿元,节省用钢量4.2万~6.3万t,节省标煤2.6万~3.9万t,废气排放量减少6.3亿~9.45亿Nm^3,SO_2排放量减少0.3万~0.45万t,烟尘、粉尘排放量减少228~342 t,废水排放量减少21万~31.5万t。可见,变电构架采用Q690钢材,能明显减少钢材的用量,并相应地减少钢材冶炼造成的能源消耗、污染物及温室气体的排放,达到节能减排的目的,具有良好的经济效益和环境效益。

目前,我国Q690高强钢生产、加工、焊接技术水平等基础应用条件都已具备,随着变电构架设计理论的逐步完善,高强钢的优势能够逐步得到发挥。根据本项目研究成果,建议500 kV及更高电压等级的变电构架推广应用Q690钢材。这样不仅可以减小用钢重、降低造价、节约能源,提高我国变电站建设的技术水平,而且能够减少污染物和温室气体排放,利于环保,符合科学发展观及可持续发展战略。

因此,本项目研究成果不仅具有可观的经济效益,同时具有良好的环境效益和社会效益,具有广阔的应用前景和推广价值。

参考文献

[1] 陈骥. 钢结构稳定理论与设计[M]. 3 版. 北京：科学出版社，2006.

[2] BS EN 1993 - 1 - 12：2007 Eurocode 3：Design of steel structures，part 1-12：additional rules for the extension of EN 1993 up to steel grades S700[S].

[3] 中华人民共和国建设部，中华人民共和国国家质量监督检验检疫总局. GB 50017—2003 钢结构设计规范[S]. 北京：中国计划出版社，2003.

[4] 李国强，王彦博，陈素文，等. Q460 高强钢焊接箱形柱轴心受压极限承载力参数分析[J]. 建筑结构学报，2011，32（11）：149-155.

[5] 李国强，王彦博，陈素文. Q460 高强钢焊接箱形柱轴心受压极限承载力试验研究[J]. 建筑结构学报，2012，33(3)：8-14.

[6] Rasmussen K J R，Hancock G J. Plate Slenderness Limits for High Strength Steel Sections[J]. Journal of Constructional Steel Research，1992，23(1)：73-96.

[7] 施刚，王元清，石永久. 高强度钢材轴心受压构件的受力性能[J]. 建筑结构学报，2009，30(2)：92-97.

[8] 施刚，石永久，王元清. 运用 ANSYS 分析超高强度钢材钢柱整体稳定特性[J]. 吉林大学学报，2009，39(1)：113 -118.

[9] 施刚，石永久，王元清. 超高强度钢材钢结构的工程应用[J]. 建筑钢结构进展，2008，10(4)：32-38.

[10] 张银龙，苟明康，李宁，等. 高强钢轴心受压构件整体稳定性研究[J]. 钢结构，2010，25(6)：29-34.

[11] Pocock Graham. High Strength Steel Use in Australia，Japan and the US[J]. The Structural Engineer，2006，(11)：27-30.